"十三五"国家重点出版物出版规划项目

国防科技图书出版基金

现代电子战技术丛书

雷达对抗及反对抗作战能力评估与验证

Radar Countermeasure and Countercountermeasure Operational Capability Evaluation and Verification

张友益 徐才宏 等编著

国防工业出版社

·北京·

图书在版编目(CIP)数据

雷达对抗及反对抗作战能力评估与验证/张友益等编著. — 北京：国防工业出版社，2019.10(2024.1 重印)
(现代电子战技术丛书)
ISBN 978 – 7 – 118 – 11791 – 2

Ⅰ. ①雷… Ⅱ. ①张… Ⅲ. ①雷达对抗 – 研究 Ⅳ. ①TN974

中国版本图书馆 CIP 数据核字(2019)第 196327 号

※

国防工业出版社出版发行
(北京市海淀区紫竹院南路 23 号 邮政编码 100048)
北京虎彩文化传播有限公司印刷
新华书店经售
*
开本 710×1000 1/16 印张 24 字数 385 千字
2024 年 1 月第 1 版第 2 次印刷 印数 2001—2500 册 定价 119.00 元

(本书如有印装错误，我社负责调换)

国防书店：(010)88540777　　发行邮购：(010)88540776
发行传真：(010)88540755　　发行业务：(010)88540717

致 读 者

本书由中央军委装备发展部**国防科技图书出版基金**资助出版。

为了促进国防科技和武器装备发展,加强社会主义物质文明和精神文明建设,培养优秀科技人才,确保国防科技优秀图书的出版,原国防科工委于1988年初决定每年拨出专款,设立国防科技图书出版基金,成立评审委员会,扶持、审定出版国防科技优秀图书。这是一项具有深远意义的创举。

国防科技图书出版基金资助的对象是:

1. 在国防科学技术领域中,学术水平高,内容有创见,在学科上居领先地位的基础科学理论图书;在工程技术理论方面有突破的应用科学专著。

2. 学术思想新颖,内容具体、实用,对国防科技和武器装备发展具有较大推动作用的专著;密切结合国防现代化和武器装备现代化需要的高新技术内容的专著。

3. 有重要发展前景和有重大开拓使用价值,密切结合国防现代化和武器装备现代化需要的新工艺、新材料内容的专著。

4. 填补目前我国科技领域空白并具有军事应用前景的薄弱学科和边缘学科的科技图书。

国防科技图书出版基金评审委员会在中央军委装备发展部的领导下开展工作,负责掌握出版基金的使用方向,评审受理的图书选题,决定资助的图书选题和资助金额,以及决定中断或取消资助等。经评审给予资助的图书,由中央军委装备发展部国防工业出版社出版发行。

国防科技和武器装备发展已经取得了举世瞩目的成就,国防科技图书承担着记载和弘扬这些成就,积累和传播科技知识的使命。开展好评审工作,使有限的基金发挥出巨大的效能,需要不断摸索、认真总结和及时改进,更需要国防科技和武器装备建设战线广大科技工作者、专家、教授,以及社会各界朋友的热情支持。

让我们携起手来,为祖国昌盛、科技腾飞、出版繁荣而共同奋斗!

国防科技图书出版基金
评审委员会

国防科技图书出版基金
第七届评审委员会组成人员

主 任 委 员	潘银喜		
副主任委员	吴有生	傅兴男	赵伯桥
秘 书 长	赵伯桥		
副秘书长	许西安	谢晓阳	

委　　员
(按姓氏笔画排序)

才鸿年	马伟明	王小谟	王群书
甘茂治	甘晓华	卢秉恒	巩水利
刘泽金	孙秀冬	芮筱亭	李言荣
李德仁	李德毅	杨　伟	肖志力
吴宏鑫	张文栋	张信威	陆　军
陈良惠	房建成	赵万生	赵凤起
郭云飞	唐志共	陶西平	韩祖南
傅惠民	魏炳波		

"现代电子战技术丛书"编委会

编委会主任　杨小牛

院 士 顾 问　张锡祥　凌永顺　吕跃广　刘泽金　刘永坚
　　　　　　　　王沙飞　陆　军

编委会副主任　刘　涛　王大鹏　楼才义

编委会委员

（排名不分先后）

　　许西安　张友益　张春磊　郭　劲　季华益　胡以华
　　高晓滨　赵国庆　黄知涛　安　红　甘荣兵　郭福成
　　高　颖

丛书总策划　王晓光

丛书序

新时代的电子战与电子战的新时代

广义上讲,电子战领域也是电子信息领域中的一员或者叫一个分支。然而,这种"广义"而言的貌似其实也没有太多意义。如果说电子战想用一首歌来唱响它的旋律的话,那一定是《我们不一样》。

的确,作为需要靠不断博弈、对抗来"吃饭"的领域,电子战有着太多的特殊之处——其中最为明显、最为突出的一点就是,从博弈的基本逻辑上来讲,电子战的发展节奏永远无法超越作战对象的发展节奏。就如同谍战片里面的跟踪镜头一样,再强大的跟踪人员也只能做到近距离跟踪而不被发现,却永远无法做到跑到跟踪目标的前方去跟踪。

换言之,无论是电子战装备还是其技术的预先布局必须基于具体的作战对象的发展现状或者发展趋势、发展规划。即便如此,考虑到对作战对象现状的把握无法做到完备,而作战对象的发展趋势、发展规划又大多存在诸多变数,因此,基于这些考虑的电子战预先布局通常也存在很大的风险。

总之,尽管世界各国对电子战重要性的认识不断提升——甚至电磁频谱都已经被视作一个独立的作战域,电子战(甚至是更为广义的电磁频谱战)作为一种独立作战样式的前景也非常乐观——但电子战的发展模式似乎并未由于所受重视程度的提升而有任何改变。更为严重的问题是,电子战发展模式的这种"惰性"又直接导致了电子战理论与技术方面发展模式的"滞后性"——新理论、新技术为电子战领域带来实质性影响的时间总是滞后于其他电子信息领域,主动性、自发性、仅适用于本领域的电子战理论与技术创新较之其他电子信息领域也进展缓慢。

凡此种种,不一而足。总的来说,电子战领域有一个确定的过去,有一个相对确定的现在,但没法拥有一个确定的未来。通常我们将电子战领域与其作战对象之间的博弈称作"猫鼠游戏"或者"魔道相长",乍看这两种说法好像对于博弈双方一视同仁,但殊不知无论"猫鼠"也好,还是"魔道"也好,从逻辑上来讲都是有先后的。作战对象的发展直接能够决定或"引领"电子战的发展方向,而反之则非常困难。也就是说,博弈的起点总是作战对象,博弈的主动权也掌握在作战对象手中,而电子战所能做的就是在作战对象所制定规则的"引领下"一次次轮回,无法跳出。

然而,凡事皆有例外。而具体到电子战领域,足以导致"例外"的原因可归纳为如下两方面。

其一,"新时代的电子战"。

电子信息领域新理论新技术层出不穷、飞速发展的当前,总有一些新理论、新技术能够为电子战跳出"轮回"提供可能性。这其中,颇具潜力的理论与技术很多,但大数据分析与人工智能无疑会位列其中。

大数据分析为电子战领域带来的革命性影响可归纳为**"有望实现电子战领域从精度驱动到数据驱动的变革"**。在采用大数据分析之前,电子战理论与技术都可视作是围绕"测量精度"展开的,从信号的发现、测向、定位、识别一直到干扰引导与干扰等诸多环节,无一例外都是在不断提升"测量精度"的过程中实现综合能力提升的。然而,大数据分析为我们提供了另外一种思路——只要能够获得足够多的数据样本(样本的精度高低并不重要),就可以通过各种分析方法来得到远高于"基于精度的"理论与技术的性能(通常是跨数量级的性能提升)。因此,可以看出,大数据分析不仅仅是提升电子战性能的又一种技术,而是有望改变整个电子战领域性能提升思路的顶层理论。从这一点来看,该技术很有可能为电子战领域跳出上面所述之"轮回"提供一种途径。

人工智能为电子战领域带来的革命性影响可归纳为**"有望实现电子战领域从功能固化到自我提升的变革"**。人工智能用于电子战领域则催生出认知电子战这一新理念,而认知电子战理念的重要性在于,它不仅仅让电子战具备思考、推理、记忆、想象、学习等能力,而且还有望让认知电子战与其他认知化电子信息系统一起,催生出一种新的战法,即,

"智能战"。因此，可以看出，人工智能有望改变整个电子战领域的作战模式。从这一点来看，该技术也有可能为电子战领域跳出上面所述之"轮回"提供一种备选途径。

总之，电子信息领域理论与技术发展的新时代也为电子战领域带来无限的可能性。

其二，"电子战的新时代"。

自1905年诞生以来，电子战领域发展到现在已经有100多年历史，这一历史远超雷达、敌我识别、导航等领域的发展历史。在这么长的发展历史中，尽管电子战领域一直未能跳出"猫鼠游戏"的怪圈，但也形成了很多本领域专有的、与具体作战对象关系不那么密切的理论与技术积淀，而这些理论与技术的发展相对成体系、有脉络。近年来，这些理论与技术已经突破或即将突破一些"瓶颈"，有望将电子战领域带入一个新的时代。

这些理论与技术大致可分为两类：一类是符合电子战发展脉络且与电子战发展历史一脉相承的理论与技术，例如，网络化电子战理论与技术(网络中心电子战理论与技术)、软件化电子战理论与技术、无人化电子战理论与技术等；另一类是基础性电子战技术，例如，信号盲源分离理论与技术、电子战能力评估理论与技术、电磁环境仿真与模拟技术、测向与定位技术等。

总之，电子战领域100多年的理论与技术积淀终于在当前厚积薄发，有望将电子战带入一个新的时代。

本套丛书即是在上述背景下组织撰写的，尽管无法一次性完备地覆盖电子战所有理论与技术，但组织撰写这套丛书本身至少可以表明这样一个事实——有一群志同道合之士，已经发愿让电子战领域有一个确定且美好的未来。

一愿生，则万缘相随。

愿心到处，必有所获。

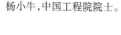

2018年6月

杨小牛，中国工程院院士。

前言

现代战争是高技术局部雷达抗争,电子对抗占据了极其重要的地位,已成为继陆、海、空、天一体化作战空间之后的第五维作战空间。电子对抗拉开战幕,并贯穿于作战的全过程。电子对抗作战能力决定战争的进程与格局,因此,在度量电子对抗设备能力及效能时,将信息侦察、干扰和自卫防御等作战效能作为重要指标加以考核和评估。

美国是最早利用仿真试验方法进行设备体系作战能力及效能评估的国家,利用仿真技术,建立了各种设备数学模型,利用数学方法,模拟各种战役复杂态势的全过程,把各种作战方案、设备和作战环境放在一起,进行作战构想,通过调整试验条件,反复试验,统计评估,直到发现最优化的设计和方案,建成了规模宏大、设备齐全、技术先进、多级层次及统一协调的研究、评估与应用体系。法国也非常重视利用雷达和电子对抗半实物模拟仿真技术,组建了多个电子对抗综合实验室,将雷达—干扰机—雷达的闭环系统用于测试和评估电子对抗设备对抗效能的有效性,并对多次重复测试的结果进行统计和分析,定量分析和评估,以保证评估的合理性和准确性。

国内在电子对抗作战能力评估技术研究方面取得了长足的发展,大型半实物仿真系统已投入使用。随着信号环境越来越复杂,各种电磁背景信号、各种通信、各种雷达以及各种光电辐射源信号充斥整个电磁频谱,信号密度高,信号体制复杂,电子对抗设备效能与战场电磁信号环境和作战对象密切相关,迫切需要用逼近实战的复杂多变的复杂电磁环境代替简易的测试环境,来考察电子对抗设备能力,通过分析电磁信号环境的时间域、频率域、空间域、能力域特征,对创建的复杂电磁环境进行量化,为电子设备研制测试、定型、考核验收以及训练效果分析与作战决策验证,确定系统及设备干扰效能提供良好的手段和方法。

作者从事电子对抗设备研制 20 余年,经历过多代电子对抗设备研制,深刻体会到适应逼近实战的电子对抗环境对提升电子对抗设备作战效能是一种严峻的考验:一是由于技术和经费等原因,国内电子对抗设备仅限于在实验室条件下进行指标和功能测试,此测试条件与系统实际使用时的电磁信号环境条件存在较大差距,导致电子对抗设备投入实际使用后,电子对抗作战环境适应能力变差,部分能力甚至不能满足使用要求;二是电子对抗设备必须反反复复在复杂电磁环境复杂程度可调、组成要素可变的环境中,进行大量的测试、调试和分析工作,通过分析数据,暴露问题,对电子对抗设备进行改进,通过复杂电磁环境试验—电子对抗设备改进—复杂电磁环境试验这样多轮循环,是提高电子对抗设备作战效能的有效途径。现实的情况是:电子对抗设备只能在定型试验时,才会在逼近实战的复杂电磁环境条件下进行考核,即电子对抗设备适应复杂多变的电磁环境能力的测试机会、发现并解决问题、提高电子对抗设备作战效能的机会少,类似于考生未参加模拟考试而直接参加高考的过程。据此,构建满足未来一段时间内出现的复杂电磁环境,反复使用,在此条件下,对电子对抗设备进行全覆盖测试,已迫在眉睫。

本书是为了解决上述问题而提出相应的解决措施,并总结大中型电子对抗设备研制、大型半实物仿真、分布式电子干扰系统研制、多次承担的大中型外场试验所积累的丰富的经验编著而成。

全书结合现代信息对抗的特点,基于电磁环境量化技术,构建了接近实战场景下的电磁环境,重点介绍了在此环境下电子对抗能力尤其是雷达侦察能力,以及雷达抗干扰能力的评估内容、技术和方法等内容,以提高雷达/电子对抗设备等能力方面的指标可用性。

在第 1 章能力评估基础中,具体介绍美国、英国、俄罗斯等国家在装备能力及效能评估方面,所取得的成就和经验,研制了综合作战复杂电磁环境模拟系统,形成了一套较为完备的试验体系。描述试验综合化、多功能化、多用途化的发展趋势;阐述电磁环境空间交织性、时间交迭性、频谱重叠性和信号种类多样等特性;概述 11 项雷达侦察以及 6 项雷达干扰能力评估内容,以天线为例,具体介绍评估需要具备的基础知识。

构建逼近实战的电磁环境,并应用于电子对抗能力评估,尤其是雷达侦察、干扰能力评估,使这种评估具有实战应用价值。据此,本书第 2 章中,从时域、频域、空域、布局等角度介绍战情设计内容,在此基础上,系统描述电磁环境预测、生成等内容,介绍雷达、干扰、目标回波、杂波等信号模拟技术以及电磁环境模拟与定量描述指标评估等内容,本章最后,从各种信号的特征入手,介绍电磁环境监测的手段、技术分类、监测过程和要求等。

在第3章中,详细介绍雷达侦察能力、雷达干扰能力评估技术和方法。首先,总结梳理出云模型、层次分析、ADC、专家、解析、灰色评估、人工神经网络等多种传统的评估方法,为了系统有效地进行能力评估,建立了电磁环境、杂波、目标空间运动、电磁信号传播、衰减、多普勒频率等多种通用技术模型,以及目标回波、天线扫描、反辐射武器、导弹、雷达对抗等多种专用技术模型。利用上述通用、专用技术模型,推出了对抗能力评估内容、方法和平台建设内容,分析了噪声干扰、协同干扰、有源无源干扰配合的有效性,从态势感知、协同对抗、电子情报、数据库管理等方面,具体分析了雷达对抗的能力指标,最后,具体介绍了与雷达对抗能力评估相关的多项关键技术。

雷达对抗与反对抗是一种矛与盾的关系。为了便于读者了解电子对抗/反对抗作战能力或效能评估过程,本书第4章有针对性地选择雷达作为电子对抗的干扰对象,介绍在复杂电磁环境下,针对电子对抗干扰措施,雷达相应采用的抗干扰措施分类、抗干扰机理、抗干扰指标体系、抗干扰评估场景以及能力评估技术。

本书第5章以构建的多变的复杂电磁环境为测试环境,以雷达对抗干扰能力、雷达抗干扰能力作为测试内容,详细介绍雷达干扰和抗干扰能力或效能评估与验证方法。从数字、中频视频、内场射频注入、内场射频辐射、外场射频辐射等仿真方面,提出对抗综合仿真与试验验证体系架构,在此基础上,构建实验室、内场综合、外场综合验证试验平台,具体分析电子对抗干扰、雷达抗干扰效果试验,并对试验方法进行评估。本章最后,举例说明了典型注入式、外场雷达抗干扰、有源诱饵干扰、转移干扰的能力评估试验验证方法。

与国内外出版的同类书籍比较,本书的主要特点是:结合接近于实战场景的作战模式以构建电磁环境,而不是仅仅依靠电磁场基本理论的模拟仿真来描述复杂电磁环境;同时,在雷达对抗设备干扰、雷达设备抗干扰能力或效能评估方法乃至指标体系的研究上,有效地结合了设备研制的工程试验和实践经验,而国内同类书籍往往侧重于理论概念和理论仿真。

因此,本书对从事雷达与电子对抗设备研制与试验的工程技术人员,在科研、生产、教学中具有较好的参考价值,可作为指导电子对抗设备、雷达设计、测试、试验的工具书。

在组织编著本书的过程中,第2章、第4章内容成稿于大型半实物仿真系统、分布式电子干扰系统研制,在研制过程中研究人员付出了大量的努力,成果是研制团队人员智慧的结晶,另外宫新玉同志搜集了大量的情报资料。第1章部分内容来源于情报搜集分析人员,季宏、李凤山、王金锋等同志提供了大量的情报数据和部分材料。在第 3 章中,采用了由张坤峰、孔令峰等同志提供的部分通用和专用技术模型,宫新玉同志对模型进行了仿真验证。周红峰同志编写了第 4 章及第 5 章的部分章节内容。徐海洋同志、李兵舰同志补充了外场试验环境构建方面的内容。另外,从事电子对抗和雷达设计领域的单位同事以及学生为本书提供了重要的仿真、数据、结果和图片,谨向他们表示衷心的感谢!

全书由张友益同志提出本书的脉络架构,徐才宏同志进行全书内容统稿,张友益同志完成了最终审定工作。

由于水平有限,书中存在不完善之处在所难免,恳请读者批评指正。

作者
2018 年 9 月

目 录

- 第1章 能力评估基础 ··· 1
  - 1.1 国内外现状及趋势 ·· 2
    - 1.1.1 国外 ··· 2
    - 1.1.2 国内 ··· 3
  - 1.2 电磁环境特性 ··· 5
    - 1.2.1 空间特性 ··· 5
    - 1.2.2 时间特性 ··· 6
    - 1.2.3 频谱特性 ··· 6
    - 1.2.4 信号类型特性 ······································· 7
    - 1.2.5 动态特性 ··· 7
  - 1.3 电磁环境组成 ··· 7
    - 1.3.1 电磁信号来源 ······································· 8
    - 1.3.2 电磁信号样式 ······································· 9
    - 1.3.3 电磁信号属性 ······································· 9
    - 1.3.4 电磁信号进入方式 ··································· 9
  - 1.4 电子对抗作战能力评估 ···································· 10
    - 1.4.1 基本概念 ·· 10
    - 1.4.2 评估必要性 ·· 10
    - 1.4.3 评估内容 ·· 11

1.4.4 评估技术	12

1.4.4 评估技术 ·· 12
1.4.5 评估方法 ·· 12
1.5 评估基础知识 ··· 14
1.5.1 互易性 ·· 14
1.5.2 增益 ·· 15
1.5.3 方向性 ·· 15
1.5.4 副瓣 ·· 15
1.5.5 极化 ·· 16

第 2 章 电磁环境构建与量化 ··· 17
2.1 必要性及趋势 ··· 18
2.1.1 必要性 ·· 18
2.1.2 趋势 ·· 19
2.2 战情设计 ··· 22
2.2.1 时间域设计 ··· 24
2.2.2 频率域设计 ··· 26
2.2.3 空间域设计 ··· 29
2.2.4 战术布局 ··· 31
2.2.5 电磁环境量化 ··· 32
2.3 复杂电磁环境综合生成 ··· 33
2.3.1 构建流程 ··· 33
2.3.2 雷达抗干扰测试环境 ··· 37
2.3.3 电磁态势生成 ··· 38
2.3.4 复杂电磁环境预测与生成 ··· 40
2.3.5 实时监测 ··· 41
2.4 电磁环境综合模拟系统 ··· 46
2.4.1 雷达信号模拟 ··· 46
2.4.2 干扰信号模拟 ··· 47
2.4.3 目标回波模拟 ··· 48
2.4.4 杂波信号环境模拟 ··· 49
2.4.5 电磁环境综合模拟 ··· 50
2.5 电磁环境定量描述 ··· 51
2.6 电磁环境监测 ··· 54
2.6.1 方法分类 ··· 54
2.6.2 信号特点 ··· 59

2.6.3　监测过程 …………………………………………………… 60
　　2.6.4　监测要求 …………………………………………………… 61

第3章　雷达对抗能力评估 ……………………………………………… 62
3.1　传统评估方法 …………………………………………………… 62
　　3.1.1　云模型评估法 ………………………………………………… 63
　　3.1.2　层次分析法 …………………………………………………… 65
　　3.1.3　多层次模糊综合评判法 ……………………………………… 66
　　3.1.4　ADC法 ………………………………………………………… 66
　　3.1.5　专家法 ………………………………………………………… 67
　　3.1.6　解析法 ………………………………………………………… 68
　　3.1.7　概率模型评估法 ……………………………………………… 69
　　3.1.8　灰色评估理论 ………………………………………………… 69
　　3.1.9　人工神经网络 ………………………………………………… 69
3.2　通用技术模型 …………………………………………………… 70
　　3.2.1　电磁环境模型 ………………………………………………… 70
　　3.2.2　杂波模型 ……………………………………………………… 71
　　3.2.3　目标空间运动模型 …………………………………………… 74
　　3.2.4　坐标转换模型 ………………………………………………… 76
　　3.2.5　电磁信号传播模型 …………………………………………… 83
　　3.2.6　大气传播衰减模型 …………………………………………… 90
　　3.2.7　遮挡效应模型 ………………………………………………… 91
　　3.2.8　多普勒频率模型 ……………………………………………… 92
3.3　专用技术模型 …………………………………………………… 93
　　3.3.1　雷达目标回波模型 …………………………………………… 93
　　3.3.2　天线扫描和天线方向图模型 ………………………………… 96
　　3.3.3　天线伺服系统模型 …………………………………………… 99
　　3.3.4　反辐射武器模型 ……………………………………………… 103
　　3.3.5　导弹武器仿真模型 …………………………………………… 104
　　3.3.6　雷达对抗评估模型 …………………………………………… 105
3.4　能力评估内容和方法 …………………………………………… 117
　　3.4.1　Agent模型建立 ……………………………………………… 117
　　3.4.2　评估内容 ……………………………………………………… 118
　　3.4.3　能力评估方法 ………………………………………………… 122
　　3.4.4　能力评估平台建设 …………………………………………… 125

3.5 干扰措施有效性分析 …………………………………………… 129
　　3.5.1 噪声干扰 …………………………………………………… 129
　　3.5.2 扫描控制 …………………………………………………… 131
　　3.5.3 记忆跟踪干扰分析 ………………………………………… 132
　　3.5.4 协同干扰 …………………………………………………… 133
　　3.5.5 有源、无源干扰配合 ……………………………………… 134
　　3.5.6 雷达副瓣消隐对电子干扰能力影响 ……………………… 135
3.6 雷达对抗能力指标 ……………………………………………… 139
　　3.6.1 综合电磁态势感知 ………………………………………… 140
　　3.6.2 协同对抗 …………………………………………………… 140
　　3.6.3 电子情报生成 ……………………………………………… 140
　　3.6.4 数据库管理能力 …………………………………………… 141
　　3.6.5 模拟训练能力 ……………………………………………… 141
　　3.6.6 数据事后处理能力 ………………………………………… 142
　　3.6.7 功能弱化能力 ……………………………………………… 142
3.7 关键技术 ………………………………………………………… 143
　　3.7.1 效能等效匹配外推 ………………………………………… 143
　　3.7.2 开发高层体系结构分布式仿真平台 ……………………… 143
　　3.7.3 动态仿真实时评估 ………………………………………… 145
　　3.7.4 评估数据分类采集 ………………………………………… 146

第4章 雷达抗干扰能力评估 …………………………………… 148

4.1 雷达抗干扰分类与机理 ………………………………………… 149
　　4.1.1 总体设计 …………………………………………………… 149
　　4.1.2 天线抗干扰 ………………………………………………… 157
　　4.1.3 发射机抗干扰 ……………………………………………… 161
　　4.1.4 接收机抗干扰 ……………………………………………… 163
　　4.1.5 信号处理抗干扰 …………………………………………… 165
　　4.1.6 体制抗干扰 ………………………………………………… 166
　　4.1.7 抗干扰矩阵 ………………………………………………… 167
4.2 抗干扰指标体系 ………………………………………………… 170
　　4.2.1 体系内容 …………………………………………………… 171
　　4.2.2 准则分类及应用场合 ……………………………………… 173
　　4.2.3 指标 ………………………………………………………… 178
4.3 能力评估场景 …………………………………………………… 189

4.3.1　典型对抗场景 ·· 189
　　4.3.2　典型角色选择及参数 ·· 192
　　4.3.3　试验平台建设 ·· 194
4.4　能力评估技术 ··· 216
　　4.4.1　评估内容 ··· 216
　　4.4.2　评估方法及标准 ·· 218
　　4.4.3　评估原则 ··· 219
　　4.4.4　评估模型 ··· 222
　　4.4.5　评估举例 ··· 227
　　4.4.6　雷达抗干扰指标测试技术 ····································· 236

第5章　对抗综合仿真与试验验证　239

5.1　国外发展概述 ··· 239
5.2　体系结构 ·· 241
　　5.2.1　数字模拟仿真 ·· 241
　　5.2.2　中频视频模拟仿真 ·· 242
　　5.2.3　内场射频注入仿真 ·· 243
　　5.2.4　内场射频辐射式仿真 ··· 244
　　5.2.5　外场射频辐射式仿真 ··· 244
5.3　对抗验证平台构建 ·· 247
　　5.3.1　对抗能力及效能评估验证平台 ······························· 247
　　5.3.2　实验室综合仿真试验验证平台 ······························· 247
　　5.3.3　内场综合仿真试验验证平台 ·································· 251
　　5.3.4　外场综合仿真验证试验场 ····································· 260
　　5.3.5　实时调度 ·· 263
　　5.3.6　效能仿真模型体系 ·· 266
5.4　系统总线、接口 ·· 269
5.5　干扰/抗干扰效果试验及评估 ·· 269
　　5.5.1　电子对抗干扰效果试验 ·· 269
　　5.5.2　雷达抗干扰效果试验 ··· 271
　　5.5.3　试验方法评估 ·· 274
5.6　试验验证能力举例 ·· 274
　　5.6.1　典型注入式试验验证能力 ····································· 274
　　5.6.2　外场雷达抗干扰试验验证能力举例 ························ 289
　　5.6.3　有源诱饵干扰外场能力验证试验 ··························· 291

5.6.4 转移干扰试验方法 ································· 291
　　5.6.5 电子对抗系统综合性能测试 ···················· 300
　　5.6.6 典型对抗/反对抗作战任务场景及对抗决策设置 ········ 304
参考文献 ··· 317
主要缩略语 ·· 318

Contents

Chapter 1　Capability evaluation base ································· 1
　1.1　Status and trend in both domestic and foreign countries ············ 2
　　　1.1.1　Foreign ·· 2
　　　1.1.2　Domestic ··· 3
　1.2　Electromagnetic environment feature ································ 5
　　　1.2.1　Space feature ·· 5
　　　1.2.2　Time feature ··· 6
　　　1.2.3　Spectrum feature ·· 6
　　　1.2.4　Signal type features ·· 7
　　　1.2.5　Dynamic feature ··· 7
　1.3　The electromagnetic environment composition ························· 7
　　　1.3.1　Electromagnetic signal source ································· 8
　　　1.3.2　Electromagnetic signal style ·································· 9
　　　1.3.3　Electromagnetic signal attribution ····························· 9
　　　1.3.4　Electromagnetic signals entering mode ·························· 9
　1.4　Electronic combat capability evaluation ···························· 10
　　　1.4.1　Basic concept ·· 10
　　　1.4.2　Evaluation necessity ·· 10
　　　1.4.3　Evaluation content ·· 11
　　　1.4.4　Evaluation technique ·· 12
　　　1.4.5　Evaluation method ·· 12
　1.5　Evaluation base knowledge ··· 14
　　　1.5.1　Reciprocity ·· 14
　　　1.5.2　Gain ··· 15
　　　1.5.3　Direction ·· 15
　　　1.5.4　Side lobe ·· 15
　　　1.5.5　Polarization ··· 16

Chapter 2　Electromagnetic environment construction and quantization 17
　2.1　Development necessity and trend 18
　　2.1.1　Necessary 18
　　2.1.2　Trend 19
　2.2　Battle scenario design 22
　　2.2.1　Time domain design 24
　　2.2.2　Frequency domain design 26
　　2.2.3　Space design 29
　　2.2.4　Tactical layout 31
　　2.2.5　Electromagnetic environment quantization 32
　2.3　The complex electromagnetic environment generation 33
　　2.3.1　The construction flow 33
　　2.3.2　The radar anti-interference test environment 37
　　2.3.3　The electromagnetic situation generation 38
　　2.3.4　Complex electromagnetic environment prediction and generation 40
　　2.3.5　Real-time monitoring 41
　2.4　Electromagnetic environment synthesis simulation system 46
　　2.4.1　Radar signal simulating 46
　　2.4.2　Interference signal simulating 47
　　2.4.3　Target echo simulating 48
　　2.4.4　Clutter signal simulating 49
　　2.4.5　Electromagnetic environment synthesis simulating 50
　2.5　The electromagnetic environment quantization description 51
　2.6　Electromagnetic environment monitoring 54
　　2.6.1　Method classification 54
　　2.6.2　Signal features 59
　　2.6.3　Monitoring process 60
　　2.6.4　Monitoring demond 61
Chapter 3　Radar countermeasures capability assessment 62
　3.1　The traditional evaluation method 62
　　3.1.1　Cloud model evaluation method 63
　　3.1.2　Level analysis method 65
　　3.1.3　Multilevel fuzzy comprehensive evaluation method 66

3.1.4	ADC method	66
3.1.5	Expert method	67
3.1.6	Analysis method	68
3.1.7	Probability model evaluation method	69
3.1.8	Grey evaluation theory	69
3.1.9	Artificial neural network	69

3.2 General technical model ………………………………………… 70

3.2.1	Electromagnetic environment model	70
3.2.2	Clutter model	71
3.2.3	Target space motion model	74
3.2.4	Coordinate transforming model	76
3.2.5	Electromagnetic signal propagation model	83
3.2.6	Atmospheric propagation attenuation model	90
3.2.7	Occlusion effect model	91
3.2.8	Doppler frequency model	92

3.3 Private technical model …………………………………………… 93

3.3.1	Radar target echo model	93
3.3.2	Antenna scanning and antenna direction diagram model	96
3.3.3	Antenna servo system simulated	99
3.3.4	Anti-radiation weapon model	103
3.3.5	Missile weapons simulation model	104
3.3.6	Radar countermeasure evaluation model	105

3.4 Countermeasurement capability evaluation …………………… 117

3.4.1	Agent model establishing	117
3.4.2	Evaluating content	118
3.4.3	Capability evaluation method	122
3.4.4	Capability evaluation platform construction	125

3.5 Jamming method effectiveness analysis ………………………… 129

3.5.1	Noise interference	129
3.5.2	Scan control	131
3.5.3	Memory tracking interference	132
3.5.4	Cooperating interference	133
3.5.5	Active and passive jointing interference with	134

3.5.6　Radar side lobe blanking effecting on electronic
　　　　jamming ability ………………………………………… 135
3.6　Radar countermeasure capability perception ……………………… 139
　　3.6.1　Integrated electromagnetic situational awareness ………… 140
　　3.6.2　Cooperating countermeasure ………………………………… 140
　　3.6.3　Electronic intelligence generation …………………………… 140
　　3.6.4　Database management capability …………………………… 141
　　3.6.5　Simulating training capability ………………………………… 141
　　3.6.6　Data after the event processing capability ………………… 142
　　3.6.7　Function weakens ability ……………………………………… 142
3.7　Key technique ………………………………………………………… 143
　　3.7.1　Efficiency equivalent match extrapolating ………………… 143
　　3.7.2　Development of HLA distributed simulation platform …… 143
　　3.7.3　Dynamic simulation real-time evaluation …………………… 145
　　3.7.4　Data classification collection ………………………………… 146

Chapter 4　Radar anti- interference capability evaluation ……… 148
4.1　The classification and mechanism of radar anti-interference …… 149
　　4.1.1　Integrated design ……………………………………………… 149
　　4.1.2　Antenna anti-interference …………………………………… 157
　　4.1.3　Transmitter anti-interference ………………………………… 161
　　4.1.4　Receiver anti-interference …………………………………… 163
　　4.1.5　Signal processing anti-interference ………………………… 165
　　4.1.6　System anti-interference ……………………………………… 166
　　4.1.7　Anti-jamming matrix …………………………………………… 167
4.2　Anti-interference index system ……………………………………… 170
　　4.2.1　System content ………………………………………………… 171
　　4.2.2　Criterion classification and application ……………………… 173
　　4.2.3　Index …………………………………………………………… 178
4.3　Capability evaluation scenario ……………………………………… 189
　　4.3.1　Typically countermeasure scenario ………………………… 189
　　4.3.2　Typical role selection and parameter ……………………… 192
　　4.3.3　Test platform construction …………………………………… 194
4.4　Capability evaluation technique …………………………………… 216
　　4.4.1　Evaluation content …………………………………………… 216

  4.4.2 Evaluation method and the standard ……………………… 218
  4.4.3 Evaluation principle ……………………………………… 219
  4.4.4 Evaluation model ………………………………………… 222
  4.4.5 Evaluation example ……………………………………… 227
  4.4.6 Radar anti-interference index test technology ……………… 236

Chapter 5 Countermeasure synthetic simulation and test verification …… 239

 5.1 Development overview of foreign ……………………………… 239
 5.2 System structure ………………………………………………… 241
  5.2.1 Digital simulation ………………………………………… 241
  5.2.2 Video simulation ………………………………………… 242
  5.2.3 Internal field RF injection simulation …………………… 243
  5.2.4 Internal field RF radiation simulation …………………… 244
  5.2.5 External RF radiation model …………………………… 244
 5.3 Countermeasure verification platform building ………………… 247
  5.3.1 Countermeasure capability or effectiveness
    evaluation platform ……………………………………… 247
  5.3.2 Laboratory integrated simulation test platform ………… 247
  5.3.3 Internal integrated simulation test platform …………… 251
  5.3.4 External field synthetic simulation test platform ……… 260
  5.3.5 Real-time scheduling …………………………………… 263
  5.3.6 Efficiency simulation model system …………………… 266
 5.4 System bus and interface ………………………………………… 269
 5.5 Effect test of interference and anti-interference ………………… 269
  5.5.1 Electronic countermeasures effect test ………………… 269
  5.5.2 Radar anti-interference effect test ……………………… 271
  5.5.3 Test method evaluating ………………………………… 274
 5.6 Illustrating of experimental verification capability ……………… 274
  5.6.1 Typical injection test verification capability …………… 274
  5.6.2 Test verification capability of the external radar
    anti-interference ………………………………………… 289
  5.6.3 External field active decoy interference ability
    verification test ………………………………………… 291
  5.6.4 Shifting interference test method ……………………… 291

5.6.5 Electronic countermeasures system comprehensive performance testing ·· 300
5.6.6 Typical against/against combat mission scenarios and against decision setting ·· 304
References ·· 317
Major abbreviation ····································· 318

第 1 章 能力评估基础

现代化战争背景下,战场电磁环境越来越复杂:既有对方故意释放的干扰信号,又有己方电子设备辐射的射频信号;既有地面、海面或云团等反射的背景杂波,也存在各种中立方电子设备发射的商用信号。因此,电子对抗装备和作战行动既依赖于电磁信号,又不可避免地受到复杂电磁环境的影响。首先,从电子侦察能力角度看,各种信号聚集在一起,敌我难辨,使得电子对抗设备工作时时刻刻受到干扰的威胁,一定程度上,影响电子对抗设备性能和效能的发挥。其次,复杂电磁环境会影响电子对抗整体对抗作战的实效性。战场的特点将从电子作战向信息化作战方向发展,信息化战场上,信息系统链接各种作战平台,形成了一体化的作战体系,其整体作战效能得到几何级数的增长。但是,要形成整体效能,发挥整体优势,需要依赖于各类电磁应用活动,在更大的地理空间范围和更宽的频率范围内,不可避免会受到复杂电磁环境的多重影响。最后,复杂电磁环境还会影响电子对抗行动的实效性,战前指挥员拟定的对抗作战行动方案难以全面、彻底、准确地分析判断战场复杂电磁环境,即了解、掌握部署于战场中的所有电磁辐射源和各种电子信息系统的技术性能。

电磁环境适应性是衡量电子对抗设备作战能力强弱的一个重要指标。

本章首先综述了国内外电子对抗作战能力现状以及发展趋势,分析了复杂电磁环境时间域、频率域和空间域特征以及复杂电磁环境组成要素,从电子设备研制测试、定型、试验规范、考核验收、作战决策等方面表述了构建逼近实战复杂电磁环境的重要性,给出了电子对抗能力及效能评估概念、影响因素,介绍了国外电子对抗效能部分评估技术和方法,分析了电子对抗与电磁环境间的相互关系;最后,以天线为例,介绍了评估方面的基础知识。

1.1 国内外现状及趋势

1.1.1 国外

1.1.1.1 现状

长期以来,国外高度重视复杂电磁环境下电子对抗武器系统的能力评估与试验,尤其在干扰和抗干扰等方面,投入了大量的资金和人力,在研制技术先进的电子对抗和雷达武器系统中,直接用于评估与试验方面的经费占到整个研制费用的50%以上。

20世纪末,美国、英国等发达国家就已经开展了大型室外以及内场仿真试验条件建设与改进等一系列工作,多数武器设备研制商都建有配套完备、齐全的内、外场试验设施,包括试验方法制定、计算机仿真模拟试验、室内复杂电磁环境模拟试验、外场模拟试验等一系列试验技术和设施的综合利用,形成了一套较为完备的试验体系。例如,美国格罗曼公司研制了综合作战复杂电磁环境模拟系统,研发了各种类型的雷达信号环境模拟器、雷达目标回波模拟器、电子干扰信号模拟器、试验电磁信号环境测试、大型微波暗室、外场可移动大功率辐射设备等,开展大量的内、外场试验和验证研究,取得了预期的效果。

欧美其他国家和俄罗斯的制造商也都建设了内场、外场试验场所,研制出的电子对抗设备在交付部队使用之前,已经在自身所属的试验场内进行了大量的试验。

美国、法国等军事强国高度重视干扰/抗干扰基础技术、试验和验证方法研究,先后出版了多部关于干扰技术和抗干扰技术以及试验方案等方面的专著,构建了电子对抗数据库,介绍了数百种干扰和抗干扰技术,以及数十种电子对抗/反对抗外场试验方案,涉及噪声干扰功率密度、回答欺骗干扰技术、箔条使用、投掷式干扰机、拖引方法、干扰战术等内容,这些专著反映了美国电子对抗装备战术和技术水平。由此也可以看出,国外在复杂电磁环境下电子对抗和雷达作战能力试验、验证方面具有扎实的基础。

1.1.1.2 发展趋势

未来电子对抗和雷达试验设施发展趋势主要表现在以下三个方面:

1)试验综合化

将分析模型、微波暗室测试与外场试验验证有机地结合在一起,完成高密度、高逼真复杂电磁环境下的方案制定、设计和试验任务。另外,从新技术、新领域等方面,对试验需求进行分析。随着信息化技术飞速发展,电子对抗和雷达功能得到提升,已经由单机对抗逐步向系统对抗、体系对抗方向转变,信息化新战争模式、电子对抗以及各种有源探测新技术层出不穷,不断推新,同时,也对试验环境条件和验证技术提出了更新、更高的要求。因此,单一的试验方法和试验手段都无法满足电子对抗和雷达试验的新需求,只有发展综合化试验方法,才能在当前以及今后一段时间内,解决好试验能力与设备发展水平相适应的问题。

2)试验多功能、多用途化

电子对抗和雷达试验设施不仅能完成电子对抗和反对抗方案制定、研制、试验以及训练维修任务,而且,还能完成电子对抗和雷达系统在高密度复杂电磁环境下参数鉴定、指标验证、有效性鉴定、易损性鉴定等任务,能够在宽频谱的各种系统和诱饵、欺骗等背景下进行试验。

3)建设高效能、低费用化

除了注重推广应用数字仿真技术之外,同步加强建设内、外场试验设施,使电子对抗设备和雷达设备研制、试验验证高效运行;在内、外场试验设施建设时,充分运用成熟的测试技术和设备,降低试验费用,提高试验验证的使用率。

1.1.2 国内

1.1.2.1 现状

在电子对抗以及雷达能力试验方面,国内已具备基本功能方面的试验能力。从20世纪90年代初开始,先后完成了雷达侦察设备、雷达有源干扰设备、无源干扰设备、激光告警、通信对抗设备以及电子对抗设备鉴定试验。

通过分析现有鉴定试验条件,投入的人力、物力和时间,可以看出鉴定试验条件仍不能完全满足当前电子对抗设备功能、性能验证需求,主要表现在:缺乏升空平台,无法测试机载雷达侦察距离因子,干扰效能以及干扰效果无法实时反馈,只能事后通过对比才能获得,既拉长了试验周期,又消耗大量人力和物力,尤其是上述试验条件已经无法满足一体化对抗测试提出的新的试验和测试要求。

在内场试验研究方面,先后研制了多项雷达与电子对抗综合性试验环境模拟仿真系统,用于内场注入式试验和外场辐射试验及训练,主要完成雷达侦察告警设备侦察能力、雷达干扰设备干扰效果、雷达设备抗干扰能力的鉴定和定型试验,以及雷达对抗设备研制开发、评估鉴定、战术研究等方面的仿真试验。

关于雷达抗干扰指标体系和能力及效能评估方法的研究,在国内已有较多论述。在雷达抗有源噪声遮蔽干扰能力方面,理论基础是将雷达信噪比理论应用到雷达信干比中,相对较为完善。对噪声干扰以外的其他有源干扰模式的指标和评估方法提出的论述较少。

国内典型的对抗能力及效能评估基本上是通过外场试验和大型演练进行的。对于外场试验,只能在试验条件允许的情况下,简单加一些干扰,考核雷达的各项指标,受到较多试验条件的限制,与真实的作战环境有一定差距。大型演练一般是由军方组织的,多种设备参加,属于对抗演练,使用各种雷达及电子干扰设备构建逼真的作战环境,动态评估电子对抗设备和雷达的性能。通过外场试验和实战演练,虽然可以让部队开展实际使用设备方面的训练,但是,因为难以获得具体电磁频谱、功率、波束指向、设备状态、时戳、地理坐标等精确数据,所以,无法对具体雷达和对抗设备定量分析干扰或抗干扰性能。

同时,昂贵的代价往往使得采用这类方法进行武器设备性能的检验变得十分受限,还存在保密、易受环境条件制约等因素。

通过吸收、借鉴国外先进的理论研究成果,国内在雷达抗干扰能力及效能评估指标体系方面,已经取得了较多的理论研究成果,主要集中在对遮蔽式干扰对抗研究,但是,没有成熟的更全面的电子对抗干扰和雷达抗干扰能力及效能评估标准可用。

随着高新技术的发展越来越快,对雷达/电子对抗设备开发和研制的技术和技术要求越来越高,相应增强了对雷达/电子对抗的战术技术指标评估能力的需求,不断研究建立实用的电子对抗干扰和雷达抗干扰评估系统以及相关试验方法就显得十分重要。

1.1.2.2 发展趋势

为了适应雷达及电子对抗设备对抗体系与试验的发展趋势,根据电子对抗技术和电子对抗设备的发展特点以及电子对抗试验的任务,国内电子对抗及雷达试验技术应朝着综合一体化的方向发展。

1) 战术技术要求越来越高

电磁威胁环境日趋复杂,对电子对抗设备的要求越来越高。在实际作战中,威胁环境处于动态变化之中,如何确定实际威胁与模拟威胁所占的比例,在不降低作战效能的前提下,如何利用替代品和模拟器与电子对抗设备交战,是构建复杂电磁环境的难点和重点。大力开发、完善和利用威胁复杂电磁环境生成设备,为电子对抗设备的研制、试验评估和作战训练提供密集、复杂、逼真、动态的电磁威胁信号环境,是电子对抗试验最显著的特点,是检验电子对抗设备实战效果的基础,也是考量试验技术及试验能力的重要指标。

2) 试验、训练等所需设备及兵力成本消耗大

对于雷达、通信、电子对抗设备的试验、训练等所需的设备及兵力等成本消耗大,耗时长。因此,要进一步加大建模与仿真一体化技术应用,强调建模与仿真在整个试验与鉴定过程中的重要作用和地位,通过一体化仿真,减少试验、训练等所

需设备及兵力成本消耗。

3）加快建模与仿真技术的研究和应用研究步伐

在试验与鉴定过程中，需要加大建模与仿真技术的研究和应用，以满足新型电子对抗设备的试验与鉴定、部队的训练和战术战法等需求，按照网络中心试验、数字化试验和分布式试验等具有鲜明特色的试验层次进行建设。

4）试验能力需要进一步提升

由于电子对抗设备功能不断增加，其作战战场也从地面、海面不断向空中、空间扩展，尤其是分布式试验愈趋广泛，仅依靠某一特定试验或试验场进行试验都不能完全满足电子对抗设备试验任务的要求。因此，测试设备的升空和机动能力成为试验技术需求不可分割的组成部分，试验机动测试技术将在未来试验技术中发挥越来越重要的作用。

5）需不断应用新技术

与传统计算机模拟技术相比，虚拟现实技术的主要特性在于它能够进入虚拟世界，并能跟虚拟世界交流，相互作用。虚拟现实技术应用到电子对抗模拟试验和训练，利用虚拟现实技术改进交战场景的真实性，将对电子对抗模拟和训练产生很大影响，可提高试验能力，节省试验经费，因此，虚拟现实技术将越来越受到重视。

1.2 电磁环境特性

战场电磁环境是指：在一定的战场空间内，对作战有影响的电磁活动和现象的总和。战场电磁环境受参战设备的分布状况、辐射功率、辐射方式、工作频率、所处地理环境、气象条件等多种因素的影响，所以，战场电磁环境是复杂的、随机的，通常称为复杂电磁环境。复杂电磁环境的优劣直接影响电子设备的工作质量，恶劣的复杂电磁环境会导致电子设备不能正常工作。因此，为了提高电子对抗和雷达等设备对复杂电磁环境的适应能力，开展电子对抗和雷达设备能力及效能评估与试验验证，需要创建逼真的复杂电磁环境，而明确复杂电磁环境特性是构建逼真的复杂电磁环境的首要条件。

电磁环境特性主要表现在空间交织性、时间交叠性、频谱重叠性和信号种类多样等方面。

1.2.1 空间特性

电磁环境在空间方面表现的特性是空间交织。空间交织是指：在敌我双方相互争夺和使用的电磁空间里，双方的电磁信号必然会相互交织在一起，在空间上，表现为无影无踪,但又无处不在,不像传统的兵力部署那样,有着泾渭分明的"楚河汉界"。

若按照空间划分,战场上的电磁辐射主要来自陆地、海上、空中乃至太空等多维空间;若按照属性划分,来自我方和对方;若按照使用性质划分,来自军用和民用。由于大功率电子设备的大量使用,导致电磁辐射更为强烈,传播距离更远,电磁信号密集程度更高,更复杂。因此,这种交织性是由电磁频谱独特的物理特性决定的,除了表现为空间域上纵横交叉外,在时间域上连续交错,在频率域上密集重叠,在能量域上强弱参差等,也是辐射源环境交织的具体表现。

1.2.2 时间特性

电磁环境在时间上表现的特性是时间交叠。复杂电磁环境时间特性主要是指:电磁辐射个体和群体随时间和作战进程的变化规律,可以用各种电子信息系统工作时序图、电磁信号密度随时间变化趋势图、信号强度随时间变化函数图等直观表示复杂电磁环境随时间变化的情况。

复杂电磁环境在时间上表现为变幻莫测,密集交叠。

就电磁作战环境而言,战场上大量的电磁信号由人为控制产生,也有交战双方有目的地控制电子设备实施有意辐射而产生。因此,在不同的作战时间内,交战双方不同的作战目的,所产生的电磁信号数量、种类、密集程度随时间而变化,变化的方式难以预测。从时间上看,有时表现为相对静默,有时又表现为非常密集。时间密集的电磁信号环境是现代战场复杂电磁环境的显著特征。

1.2.3 频谱特性

复杂电磁环境在频谱上表现为无限宽广,拥挤重叠。

频谱是电磁信号在频率域的表现形态。一方面,由于电子技术迅猛发展,电子信息设备大量使用,战场上电磁信号所占频谱越来越宽,几乎覆盖了全部电磁频段;另一方面,由于大气衰减、电离层反射和吸收等传播因素影响,在实际应用过程中,能够使用的电磁频谱只有有限范围,军用频段更少,而电磁用户数量呈增长趋势,导致在某一局部频率区间,电磁信号呈现密集重叠的现象。如雷达工作频段通常在3MHz～300GHz,但实际设备只有在有限的不连续的频率区间内工作,并非覆盖整个雷达频段。

另外,电磁频谱具有复用性,多种电磁设备虽然使用相同的频谱频段,但是,当这些电磁设备不工作在相同的频率范围,或不在同一方向、同一空间域传播电波时,或不同时传播电波时,则可以共同使用同一电磁频谱频段资源,这也更增加了电磁信号重叠性的复杂程度。

1.2.4 信号类型特性

随着雷达对抗技术和雷达探测技术的飞速发展,雷达对抗和雷达探测能力不断提升,将广泛应用于军事领域。信息化战场上的电磁信号涉及雷达、通信、制导、导航、遥控等各个电子领域,遍及从太空、空中、地面、水面到水下的各个角落。按电磁信号的功能,可以分为通信信号、雷达信号、导航定位信号、电子对抗信号等;按电磁信号的形成方式,可以分为自然形成的(如天电、地磁)和人为发射的(包括有意发射的、无意散发的)电磁信号;按电磁信号源的属性,可以分为对方电磁辐射源发出的电磁信号、我方电磁辐射源发出的电磁信号和中立方电磁辐射源发出的电磁信号;按电磁信号的作用,可以分为对抗性的电磁信号和非对抗性的电磁信号等。这就导致电磁辐射源种类繁多,数量大。

1.2.5 动态特性

从通用性方面讲,复杂电磁环境是随着战争进程、作战重心变化而随时发生改变的,无论是内容上,还是形式上,复杂电磁环境都具有动态多变的特点。

战场复杂电磁环境的动态多变性可以通过其在频率域、时间域、空间域和信号样式等方面的变化来反映:在频率域方面,电磁信号的频率常以频繁的跳变形式来获取最佳工作效果;在时间域方面,各类电磁信号按照一定的作战程式、战场态势和战术方案,有目的出现和消失;在空间域方面,各个具体位置上的复杂电磁环境不尽相同,同一位置的复杂电磁环境随着时间的不同甚至方向的不同而变化。与此同时,电子设备的多种工作体制和能量输出能力,也使得复杂电磁环境中信号的样式和强度处于不断变化之中。

由于复杂电磁环境存在动态多变性,因此,对复杂电磁环境进行模拟与量化,其技术难度大,从时间域、空间域、频率域、功率域几个空间分析,现有的建模体系难以支撑和量化如此复杂电磁环境。

1.3 电磁环境组成

从电磁环境特性分析结果可以看出,复杂电磁环境在一定空间域、时间域、频率域和功率域上,以自然复杂电磁环境为背景,人为电磁活动为主体,多种电磁信号同时存在,密集交叠,强度动态变化,能够对电子对抗和信息作战产生影响。

下面结合电磁环境特性,阐述电磁环境组成要素。

GJB 6130—2007《战场复杂电磁环境术语》中,将复杂电磁环境组成要素定义为:对构成复杂电磁环境的各种因素的一种描述,这些因素包括作战双方的电子对抗、各种用频装置的自扰互扰、民用电子设备的辐射以及自然电磁现象等。

一般情况下,战场复杂电磁环境主要由人为复杂电磁环境和自然复杂电磁环境组成,如图1.1所示,这两种组成要素直接决定着战场复杂电磁环境的形态。其中,人为复杂电磁环境是战场复杂电磁环境的主体。因此,在模拟战场复杂电磁环境时,最重要的是对敌我双方电子设备产生的人为控制的复杂电磁环境进行模拟与构建。

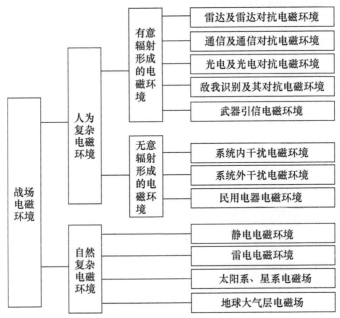

图1.1 复杂电磁环境组成

下面从辐射源的电磁信号来源、电磁信号样式、电磁信号属性以及电磁信号进入方式等方面对电磁环境组成进行表述。

1.3.1 电磁信号来源

战场上的电磁辐射源来自太空、空中、海上、地面、海中,来自我方和对方,来自军用和民用,来自不同平台和电子设备。

随着电子对抗与雷达技术的发展,现代电子对抗作战中,电子对抗和雷达将面临愈趋复杂的电磁环境:既有对方故意释放的干扰信号,也有己方电子设备辐射的信号;既有海面或云团等反射的杂波,也有民用电子设备发射的信号。

1.3.2 电磁信号样式

电磁信号类型有多种区分方法:

按发射信号电子设备用途,可分为通信信号、雷达信号、无线电导引信号、制导信号、导航信号等;

按发射信号的频段,可分为长波信号、中波信号、短波信号、超短波信号、微波信号、红外信号、激光信号等;

按发射信号传播方式,可分为表面波信号、地波信号、天波信号、对流层散射信号等,还可分为模拟信号与数字信号,连续信号与脉冲信号,等。

1.3.3 电磁信号属性

按照辐射源信号属性,可分为我方、友方、中立方、对方等。

1.3.4 电磁信号进入方式

按照电磁信号进入方,可分为:
(1) 直接入射方式、一次反射方式、多次反射方式、折射、散射;
(2) 基波、一次谐波、二次谐波、多次谐波;
(3) 天线主瓣进入、天线旁瓣进入。

从以上分析可以看出:单一信号看起来并不复杂,但是,多种不复杂的信号由于来源复杂,信号样式多样,信号属性未知,信号进入方式不确定,并且交织在一起,就变得十分复杂了,这是信号环境密集、复杂、多变的主要原因,如图1.2所示。

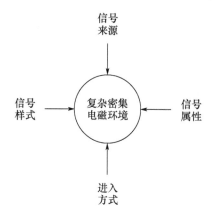

图 1.2 电磁环境信号复杂性示意图

1.4 电子对抗作战能力评估

为了更好地研究电子对抗和雷达技术,有效地运用电子对抗和雷达设备,必须对其能力及效能进行合理的、有效的评估。采用先进的评估技术和方法,并对评估结果进行分析,不仅为研究攻防体系对抗条件下电子对抗信息作战体系结构提供需求依据,辅助指挥员进行对抗决策,提高指挥和参谋人员电子信息作战能力,而且可以支撑电子对抗和雷达设备方案论证及功能仿真,优化设备配置及性能需求,为设备全寿命周期各阶段的重大决策提供了技术支持,对提高电子对抗能力,以及雷达设备发展建设和作战运用的科学性,实现设备配套优化建设,促进深化研究电子对抗和雷达设备作战理论等方面都具有重要意义。

1.4.1 基本概念

电子对抗作战能力是指:在作战运用时,电子对抗设备所具备的作战能力;电子对抗作战能力评估主要评估电子对抗设备对干扰对象的电子对抗效果,即评估电子对抗设备在规定的复杂的电磁信号环境中,执行规定侦察和干扰任务的能力,能否达到预期的干扰效果以及能达到的程度。

1.4.2 评估必要性

复杂电磁环境会导致侦察设备不能正常侦收信号、干扰设备无法跟踪目标、干扰失效、雷达探测设备探测不到目标等,降低甚至丧失电子对抗作战和雷达探测能力。

为了保证对复杂电磁环境进行实时监视,如远距离发现辐射源、副瓣接收和对微弱信号接收以及100%接收概率等,电子侦察设备通常采用频率域和方位域瞬时侦察体制,采用这种体制,虽然侦察接收机的能力强了,对辐射源的侦察距离也远了,甚至具有接收辐射源旁瓣的能力,但是,由于电磁环境复杂,雷达信号进入雷达侦察接收机的信号密度也大了,也可能有一些微弱的干扰也会进入雷达侦察接收机,从而影响其正常工作。同样,电磁信号太密集、复杂时,可能会造成雷达侦察设备的信号分选、处理计算机过载,降低甚至丧失信号分选和处理能力;也有可能由于接收到的雷达脉冲重叠现象严重,造成脉冲丢失概率上升,增加信号分选的难度,增加虚警和漏警概率,不能正确可靠地分选出存在于环境中的辐射源,不能获取辐射源的相关参数或对辐射源实施准确定位。

电子干扰设备的任务是:干扰对方的雷达对我方目标的探测和跟踪等,降低对目标的探测距离、探测概率和对信号的侦收。更为重要的是:阻止对方武器控制系统对我方目标的探测,致使对方导弹射击诸元无法装定到导弹中去,对方导弹因没有目标而不能发射。实施有效干扰的前提是:雷达侦察设备应能在复杂电磁环境中正常工作。若由于电磁信号环境密集复杂,会使电子侦察设备不能正确地分选和识别出威胁辐射源,没有正确的技术参数引导和方位参数引导,干扰设备将无法正常工作。

因此,如何科学地评估复杂电磁环境下电子对抗作战的效能,设法避免或减小复杂电磁环境对电子对抗效能造成的影响,是充分发挥电子对抗设备战斗力的重要手段之一。根据评估结果,不仅可以发现存在的问题,而且还可以通过合理的改进来提升电子对抗的性能。因此,在复杂的电磁环境下,这种评估具有积极意义。

1.4.3 评估内容

评估内容分为侦察能力评估和干扰能力评估两个部分。

1) 侦察能力评估

侦察设备侦察能力及效能评估内容主要包括:

(1) 信号环境适应能力(密集信号适应能力、强信号适应能力、复杂信号适应能力、侦收灵敏度试验);

(2) 信号截获能力;

(3) 信号分选识别能力;

(4) 系统反应时间;

(5) 同时到达信号分辨能力;

(6) 动态精度测试(测频精度、脉宽测量精度与范围、脉冲重复周期测量精度与范围、脉宽调制特性测量、脉冲重复周期调制特性测量、雷达天线扫描类型与天线扫描周期测量);

(7) 脉间/脉内细微特征分析能力;

(8) 侦收距离;

(9) 空间覆盖范围;

(10) 增批率;

(11) 对信号侦收准确率。

2) 干扰能力评估

干扰设备干扰能力及效能评估主要内容包括:

(1) 干扰频率范围;

(2) 最小干扰距离和空间覆盖范围;

(3) 干扰反应时间;

(4) 多目标干扰能力;

(5) 各种干扰样式干扰效果;

(6) 干扰自适应能力。

1.4.4 评估技术

长期以来,对电子对抗设备的性能进行准确评估是比较困难的,不仅因为电子对抗设备越来越复杂,而且电子对抗设备性能评估结果与战场电磁信号环境和作战对象密切相关。由于现代战场是集岸、海、空、天、电于一体的复杂战场环境,各种通信信号、雷达信号以及光电信号拥塞于整个电磁频谱,信号密度高,信号体制复杂,依靠有限的实战演习难以完成对电子对抗设备在上级系统中的实际作战效能和各种电子对抗设备平台间协同作战能力的综合评判。

目前,国外用于电子对抗设备作战能力评估的常规方法主要有:

(1) 有效性可信性效能(ADC)法;

(2) 指数模型评估方法;

(3) 层次分析法(AHP);

(4) 互操作法;

(5) 人工神经网络(ANN)法;

(6) 反向传播(BP)神经网络法;

(7) 灰色综合关联分析法;

(8) 多智能体(Agent)法。

随着现代智能计算的发展,还将Petri网、贝叶斯网络等理论引入评估技术。

1.4.5 评估方法

鉴于电子对抗作战能力评估复杂,影响因素多,通过对电子对抗设备功能和性能建模与仿真,能从静态角度对电子对抗作战能力进行评估。

1.4.5.1 国外技术介绍

美国在建模与仿真(M&S)建设中,已经建成了规模宏大、设备齐全、技术先进、多级层次及统一协调的研究与应用体系。其中比较著名的系统主要有:

(1) 兵团作战仿真(CBS);

(2) 兵团作战支援仿真系统(CSSTSS);

(3) 陆军战术仿真(TACSIM);

(4) 空军空战仿真(AWSIM);

(5) 研究、评估与系统分析(RESA);

（6）联合电子作战电子对抗仿真（JECEWSI）；

（7）联合作战智能仿真（JOISIM）。

目前，美国国防部正努力开展三项以不同层次的体系对抗为背景、服务于不同军事需求的通用仿真项目，即联合上级仿真系统（JWARS）、联合仿真系统（JSIMS）和联合建模与仿真系统（JMASS）。这三项仿真项目吸取了美国以往建模与仿真的经验和教训，采用了当今最先进的仿真技术，基本代表了当前世界上军事仿真项目的最高水平。

1）JWARS

JWARS是一种联合战役层次的随机离散事件仿真系统，主要功能包括作战计划评估、兵力效能分析、兵力结构建设、作战概念检验、武器系统分析等。

主要特点是：能够有效地评价C^4ISR（指挥、控制、通信、计算、情报、监视、侦察）系统对兵力效能和作战结果的影响。同时，JWARS采用闭环的蒙特卡罗仿真试验方法，能够通过统计分析来提高仿真结果的可信度，并从统计数据中提炼规律。

2）JSIMS

JSIMS是一种支持联合作战训练的战术级仿真系统，主要功能包括支持联合作战条件下的作战指挥训练、作战计划评估、作战任务规划、作战条令开发、专业军事教育、支持针对非战争军事行动（MOOTW）的仿真训练等。

主要特点是：能够通过模型裁剪与组合来满足不同用户的特定需求。同时，在JSIMS中广泛使用了半自动化兵力（SAFOR），以满足大规模演习的需要。

3）JMASS

JMASS是一种用于支持武器系统开发和采办的工程/交战级建模与仿真支持环境，用于武器设备的研制开发、采办、测试与评估。

主要特点是：提供了一整套标准化的文件格式和应用程序接口；提供了大量武器设备模型的基础框架，便于用户开发新的武器设备模型或将新的模型算法加入到系统中。

JMASS作为工程/交战级仿真系统，其生成的数据被确认后可用于JSIMS和JWARS。

1.4.5.2　国内发展现状

在国内，对于武器系统的能力及效能评估研究起步较晚。通过学习和借鉴国外在建模与仿真成果以及能力及效能评估方法基础上，国内武器系统效能分析技术和方法发展较快，尤其是在效能分析理论研究方面，获得了重大突破，提出了一些新的评估方法。例如，邓聚龙教授创立的灰色评估法，邱苑华教授提出的群组决策特征根法。另外，国内还具体研究了模糊综合评价法、改进ADC法以及物元分析法等，并获得了应用。

在评估方法上,国内在电子对抗半实物仿真方面,从"八五"开始,一直开展专项研究。但是,主要采用开环仿真系统方法,进行电磁信号环境模拟,基本能支撑电子侦察设备的性能测试和检验;在重大技术问题专项研究中,电子干扰设备作战效能计算机仿真都被立为关键技术攻关项目,从最初比较简易的 C/S 仿真结构发展到目前基于高层体系结构(HLA)的先进分布式仿真结构。但是,雷达对抗设备作战能力及效能评估方法、仿真模型的研究深度还不够,建模仿真方法缺乏系统性和标准化,还不足以支撑体系对抗中雷达对抗设备作战能力及效能评估的研究。

1.4.5.3 主要技术差距

与国外相比,国内在电子对抗能力评估方面存在较大的差距,主要表现在:

(1)绝大多数的作战能力评估是针对某一特定设备的单设备能力评估,而且,通常只针对某种对抗样式或对抗技术进行评估,几乎没有面向系统的对抗作战能力及效能评估。

(2)作战能力及效能评估指标多数为静态指标,未能充分考虑到实际战场环境下的动态变化情况,缺乏合适的指标模型,不能全面地分析侦察设备、干扰设备和战术指挥的作战效能。

(3)作战能力及效能评估方法、仿真模型的研究深度还不够。

(4)建模仿真方法缺乏系统性和标准化,还不足以支撑体系对抗中作战能力及效能评估的研究。

1.5 评估基础知识

本节以能力评估中涉及的天线技术为基础,介绍在电子对抗能力评估中需要掌握的一些基础知识,发射技术、接收技术、信号处理技术等方面也可以参照该方法进行分析和研究。

1.5.1 互易性

天线互易性有两层含义:第一层含义是指功能上的"互易",即同一个天线,既能用于发射信号,又能用于接收信号;第二层含义是指性能上的"互易",即在发射或接收时,天线的输入阻抗、方向性和有效长度均相同。

对于以脉冲方式工作的雷达而言,为了准确探测目标的距离和方位,要求发射时不接收,接收时不发射,因此,利用天线的互易性,单基雷达只需配置 1 副天线即可,可以保证发射、接收交替进行。

对于电子对抗来讲,要求全方位、宽频带进行实时侦察和干扰,要求能同时对多批目标实施干扰。因此,侦察天线和干扰天线不能共享,必须根据侦察能力和干扰能力总体要求,分别进行设计。

1.5.2 增益

天线增益用于描述天线向某一方向聚集辐射能量的能力,天线增益与天线的方向性和有效孔径有关。

为了提高对小目标的探测距离,达到满足指定要求的探测概率和虚警概率,雷达接收机输入端必须具有较高的信噪比,高的天线增益有助于提高信噪比;同样,要稳定跟踪目标,跟踪雷达也需要目标回波达到一定的电平,因此,总的来讲,雷达要求天线具有高的增益。

从电子对抗功能角度而言,为了能侦察到低功率雷达信号,尽早发现威胁目标,要求电子对抗侦察天线具有高增益,而高增益发射天线有助于加大有效辐射功率,能提高压制或遮盖干扰效果,因此,与雷达一样,要求电子侦察天线、电子干扰发射天线具有高的增益。

1.5.3 方向性

天线的方向性用于表征雷达辐射的集中程度,强方向性天线给雷达带来以下优点:

(1) 降低了发射机的发射功率要求;
(2) 降低了接收设备的接收灵敏度要求;
(3) 能提高抗干扰能力;
(4) 能对目标进行测向和定位;
(5) 导航。

因此,对雷达来讲,天线的方向性是一个非常重要的指标。

同样,天线的方向性对电子对抗设备来讲,也是非常重要的。电子侦察天线的方向性越强,测向精度越高,干扰威胁目标引导的方位越精确,干扰效果越好;干扰天线方向性越强,则在此方向上的干扰功率密度相应增大,有助于增强干扰效果。

1.5.4 副瓣

天线副瓣是相对于天线主瓣而言的,为了能使雷达正常、有效工作,不希望天线存在副瓣,因为副瓣会给雷达系统的整体性能带来以下负面影响:

(1) 天线用于发射时,从副瓣发射出去的能量产生无用功,因为副瓣方向不是雷达的主波束方向,从而造成功率浪费。

（2）天线用于接收时，雷达接收机也同样会接收到从不希望接收到信号的副瓣方向上的信号，例如，无意的电磁干扰信号，有意的电子干扰信号。这些信号从副瓣进入雷达接收机后，会掩盖由雷达主瓣接收到的小目标的回波信号，造成漏警，因此，一般情况下，会将天线副瓣设计得尽可能低。

在电子对抗设备中，无论是侦察接收天线，还是干扰发射天线，都希望天线副瓣尽可能低，例如，如果侦察接收机采用多波束比辐测向体制，则在设计天线时，将副瓣电平控制在二次交叉电平以下，以保证比辐测量的准确性。同样，在发射功率一定的情况下，如果发射天线的副瓣较高，则副瓣发射功率将占据整个发射功率的较大比例，主瓣发射功率会相应减小，从而降低干扰效果。

1.5.5 极化

天线极化是指从天线辐射出去的电波的电场矢量所指的方向，分为线极化、圆极化和椭圆极化。

雷达选择极化方式主要依据雷达的任务和探测环境：如果要求雷达能在雨中探测到目标，宜选用圆极化方式；对于舰载雷达，为了能降低海杂波的影响，宜选用水平极化方式。

根据电子对抗设备的使命任务，电子侦察天线极化和干扰天线极化都必须与雷达所采用的极化相匹配，尽量减小极化损耗。但是，由于要求电子对抗设备能侦察和干扰各种极化类型的威胁雷达，因此，侦察天线极化和干扰天线通常采用45°线极化方式，既能对抗水平极化的雷达目标，又能对抗垂直极化的雷达目标，理论上有3dB的侦察灵敏度降低和3dB的干扰功率损耗。

第 2 章 电磁环境构建与量化

现代电子对抗设备和雷达将面临复杂的电磁环境：既有对方故意释放的干扰信号，又有己方电子设备辐射的信号；既有海面或云团等反射的杂波，也有民用电子设备发射的信号。电子对抗设备与雷达密集部署，对抗程度激烈，使得电子对抗设备也时刻面临着被干扰的威胁，因此，为了全面考量电子对抗设备和雷达生存能力以及作战能力的强弱，以及电子对抗设备的干扰和雷达的抗干扰性能，需要将被试设备置于复杂电磁环境中，只有在此电磁环境下，得出的试验数据和结果才具有指导和应用价值。据此，迫切需要研究复杂电磁环境时间域、频率域、空间域特性，提出复杂电磁环境构建和量化方法。

在电子对抗能力评估方面，电磁环境构建和量化所发挥的作用主要反映在以下两方面：

（1）根据试验任务，构建出一个需求动态变化的复杂电磁环境，为电子对抗干扰与雷达抗干扰性能试验验证提供合理的试验条件；

（2）一旦构建的复杂电磁环境的复杂性能定量表述，就可以系统地、全面地检测电子对抗设备以及雷达适应复杂多变的电磁信号环境的能力，如图 2.1 所示。

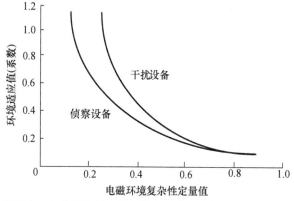

图 2.1　电磁环境复杂性与设备适应环境能力之间的关系

因此，通过定量描述构建的复杂电磁环境，能复现典型作战场景下的复杂电磁环境，建立电子对抗设备、雷达设备之间的干扰和抗干扰效能验证平台，突破电子对抗设备、雷达设备干扰和抗干扰试验验证的能力及效能评估关键技术，形成共性规范和评估考核体系，为电子对抗、雷达干扰和抗干扰试验验证提供技术手段，有效评估电子对抗设备、雷达设备在实战复杂电磁环境中的真实作战能力，满足电子设备在复杂电磁环境下的能力及效能评估需求。

2.1 必要性及趋势

2.1.1 必要性

复杂电磁环境构建必要性主要表现在以下几方面：

1）研制测试需要

复杂电磁测试环境是电子设备研制测试时所面临的难点问题，由于受技术发展水平制约，在电子对抗与雷达设备研制过程中，主要是围绕基本设计指标而开展的，在干扰和抗干扰措施方面，仅具备最基本、最常用的技术手段。随着电子对抗和雷达技术的飞速发展，电子对抗和雷达设备将面临复杂电磁环境，受到复杂电磁环境的影响，其综合效能发挥将受到严重制约。因此，在研制电子对抗和雷达设备过程中，必须考虑各种复杂电磁环境，并采取积极的应对措施，避免受到复杂电磁环境的影响。

2）定型、考核验收需要

电子对抗和雷达设备在定型时，需要明确一套行之有效的考核验收手段，用于评估和验证复杂电磁环境下电子对抗和雷达设备能够达到的技术要求，因此，对新型电子对抗和雷达设备所采取的新技术、新方法进行考核时，需要构建相应的有针对性的复杂电磁环境。

3）训练效果分析与作战决策需要

复杂电磁环境下，电子对抗和雷达设备演练和考核是一项重要内容，通过开展外场试验，使电子对抗和雷达设备在复杂战场环境下暴露问题，例如，雷达在面临复杂电磁环境时，没有足够的应对措施而无法发现和跟踪目标，电子侦察设备无法锁定对方雷达辐射信号，电子干扰没有有效对对方设备形成有效干扰等，据此，迫切需要构建复杂电磁环境，便于对演练效果进行分析考核。

4）指标体系与试验规范建立需要

需要在复杂电磁环境下，开展电子对抗和雷达设备能力及效能评估和试验技

第 2 章　电磁环境构建与量化

术研究,加强对电子对抗和雷达抗干扰性能进行试验、验证的能力,促进复杂电磁环境适应性的考核标准、干扰与抗干扰试验方法准则等规范的建立。

5) 对抗试验配套设备建设需要

随着电子设备在现代局部战争中的出色表现,电子设备得到了极大的发展,作战手段和作战样式也发生了很大变化,因此,对抗试验配套设备建设必须及时适应电子设备技术的以下发展特点:

(1) 威胁环境的复杂化导致电子设备的作战对象复杂化;

(2) 系统任务从以前的防御性为主转为更具有进攻性,从传统的软杀伤转变为硬摧毁;

(3) 一体化综合系统成为电子设备的主流,以提高空间目标探测能力,增加系统干扰功能,加大人工智能技术应用,改善人机环境条件;

(4) 频率覆盖范围进一步扩展。

只有通过建立复杂、多变的电磁信号环境,并使电子对抗和雷达设备在复杂电磁环境下试验、验证,解决暴露出的问题,才能使电子对抗和雷达设备适应上述发展需要。

2.1.2　趋势

2.1.2.1　国外

1) 发展现状

长期以来,国外高度重视复杂电磁环境下武器系统的干扰和抗干扰试验与验证技术。目前,国外除了提出功能和性能先进的电子对抗和雷达武器系统自身指标外,在试验与验证方面也提出了高要求。

从 20 世纪中叶开始,西方发达国家就已经开展了内场仿真试验条件以及大型室外试验条件建设等一系列工作,并连续对试验条件进行改进和完善,武器设备研制商都建有配套完备、齐全的内、外场试验设施,包括从试验方法制定到计算机仿真模拟试验、室内复杂电磁环境模拟试验、外场模拟试验这三种试验技术和设施的综合利用。

美国格罗曼公司的综合信息作战复杂电磁环境模拟系统就是一例,该系统综合开发了各种类型的雷达信号环境模拟器、雷达目标回波模拟器、电子干扰信号模拟器、试验电磁信号环境测试、大型微波暗室、外场可移动大功率辐射设备等,在此基础上,开展大量的内、外场试验和验证研究。

欧盟和俄罗斯的设备承研商也都建有内、外场试验场,具有完善的复杂电磁环境构建能力,各种设备在交付用户使用之前,已经在自身所属的试验场内进行了大量的试验。英国 EWST 公司研制的"变色龙"（Chameleon）系列电子干扰模拟器，用于雷达抗干扰测试和雷达操作员训练，该产品已在澳大利亚军队中服役，还被位于欧洲、美洲和亚洲（包括印度尼西亚和新加坡）的部分国家和地区使用。

意大利、南非等国家也相继开展了试验验证设备的研制工作，例如，意大利 Virtualabs 公司已研制出世界领先水平的通用雷达模拟器以及突破世界性的电子对抗技术工程实现难题的"交叉眼"干扰机，这些设备在世界许多国家服役。南非的 CSIR 公司已经研制了复杂海况下主被动雷达目标及干扰监测分析设备，进行了相关外场试验，并为美国配套过相应产品；近期，又研制出了技术性能指标先进的通用雷达与电子对抗环境仿真系统（ENIGMA IV），其核心部件数字射频存储器（DRFM）瞬时带宽达到 800MHz，该系统可以为测试和评估雷达与电子战（EW）系统提供一个闭环仿真环境。

以色列拉斐尔公司研制的多用途复杂电磁环境模拟器和电子对抗评估模拟器，能与多用途复杂电磁环境模拟器和计算机综合设施相结合，评估电子干扰/抗干扰的效果。

同时，在电子干扰/抗干扰基础技术、试验和验证方法研究方面，以美国为代表的军事强国建立了各类型的试验靶场；在外场试验方面，哥伦比亚特区华盛顿海军研究实验室除了具有仿真评估外，还拥有一系列设施，通过外场试验，评估海军电子对抗作战效能，研究并评估噪声干扰功率密度、应答欺骗干扰技术、箔条使用方法、投掷式干扰机拖引方法、干扰使用战术等。在能力及效能评估方面，早在 1994 年，为满足先进综合电子对抗设备项目的需求，海军开发了电子对抗设备能力及效能评估系统，并进行了通用环境模拟器试验、导弹威胁投射诱饵弹试验、舰载毫米波接收机/干扰技术评估试验。

2）发展趋势

为了能构建好用、顶用、耐用的电磁信号环境，在进行复杂电磁环境构建和量化时，未来电子对抗和雷达试验设施发展趋势是关注的重要因素。未来电子对抗和雷达试验设施发展趋势主要表现在以下三个方面：

（1）试验综合化。将分析模型、微波暗室、外场试验三者有机地结合在一起，完成高密度、高逼真复杂电磁环境下的方案制定、设计和试验任务。

（2）试验设施多功能、多用途化。不仅能完成方案制定、研制、试验以及训练维修的任务，而且可以完成电子对抗设备和雷达设备在高密度复杂电磁环境下的参数鉴定、指标验证、有效性鉴定、易损性鉴定，还能够在宽频谱的各种系统中进行试验，进行逼近实战环境中的对抗/反对抗作战效能试验。

（3）建设高效能、低费用化。除了加强建设内、外场试验设施外，更注重推广应用数字仿真技术。这种观点反映在军事战略与作战计划之中。

2.1.2.2 国内

1) 发展现状

在内场试验方面,通过电子对抗与雷达半实物仿真,在内场构建了包括雷达信号环境、雷达目标回波、雷达杂波、各种电子干扰信号在内的复杂、高密度、动态的复杂电磁环境,用于模拟战场复杂电磁环境的各种信号。通常采用内场注入或内场辐射方式参加试验,基本具备了考核雷达侦察设备侦察、雷达干扰设备干扰效果、雷达设备抗干扰等能力的试验条件,为雷达侦察、雷达干扰和雷达等设备的性能评估提供了有效捷径,不但避免了利用大量实体设备构建复杂电磁环境所需的大量试验资金,节省了试验成本,而且具有重复性好、保密性强、信号密度高、信号体制复杂、干扰样式多样等优点。

在外场试验方面,经过 30 多年的建设和完善,目前,国内已基本具备了雷达侦察设备、雷达干扰设备、无源干扰设备、激光告警、通信对抗设备以及电子对抗设备鉴定试验条件。

尽管国内典型的设备和试验评估大多数是通过外场试验进行的,但是,仅仅通过施加一些简易的模拟和数字信号,用于模拟环境信号,考核电子对抗干扰/雷达抗干扰的各项指标,其结果与在真实的作战环境下得到的结果存在一定差距。在外场试验时,由于难以获得复杂电磁环境中的信号频谱、功率、辐射指向等精确数据,因此,难以对具体电子对抗设备、雷达设备等进行定量干扰或抗干扰性能测定。

2) 发展趋势

基于国内电子对抗设备/雷达设备的发展特点,以及电子对抗/雷达的试验任务,电子对抗/雷达的试验环境将朝着综合一体化的方向发展,主要表现在以下五个方面:

(1) 电磁威胁环境日趋复杂。在实际作战中,威胁环境始终处于动态变化之中,构建复杂电磁环境的难点和重点在于如何确定实际威胁与模拟威胁所占的比例,如何利用替代品和模拟器来有效与电子对抗设备交战。因此,有重点开发、完善和利用能代表具有典型作战想定的威胁复杂电磁环境生成设备,为电子对抗设备的研制、试验评估和作战训练提供密集、复杂、逼真、动态变化的电磁威胁环境是电子对抗试验最显著的特点,也是检验电子对抗设备实战效果的基础和衡量试验技术及试验能力的重要指标。

(2) 加大建模与仿真技术研究。在试验与鉴定过程中,加大建模与仿真技术的研究和应用,以满足新型电子对抗设备的试验、鉴定、部队训练和战术战法等研究对构建复杂电磁环境的要求。将试验建设成网络中心试验、数字化试验和分布式试验是其发展趋势之一。

(3) 充分研发虚拟现实技术。与传统计算机模拟技术相比,虚拟现实技术的显著特性在于虚拟现实技术能够进入虚拟世界,并能跟虚拟世界交流,相互作用。虚拟现实技术可广泛应用于电子对抗、雷达模拟试验和训练等方面。另外,利用虚拟现实技术能改进试验时使用的典型作战场景与真实作战场景的差异。因此,虚拟现实技术将对电子对抗模拟和训练产生重大影响。既可提高试验能力,又能节省试验经费。虚拟技术应用将越来越受到重视。

(4) 注重试验机动测试技术。由于电子对抗设备、雷达设备功能不断增加,其作战战场也从地面不断向空中、空间扩展,分布式试验布局需求日趋增强,测试设备的升空和机动能力成为试验技术需求不可分割的组成部分,因此,仅依靠任何特定试验或试验场进行试验都不能完全满足电子对抗设备、雷达设备的试验任务要求。试验机动测试技术将在未来试验技术中发挥越来越重要的作用。

(5) 控制成本开支。对于电子对抗设备、雷达、通信试验、训练来说,所需的设备及兵力等成本消耗大,耗时长,因此,要进一步加大成本开支小的建模与仿真技术的应用力度,强调建模与仿真在整个试验与鉴定过程中的重要作用和地位。

2.2 战情设计

任何一次作战行动,都是在一定的空间和环境中进行的。作战空间和作战环境是一个时代的科学技术、武器设备、作战方式和自然因素有机结合的产物。

当前,信息技术迅猛发展,正广泛应用于军事领域,孕育了新的战争形态——信息化战争,开辟了与陆、海、空、天四维相并列的"第五维战争空间"——电磁空间,形成了与传统的社会、地理、气象、水文等并重的新的战场环境——战场复杂电磁环境。

战场复杂电磁环境直接表现为在特定的作战时间和空间内,为完成特定的作战任务,在自然电磁辐射影响的基础上,由各种电子设备产生的电磁辐射和信号密度的总体状态。战场复杂电磁环境具有主观性、动态性、随机性和复杂性等特点,而复杂性是其最本质的特性描述。

随着现代作战信息化进程的步伐加快,战场复杂电磁环境将日益复杂,电磁空间斗争空前加剧,这些都将对军事活动产生深刻的影响。夺取制电磁权成为夺取制信息权,进而夺取战争主动权的关键。电磁空间是各种电磁场和电磁波组成的物理空间。战场复杂电磁环境定义为:一定的战场空间中对作战有影响的电磁活动、现象及其相关条件的总和。

通常把战场复杂电磁环境分解为人为电磁辐射、自然电磁辐射和辐射传播因素三个组成部分。根据典型作战场景下复杂电磁环境的特点,需要统筹考虑模拟战场战术的综合部署,建立符合实际战术意义的复杂电磁环境,以满足武器电子设备进行能力及效能评估和试验验证的要求。

考虑到构建战场复杂电磁环境时,在人为电磁辐射中,将特别关心军用有意电磁辐射,同时,也需要考虑不同类型的建模方法,可进一步归纳出用于军事目的的战场复杂电磁环境构成,如图2.2所示。

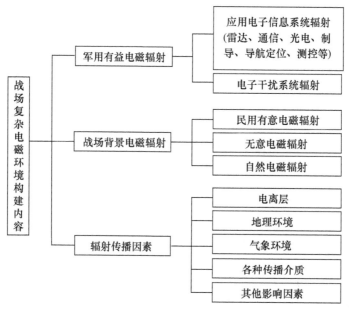

图2.2 战场复杂电磁环境构成

整个复杂电磁环境与试验任务需求间的关系如图2.3所示。

如何构建逼真的战场复杂电磁环境是武器电子设备进行能力及效能评估与试验验证的前提,在对构建的战场复杂电磁环境进行模拟与量化时,需要重点反映出战场复杂电磁环境所具有的特征,主要特征表现在以下几个方面:

(1) 电磁频谱种类数量上的多样性;
(2) 电磁信号存在空间上的交织性;
(3) 电磁频谱在密度上的拥挤重叠性;
(4) 电磁波形方式上的动态性。

复杂电磁环境复杂、多变,为战场复杂电磁环境构建与量化带来了非常大的技术难度,主要表现在难以从时间域、空间域、频率域等多个维度支撑和量化如此复杂的电磁环境。

随着电子对抗设备、雷达对抗技术不断出现,使得空间的电磁频谱也更加复杂,导致战场复杂电磁环境更趋复杂。在对战场复杂电磁环境构建与量化方法进

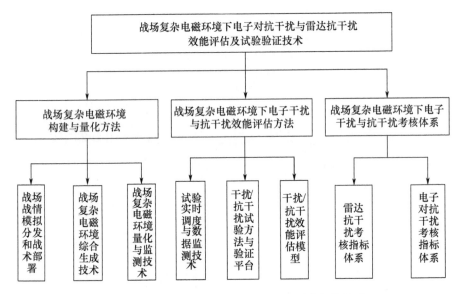

图 2.3 战场复杂电磁环境与试验任务需求间的关系

行研究时,重点要根据典型作战场景下战场复杂电磁环境的特点,研究战场复杂电磁环境的组成和电磁信号相互之间的关系,研制相应的模拟设备构建战场复杂电磁环境,通过控制模拟设备输出,可以任意形成所需要的不同复杂度的战场复杂电磁环境,以满足电子对抗设备、雷达进行能力及效能评估和试验验证的要求。

2.2.1 时间域设计

在时间域方面,一般将信号分为连续时间信号和离散时间信号。然而,在具体应用时,要注意描述电磁信号随时间和作战进程变化的规律。可以用各种电子信息系统工作状态流程图、单位时间密集度、信号强度时间域变化图等方法来直观表示战场复杂电磁环境随时间的变化情况。

就电子对抗作战而言,战场复杂电磁环境时间域特性主要描述电磁辐射在时间序列上的表现形态。大量的电磁信号是交战双方有目的地控制电子设备实施有意辐射所产生的。在不同的作战时间,出于不同的作战目的,产生的电磁信号数量、种类、密集程度随时间而变化,且变化方式多样,难以预测。例如,就单一信号而言:在时间域上表现为时而出现,时而消失;在幅度上表现为随时间的推移,幅度变大或减小。对于多信号而言,整体表现为有时相对静默,有时非常密集,即整体上持续连贯,但却会出现突发情况。

多信号的时间域构建如图2.4所示。

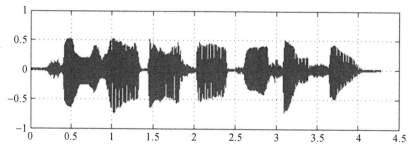

图2.4　多信号时间域图

从图2.4可以看出,信号在某一时刻或某一时间段内十分密集,而其他时刻或其他时间段却没有信号(只有噪声),呈现出既间断又密集的特性。在构建时间域复杂电磁环境时,旨在用于从时间上为干扰信号样式和波形设计提供技术支撑,用于考核电子干扰设备的干扰效能,同时,也用于验证电子干扰设备对对方雷达电子设备的干扰效果。

在时间域上,从干扰技术有效性角度分析,主要关注两个因素:一是干扰信号覆盖被干扰信号波形的覆盖度;二是干扰信号与被干扰信号的时间域变化同步情况。由于复杂电磁环境信号具有间断、密集的特性,因此,在构建单平台战情时,从时间域干扰角度讲,需要为干扰技术有效性定量考核、考查提供测试验证条件。

在时间域上,也可以从抗干扰技术角度进行分析,即利用干扰信号与被干扰信号在时间上的差别进行抗干扰,例如:在雷达接收机电路中加装信号选择装置;改变雷达发射的脉冲重复频率,使得干扰信号难以与雷达发射的脉冲信号同步。因此,在构建单平台战情时,同样需要为抗干扰技术有效性进行定量考核、考查提供测试验证环境。

下面以雷达反距离欺骗干扰为例,对战情时间域构建加以说明。

距离欺骗干扰是由干扰机产生一种与雷达目标回波逼近但在时间上(距离)区别于目标回波的假信号。发射欺骗信号的目的是:在雷达显示屏距离显示内容上,出现逐渐远离雷达站的活动目标,这就是人们常说的拖距干扰。为了抗拖距干扰,雷达主要采取以下三种方法。

1) 控制雷达接收机偏压

在雷达刚受到干扰时,在时间域上,目标回波很可能就被干扰信号全覆盖,据此,在雷达接收机中,引入一个受距离电压控制的负偏压,以保障信号不被干扰信号抑制。在进行拖距过程中,由于雷达信号照射到目标后,立即产生各种回波信号,信号照射到目标与目标回波产生之间没有延时,而干扰机在接收到雷达发射信号后,需要经过天线、放大器以及其他电路,需要一定的反应时间,因此,在时间域上,目标回波前沿总是处在干扰信号前沿之前。因此,在雷达接收机中,可将目标回波前沿取出并延时一段时间(ΔT 由雷达的发射脉宽决定),以产生一个闭锁波门来关闭雷达接收机,因为雷达回波信号在闭锁波门前头,所以有输出,而干扰信号在闭锁波门里,所以被闭锁掉。这样,可使雷达的距离跟踪波门不被拖走而始终跟住真目标。由于雷达接收机引入的负偏压受到目标的距离远近的影响,此负偏压值不易确定,因此实用中不一定可靠。

2)饱和中放

当雷达接收机中频放大器采用非线性饱和中放时,就能避免由于自动增益的控制作用而产生的大信号压小信号,可保证目标回波始终存在,再利用目标回波前沿经延迟后产生闭锁波门将干扰信号抑制掉,便可使距离跟踪波门不被拖走。这种方法较控制雷达接收机偏压的抗干扰方法更加有效。

3)脉冲前沿跟踪

脉冲前沿跟踪法,是在雷达接收机中,增加一路无自动增益控制的饱和中频放大器和视频放大器电路。饱和中频放大器对雷达目标回波和干扰信号给予等同放大,由于在时间域上,干扰信号与雷达目标回波之间存在延迟,因此,可用视频处理电路取出雷达目标回波的前沿,而抑制干扰信号。这种方法已经被普遍采用。

当干扰模拟的假目标是一个向雷达站逐渐接近的活动目标时,雷达只要周期性地交替变换发射脉冲的重复周期,干扰信号难以与雷达目标回波保持同步,因此,雷达接收机很容易把这种干扰信号识别出来。尽管雷达发射信号的重复周期不断变化,目标回波在雷达显示器上的位置始终决定于目标的距离,但干扰信号的距离显示位置却不断地随重复周期的变化而变化。

雷达反距离欺骗干扰只是雷达抗干扰的一种措施,雷达距离干扰也只是雷达干扰的一种手段,在进行战情时间域构建时,需要从电子干扰和反干扰、波形时间域参数如宽度、上升沿、下降沿、重复频率、抖动范围、捷变范围等方面进行定量描述,为干扰、抗干扰效能和效果验证提供良好的测试环境和手段。

2.2.2 频率域设计

战情频率域一般用电磁频谱来表述。电磁频谱主要内容体现在两个方面:一是表述各种电磁辐射占用的频率值;二是定量给出各种频率上能量分布。

任何一种电磁波,都要占用一定的频谱,相同频率的电磁波会相互干扰,功率大的频谱将压制功率小的频谱。通常用电磁频谱图来表示复杂电磁环境频率域特性,在电磁频谱图上,用谱线的长短表示能量的大小,通过对照,可以查出互扰频点和被对方干扰的频点或频段。频谱图可以是单信号的,也可以是多信号的,可以是全频段的,也可以是局部频段的,在众多的频率中分清敌我,分清有用信号和无用信号,重点信号和一般信号,即明确频率的完整特性和属性等,对电子对抗和反对抗具有重要的意义。海战复杂电磁环境频率域特性主要描述电磁辐射占用频谱的情况。现代海战空间上,电磁信号几乎覆盖了所有的频段,海战电磁频谱的典型应用如图2.5所示。夺取电磁频谱制胜权程度,也已经成为考核电子对抗能力的重要项目之一。

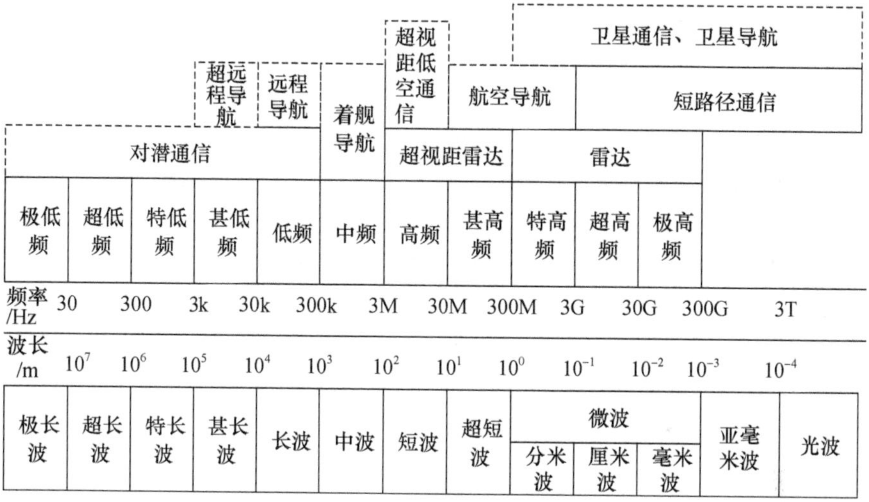

					超视距低空通信	卫星通信、卫星导航			
	超远程导航	远程导航					短路径通信		
			着舰导航			航空导航			
对潜通信					超视距雷达		雷达		
极低频	超低频	特低频	甚低频	低频	中频	高频	甚高频	特高频	超高频	极高频
频率/Hz 30	300	3k	30k	300k	3M	30M	300M	3G	30G	300G	3T
波长/m 10^7	10^6	10^5	10^4	10^3	10^2	10^1	10^0	10^{-1}	10^{-2}	10^{-3}	10^{-4}
极长波	超长波	特长波	甚长波	长波	中波	短波	超短波	微波(分米波/厘米波/毫米波)		亚毫米波	光波

图 2.5 海战电磁频谱的典型应用图

由于大气衰减、电离层反射和吸收等传播因素影响,因此电子设备只能使用电磁频谱的几个有限的频段,在这些频段上,电磁信号密集、重叠。若选择雷达工作频点时,只工作在不连续的频段上,难以覆盖图2.5中的整个雷达频段。

据此,在进行战情频率域构建时,需要综合考虑上述因素。下面从频率域干扰和频率域抗干扰角度具体表述战情频率域构建环境。

在频率域上,为了考核干扰有效性,主要考核干扰频谱同步覆盖被干扰信号频谱情况。由于被干扰信号频谱存在捷变,因此,在构建单平台战情时,从频率域干扰角度讲,需要为干扰频谱有效性定量考核、考查提供测试验证条件。

同样,也可以从抗干扰技术角度对频谱进行分析,即利用干扰信号与被干扰信号在频谱占用方面的差别进行抗干扰。频率选择法就是利用有用目标回波与干扰信号的频率域特性的差别来滤除干扰的,具体措施有跳频法、频率分集法、扩展新频法等。

1）跳频法

当雷达工作频率值固定时，雷达侦察设备很容易截获和分选出该雷达信号，雷达干扰设备根据干扰引导信息，也容易产生有效的干扰信号输出；如果雷达工作频率在较宽的范围内按照某种规律或随机跳变，那么，雷达侦察设备需要进行较长时间的积累，才能分选出该雷达信号，而且，雷达侦察设备需要剔除包含在该雷达频率捷变范围内的其他脉冲信号。由于雷达频率跳变，雷达干扰设备也不断更新干扰频率，然而更新的前提是雷达侦察设备能快速检测到新的雷达使用频率，于是，快速检测与较长时间积累是一对难以解决的矛盾。因此，雷达可以利用雷达侦察设备的这一缺陷，不断跳到不受干扰的频率上工作，从而，使抗干扰能力就得到增强。频率跳变的速度越快、范围越大，随机性就越强，则越不容易受到干扰。

频率捷变是雷达采用的一种有效的抗干扰方法。频率捷变能够实现快速宽频跳频，可避免跟踪干扰，频率捷变在脉间实现跳频，且跳频范围很宽，跳频速度很快。频率捷变的方式有随机、程序控制和自适应等几种。频率捷变在雷达应用中主要采用三种方式：第一种是利用旋转磁控管实现雷达工作频率（载波频率）的快速跳变，即非相参捷变频方式，因而，出现了非相干频率捷变雷达；第二种是通过频率合成器形成若干个频率点，雷达工作频率在这些确定的频率点中随机跳变，即全相参捷变频方式，因而出现了全相干频率捷变雷达；第三种方式是雷达根据干扰信息的频谱分布有目的地进行跳频，即自适应频率捷变方式。

2）频率分集法

频率分集法是20世纪50年代中期出现的一种抗干扰方法。和频率捷变技术一样，频率分集技术是基于迫使干扰机在宽带内分散其干扰功率，从而削弱其干扰作用。所不同的是，频率分集是同时或者交替地占有一个较宽的频带，而频率捷变是在一极短的时间内依次或者无规律地占有一个频带。

频率分集是用多部发射机同时工作在不同频率上，使雷达等电子设备同时占有较宽的频段，以削弱雷达干扰信号强度。频率分集形式有两种：一种是不同频率的信号由不同波束辐射；另一种是所有频率信号在同一波束内，同时或间隔地辐射。

3）扩展新频法

不同的雷达，要尽量占据宽的频段，即使是同一种雷达，也可以工作于同一频段的不同频率，从而提高整个雷达网的抗干扰能力，也可以开辟新的频段。

目前，地面警戒雷达大多数工作在米波波段；炮瞄雷达和引导雷达大多数工作在S波段；机载雷达大部分工作在X波段，所占据的波段较少且范围较窄，所以，干扰也大都集中在这些波段上。开辟新波段，就可以使雷达工作于更低或更高的波段上，频率选择范围尽量大，还可以使雷达突然在对方干扰波段的空隙中工作，使对方不易干扰。

另外，在战情频率域方面，还需要从频率范围、信号带宽、频率捷变范围、频率分集数等多个方面进行定量描述，为考核电子干扰/反干扰提供优良的测试环境和条件。

2.2.3 空间域设计

复杂电磁环境中的战情空间域主要描述各种辐射产生的电磁场在空间的分布，包括场强和能量的分布，它是无形的电磁波在有形的立体空间中的表现形态。在高度信息化的战场上，这个分布空间远大于火力作战空间，必要时，还需要考虑包括陆、海、空直至太空空间。有时，根据具体情况，只需了解空间中特定点、特定辐射的强度和能量，这些参数可以用测量和计算的方法获得，在具体计算特定电磁信号在空间的分布时，需要明确以下参数：辐射源分布、辐射源参数，如辐射源种类、发射功率、工作频率(频段)、天线辐射特性、辐射传播条件等。把这些因素标记在作战地图上，就基本形成了战场辐射源分布图、辐射源作战威力图和战场电磁态势图。

以海空环境为例，海上复杂电磁环境空间域特性主要描述各种辐射源、电磁能量或场强在空海域的分布情况。每个阵地分布着种类庞杂、数量众多、频率宽广、功率各异、辐射强烈的电磁波。通常使用三种表达方式来描述海战复杂电磁环境空间域特性：辐射源分布图、背景噪声辐射强度分布图和电磁辐射强度分布图。

辐射源分布图主要根据平时和战时的情报和电子侦察监视情报，获取敌我双方主要军用电子设备部署位置及有关参数，包括辐射源种类、用途、发射功率、工作频率频段等技术、战术参数和敌我类型。

背景噪声辐射强度分布图用来显示民用电磁辐射、自然电磁辐射、背景噪声的强度分布。

电磁辐射强度分布图用来显示战场上任何一点在某一时刻指定频率或频段上的辐射强度的分布。

以雷达空间域抗干扰效果评估和验证为例，在具体构建战情空间域时，需要重点考虑目标回波与干扰信号在空间特性上的差别，为考核雷达在空间域上所采取的抗干扰措施达到的抗干扰程度提供良好的考核环境。

1）高增益、窄波束天线

根据雷达方程和雷达干扰方程，可以导出当干扰机配置在目标上时(自卫干扰)，在雷达接收机处的信干比表达式为

$$\frac{S}{J} = \frac{P_{re}}{P_{rj}} = \frac{P_t G_t \sigma}{4\pi P_j G_j BR^2 r_j} \tag{2.1}$$

式中　S——雷达目标回波进入雷达接收机的功率；
　　　J——干扰信号进入雷达接收机的功率；
　　　P_t——雷达发射机向空中辐射的峰值功率；
　　　G_t——雷达发射天线在辐射方向上的增益；
　　　σ——目标有效反射面积；
　　　P_j——干扰机发射功率；
　　　G_j——干扰天线在雷达方向上的天线增益；
　　　B——雷达视频带宽 ΔF_r 和干扰信号干扰宽带 ΔF_j 之比；
　　　R——目标距离；
　　　r_j——干扰机对雷达天线的极化系数。

从式(2.1)可以看出，在干扰条件下，雷达接收机信干比 S/J 与雷达发射天线增益 G_t 成正比，所以，增大雷达发射天线增益可以提高抗干扰能力。

雷达发射采用窄波束天线，不仅可以获得高的增益，而且可以减少雷达电磁能量在空间的散布范围，同时，也减小了进入雷达接收机的干扰功率，雷达平面显示器上的干扰扇面也会减小。一般来说，炮瞄雷达和制导雷达的波束都比较窄，警戒雷达的波束比较宽。

要想实现窄波束天线，就要增大雷达的天线尺寸，当增大天线尺寸受到限制时，在雷达工作波长选择方面，可采用波长更短的射频信号，也可以选用多波束技术来设计天线。

2) 旁瓣消隐

当干扰机不配置在需要保护的目标上，即需要执行支援干扰（采用电子干扰方式掩护其他临近平台）时，干扰机干扰能量一般从雷达接收天线旁瓣进入。当干扰机配置在需要保护的目标上时，只要干扰功率强，干扰能量也可以从雷达天线旁瓣进入。因此，从雷达抗空间域干扰角度看，消除干扰信号从旁瓣进入雷达接收机，能提高雷达的抗干扰性能。

雷达在接收机中，采用旁瓣消隐技术，能够较好地抑制干扰信号，在进行雷达设备具体设计时，除了需要设计正常接收机（主接收机）之外，还需要设计一辅助接收机（副接收机）和一副副天线，副天线采用全向天线，其增益等于或略大于主天线第一副瓣的增益。主、副两路接收机的输出加到相减器，这样，从主天线副瓣进入的干扰信号将与从副天线进入的干扰能量抵消。副接收机的增益可用自动增益控制调节，以获得良好的对消特性。

3) 天线自适应抗干扰

天线自适应抗干扰技术是根据雷达目标回波与干扰信号产生的具体环境，自动控制雷达天线波束形状，使雷达天线波束主瓣最大值方向始终指向目标，而零值方向指向干扰环境,以便能最多地接收雷达目标回波能量,而最少地接收干扰信号能量,使信干比最大。

天线自适应抗干扰是一个反馈系统,也可以称为复杂自控系统。这种系统的优点是:具有从强干扰信号环境中检测出微弱的目标回波的能力,而且干扰信号能量越大,系统自适应能力和响应速度就越快;其缺点是:对主瓣干扰和后瓣干扰自适应能力低,干扰源数目较多时,自适应能力下降,在非干扰源方向出现较大的旁瓣,而且结构复杂,成本高。

4) 极化选择法

从电波与天线理论可知:位于空间中的电子能量,只有当接收天线极化方式与发射相同时,接收天线才能很好地接收信号。若极化方式不同,接收到的信号将会产生衰减。例如,用圆极化天线发射,用线极化天线接收时,信号衰减可达 3dB 以上;用水平极化天线发射,用垂直极化天线接收时,信号衰减不低于 3dB;用左旋极化天线发射,用右旋极化天线接收,信号衰减将达到 30dB 以上。另外,极化方式不同,对信噪比影响也不同。

综上所述,针对战情空间域而言,在具体构建战情空间域时,从天线主瓣、副瓣、窄波束、增益、进入角度范围、极化特性、自适应波束调零位置、发射站数量、波束形成数等方面进行定量描述。

2.2.4 战术布局

为了构建逼近实战电磁条件的雷达对抗作战环境,需要提供各种类型的辐射信号,这些信号的辐射能量、辐射方位、信号样式、信号参数需要与各辐射设备需要完成的任务相对应,因此,必须对各种信号模拟器提出要求。

雷达信号模拟器:模拟实际战场环境可能存在的各种战场雷达信号。采用多路直接式数字频率合成(DDS)技术,产生各种常规及特殊体制、具有脉冲可编辑、密度可控的雷达威胁信号环境,能精细模拟雷达信号的频率域、时间域、调制域的变化特征。

干扰信号模拟器:包括噪声干扰信号模拟器、欺骗干扰信号模拟器。其中,噪声干扰信号模拟器产生宽带压制、窄带瞄准等噪声干扰信号;欺骗干扰信号模拟器采用超宽带数字射频存储(DRFM)技术,可模拟战场环境中的距离欺骗、速度欺骗、多假目标及多种组合干扰信号,还可以模拟多点源相参干扰,配合雷达目标回波模拟器产生多个距离、角度、干扰样式完全不同的干扰信号。噪声干扰信号模拟器和欺骗干扰信号模拟器可组合使用。

雷达目标回波模拟器:模拟产生雷达目标回波,并能高分辨地模拟雷达目标距离、速度(包括远离或靠近的径向)、幅度和起伏特性。为了逼真地模拟雷达目标回波,可采用超宽 DRFM 技术,产生相参雷达目标回波。

杂波信号模拟器:模拟产生雷达杂波信号(含地杂波、海杂波、气象杂波及箔条干扰杂波),同时模拟目标起伏和角闪烁等。杂波信号模拟器采用超宽 DRFM 技术实现。

诱饵信号模拟器:模拟产生多路诱饵信号。

通信信号模拟器:模拟产生实际战场环境中,可能存在的各种战场通信信号,逼真模拟通信信号频率域、时间域、调制域的变化特征。

在进行复杂电磁环境战术布局时,一般以各类模拟器为基础单元,并进行集成。通过集成,构建复杂电磁环境模拟系统,各种战术在时间域、频率域、空间域上的特征以及战术行动的先后关系既可以反映在各类模拟器中,也可以通过试验环境指挥控制反映出来。按照预定的战场场景要求,对多种信号模拟器进行组合输出,可为干扰与抗干扰试验提供战场复杂电磁环境和验证措施。

2.2.5 电磁环境量化

从 1.2 节电磁环境特性分析可以看出,战场复杂电磁环境复杂多变,电磁信号纵横交叉,主要表现在:各种信号在空间域上存在交织,在时间域上存在交叠,在频率域上存在重叠,信号种类多种多样,功率分布参差不齐。由于复杂电磁环境严重影响到信息化武器设备效能、作战指挥和作战行动,因此,复杂电磁环境已经成为当前军事领域的研究热点,也成为现代作战仿真中必要的环境要素。

在复杂电磁环境量化方法上,从时间域、频率域、空间域和能量域等多方面、多层次进行描述,建立准确的复杂电磁环境量化指标体系。

1) 雷达信号密度

针对雷达对抗侦察设备而言,雷达信号密度是指单位时间内(1s 为单位)接收到的雷达脉冲信号平均数。现代战争中,各种辐射源数量急剧增长,使电磁信号环境异常密集。例如,在原东、西德边界地区,电子对抗侦察设备可收到 300~1000 部雷达信号,可见信号环境密度之高。预计今后的雷达信号密度将趋于每秒 300~500 万个脉冲。雷达信号密度反映了战场复杂电磁环境中信号的"疏密"程度。不同密度的电磁信号环境对雷达侦察设备的性能影响也不同。因此,复杂电磁环境试验中,雷达信号密度将是一个关键要素。

2) 信号强度

信号强度与辐射源功率、辐射源远近以及电磁波衰减等因素有关。信号强度直接决定了战场复杂电磁环境的影响能力,是对各种电子信息系统产生影响的能量基础。考查一个雷达对抗系统受战场复杂电磁环境的影响程度,就是关注该雷达对抗系统所接收到的各种电磁信号的强度,如果雷达侦察设备接收到的各种电磁信号强度高于接收机灵敏度,则这些电磁信号将毫无保留地进入到雷达侦察设备内部,进而对雷达侦察设备侦察其他有用信号产生影响。现代战场中,雷达、雷达干扰机的辐射功率从瓦级到兆瓦级不等,因辐射功率、距离等不同,在雷达侦察设备中产生的信号强度也不同。因此,在进行复杂电磁环境量化时,需要模拟不同信号强度的电磁信号环境和电磁干扰环境,检验雷达侦察设备在不同电磁信号强度中的环境适应能力。

3) 电磁信号样式

现代战场中,电磁环境复杂程度主要表现在信号形式多样化。电磁信号样式主要表现为信号调制方式及参数范围。一般情况下,需要分类统计与估算各种军用电子设备的信号调制样式及其参数范围。电磁信号样式特征反映了战场电磁空间中电磁信号的"种类"多少。对于复杂雷达电磁环境,包括雷达信号在工作频率、信号重复频率和脉冲宽度等参数调制方式和调制信号的参数范围。

4) 电磁信号分布特征

电磁信号在时间域、频率域和空间域的分布反映了战场复杂电磁环境中信号的"部署"特性。在电子设备试验复杂电磁环境构建时,电磁信号时间域分布描述的是不同时段内信号分布情况;电磁信号频率域分布用于表述信号在不同频段的分布情况;电磁信号空间域分布主要表述信号辐射源在不同空(地)域的分布情况。如何构建逼近实战的动态分布的战场电磁信号环境,是构建复杂电磁环境的重点、难点。

因此,在复杂电磁环境下,结合信号在时间域、频率域、空间域等所具备的特性,并有效进行干扰与抗干扰,使对方电子设备无法侦查到有用信号,需要综合考虑电子对抗、雷达对抗/反对抗作战环境的复杂性,建立接近实战要求的作战场景,电子对抗战术具备模拟自卫、随行、远距离支援等干扰战术能力,能模拟压制干扰、欺骗干扰技术性能参量的能力;雷达具备多频段、多频点、相参处理、重频捷变、脉间捷变等多种措施。其中,干扰战术模拟是一个动态的过程,能真实反映出电子对抗/雷达作战过程中面临的干扰环境。从干扰战术使用来看,包括远距支援干扰、近距支援干扰、随队干扰和自卫干扰等。

2.3 复杂电磁环境综合生成

2.3.1 构建流程

2.3.1.1 要素分析

从国内外作战训练的实践来看,电磁环境特指具有一定复杂程度的战场复杂电磁环境。对于战场复杂电磁环境，将其定义为：一定的战场空间内对作战有影响的电磁活动和现象的总和。基于上述内容，将复杂电磁环境进一步定义为：一定的空间域、时间域、频率域上，电磁信号纵横交叉、连续交错、密集重叠、功率分布参差不齐，对相应的电磁活动产生重大影响的复杂电磁环境。

以海上电子对抗为例，海上复杂电磁环境是在以特定海域及其周围空间域为主要作战区域形成的复杂电磁环境。与其他战场复杂电磁环境相比，海上复杂电磁环境具有较为典型的特征，具有不确定的特点。这为复杂电磁环境构建带来了一定的难度。未来雷达对抗作战怎么打？未来海上态势如何？电磁信号环境复杂程度有多高？在雷达对抗作战之前难以明确给出答案，而且兵无常势，水无常形，每场雷达对抗作战所生成的复杂电磁环境态势与战场自然环境、作战平台电子对抗设备种类和数量、对抗战术使用及对抗能力组合等因素密切相关。

在构建复杂电磁信号环境时，一般情况下，可以通过剧情想定的方法加以表征。

剧情想定主要采用假设法，按照设定，构建复杂电磁环境，假设在某个作战海域发生红蓝对抗，双方各自出动兵力，实施电磁频谱域范围内的雷达对抗作战。

剧情想定主要包括以下要素：

1）作战区域

战场的复杂电磁环境取决于海上及其周边能影响到该区域的电磁辐射源和海上的电磁传播条件。在近海环境下，收到的大多数脉冲来自友方、中立方或者准中立方辐射的信号，包括民用信号和军用信号，既可能来自陆地，也可能来自舰载、空中和空间。信号环境主要由己方舰船及其附近的辐射源、陆地和海上平台对这些辐射源的反射信号组成。在远海作战环境下，背景信号相对简单一些，绝大多数将是敌我双方信号，但是，远海雷达对抗作战远离本土，连续支援信息少，需要实现自主侦察、信号分析和识别，在构建复杂电磁环境时，需要综合考虑各方面的因素。

2）作战对象

作战对象包括红、蓝双方的国别、主要作战平台、电磁辐射源型号和数量。

3）背景对象

背景对象包括中立方或者准中立方的国别、可能在作战区域出现的作战平台、电磁辐射源型号和数量，以及自然环境产生的复杂电磁环境背景。

4）作战过程

红、蓝方在雷达对抗作战条件下，何时、何地、使用何种作战平台中的何种电子对抗武器，使用何种战术进行电磁频谱争夺，以及电子对抗或硬武器杀伤造成的作战能力损毁等过程。在设计作战过程时，必须注意：设计出的作战过程能反映出具有典型的战术性和近代先进的对抗态势。从雷达对抗作战性质上分析，由于雷达对抗作战过程与以火力打击为主的作战进程不存在一一对应关系,因此,在构建复杂电磁环境时,可选择雷达对抗作战全过程中的一个作战区间或一个典型的对抗作战用例,如单舰反导对抗等。

5) 复杂度等级

复杂度等级即复杂电磁环境的整体复杂程度,在应用中,与作战对象、背景对象、对抗设备适应复杂电磁环境的能力等进行综合考虑。

6) 情报信息

情报信息是复杂电磁环境构建的重要条件,情报信息是否准确,直接关系到复杂电磁环境逼近不逼近实战的问题,尤其是蓝方、中立方等情报资料(包括作战平台的工作参数、平台上搭载辐射源的工作参数、工作属性、战术使用原则、使用时机等)。可以根据剧情想定,有重点地收集情报资料。

2.3.1.2 模拟构建

复杂电磁环境模拟构建是以实战复杂电磁环境为参照,是战场复杂电磁环境在训练场上的临场复现。为使模拟能够逼真,复现能够真实,所构建的复杂电磁环境运行过程应与实际作战运用过程相对应,且必须遵守对抗作战样式、对抗作战规模、对抗作战过程的制约和规范。

复杂电磁环境构建时,主要重点关注以下几方面要求:

(1) 必须符合雷达对抗条件下战场复杂电磁环境的实际情况,同时,更需要体现作战意图,这是复杂电磁环境构建的重点要求。构建效果是否贴近实战,需要将模拟环境的对抗能效数据、现象和规律与实战环境的情况进行比较分析,对构建全过程、全系统进行评估,以确定模拟复杂电磁环境相对于实战复杂电磁环境而言的逼真性。

(2) 在具体构建复杂电磁环境时,首先应深入分析对抗任务、对抗对象、双方对抗优劣等因素。在此基础之上,分析复杂电磁环境的构建方法、约束条件和技术要求,以此来指导复杂电磁环境构建。在构建方案设计阶段,以相似度评估模型为依据,将模拟复杂电磁环境与实战复杂电磁环境进行比对分析,评估模拟复杂电磁环境的逼真度,通过调整辐射源工作参数和工作状态,达到实战化训练需求。

(3) 需要具体分析模拟环境下对抗目标、要求和条件,以实战需求为出发点,全面把握作战目标、作战使命及作战行动的要求和特点,掌握可能作战对手的作战思想和主要战法,搞清对手的兵力构成、主要武器设备战技性能及作战运用,为复杂电磁环境构建及实战复杂电磁环境分析提供支撑。

(4) 具体分析复杂电磁环境构建方法、约束条件和技术要求,建立复杂电磁环境构建方案,确定模拟设备数量、作战样式、部署方法和部署位置等参数。

(5) 根据相似系统理论,量化分析模拟复杂电磁环境与实战复杂电磁环境之间的相似性,分析结果用于判定是否满足试验需求。

在构建实体复杂电磁环境时,一般是以战场复杂电磁环境为前提,以被试设备的使命任务为牵引,以满足被试设备试验需求为目标,实现战场复杂电磁环境在试验中的逼近复现,达到科学检验设备在复杂电磁环境下的作战性能的目的。例如,在执行雷达对抗设备试验前,复杂电磁环境构建就是要综合运用实装雷达、雷达信号环境模拟器和全数字仿真等方法,按照构建对象和构建要素,构建近似实战的复杂电磁环境。在具体使用构建的复杂电磁环境过程中,可以将实战化训练中复杂电磁环境相关信息反馈给复杂电磁环境设计阶段,以便改进复杂电磁环境设计和构建质量。

雷达对抗设备试验复杂电磁环境构建一般流程如图 2.6 所示。

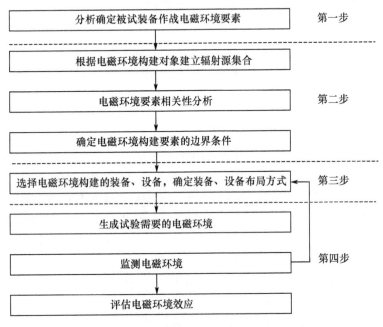

图 2.6 雷达对抗设备试验复杂电磁环境构建的流程

第一步:根据被试设备的任务使命,分析确定被试设备作战所面临的复杂电磁环境,包括时间域、频率域、空间域、能量域等区间范围和复杂电磁环境的应力范围,为构建试验复杂电磁环境提供依据。

第二步:根据被试设备与战场复杂电磁环境的关联度,确定试验复杂电磁环境的构建对象和电磁辐射源的数量、性质、参数等,形成辐射源集合,并且以对被试设备产生实质性影响为前提,确定试验复杂电磁环境的信号密度、样式、强度和分布等要素的边界条件。

第三步：针对试验复杂电磁环境构建需求和实际保障条件，区分背景环境信号、威胁目标信号和干扰信号，选择复杂电磁环境构建的设备，并确定各设备的布站位置和方式，综合应用实装、环境模拟器和全数字仿真等方法进行复杂电磁环境构建。

第四步：按照实战化的要求，用选择的设备共同模拟产生各种类型的复杂电磁环境信号、电磁干扰环境和威胁目标信号，根据复杂电磁环境监测结果和被试设备的试验结果，评判复杂电磁环境构建的效果，并反馈作用于"第三步"，为动态调整复杂电磁环境条件提供依据。

构建复杂电磁环境时，需要重点关注以下两个方面：一是电磁辐射技术特性；二是设备试验需求。电磁辐射技术特性主要有：辐射信号种类、信号频率与样式、背景环境等特征参数等；设备试验需求就是模拟生成逼近实战的战场复杂电磁环境。因此，复杂电磁环境构建要素主要包括电磁信号密度、电磁信号强度、电磁信号样式和电磁信号分布等几个方面。

2.3.2 雷达抗干扰测试环境

针对雷达设备抗干扰能力测试，构建复杂电磁环境时，需要重点研究以下两项技术：一是雷达目标回波模拟技术；二是外部干扰信号模拟产生技术。

雷达目标回波模拟技术主要研究目标回波模拟产生技术，通过数学模型结合硬件电路的方式，逼真模拟雷达设备在实际使用过程中所接收到的真实回波信号，从目标回波的时间域、频率域、空间域以及能量域等方面加以描述。外部干扰信号模拟产生技术主要研究雷达设备在具体作战使用时，所面临的各种有源、无源干扰信号，包括对方干扰设备有针对性释放的各种干扰信号，各种自然干扰信号，如地杂波、海杂波、云雨杂波及各种气象杂波等。信号的多路径效应引起的干扰信号也需要加以考虑。

在具体实施雷达抗干扰测试时，可以在雷达正常工作条件下，通过施放单次、多次或各种组合式干扰，测试雷达抗干扰能力。

另外，当雷达受到干扰后，会有针对性采取抗干扰措施，使雷达辐射的信号在时间域、频率域、空间域和能量域等方面，与抗干扰前发生相应的变化，也可以从另一方面，即对方的雷达侦察设备的侦察能力来检测雷达抗干扰能力，因此，雷达侦察设备的侦察能力也是构建雷达抗干扰测试环境不可或缺的要素之一。在具体检测模拟雷达侦察设备的侦察能力时，需要复杂电磁环境提供以下测试条件：一是提供复杂电磁环境下模拟对方各种干扰和抗干扰条件下的雷达信号，包括在时间域、频率域上的各种参数变化；二是提供雷达侦察设备性能评估信号。模拟对方各种干扰和抗干扰条件下的雷达信号主要模拟产生被试侦察设备在具体实战中所面临的复杂电磁环境中,对对方雷达所辐射的各种信号,尤其是对对方雷达信号在时间域上所反应的各种细微特征参数,在频率域上所表现的各种频率参数跳变,包括频点跳变和频率捷变等,通过模拟对方雷达信号,能定量评估被试侦察设备的信号分选和情报识别能力。雷达侦察设备性能评估信号主要用于对被试侦察设备在空间域,即测向效能进行评估,研究产生不同方位所到达侦察机的信号的电磁特性,通过注入或辐射的方式,将侦察到的信号输出至侦察设备,以评估其测向能力。

2.3.3 电磁态势生成

战场电磁态势是指对抗作战双方电磁力量对峙的状态。它是双方为达成某种作战目的,通过电子设备或系统的配置运作而形成的,并随着双方交战进程的发展而不断变化。从对抗作战进程看,战场电磁态势可描述为初始电磁态势、临战电磁态势和实时电磁态势。

1) 初始电磁态势

初始电磁态势是对抗作战准备阶段,指挥员定下决心之前的电磁态势。在对抗作战准备阶段,电磁态势由对方、我方和战场环境三方面因素形成。

(1) 对方因素是指对方电子目标和电子对抗力量存在的状态,包括对方电子系统战术技术性能、电子系统运用情况、电子进攻和防御手段以及指挥能力等;

(2) 我方因素是指我方电子对抗力量和电子系统存在状态,包括我方联合对抗作战任务、电子对抗能力、电子信息系统战术技术性能以及配置、布局、运用情况等;

(3) 战场环境因素是指民用电磁干扰、地理环境、大气噪声以及太阳噪声等。

只有通过对作战准备阶段战场复杂电磁环境进行综合分析,才能合理、准确地描绘出此阶段的战场电磁态势。

2) 临战电磁态势

临战电磁态势是对抗作战准备阶段,指挥员定下决心之后,我方对抗力量按作战命令部署完毕,对抗作战发起之前所形成的电磁态势。具体而言,临战电磁态势是在指挥员掌握了战前电磁态势之后,根据联合作战的要求以及战役构想,通过对电子信息力量(设备或系统)的运筹与决策,并控制电子信息力量,从而形成的作战时的电磁对抗态势。在此阶段,电磁态势仍由对方的、我方的和战场环境的三方面因素影响而形成。不过对于对方因素,由于在此阶段来不及了解更多的信息,在构成上可假设与战前电磁态势相同。

3) 实时电磁态势

实时性是指在规定的时间内完成规定的动作。就电磁态势而言,实时生成电磁态势,对综合对抗作战效果产生重大影响。实时电磁态势主要考虑对方因素和我方因素,对方因素主要是指在作战实施过程中,对方所使用的电子系统、设备和采取的电子进攻措施,我方因素主要是指在作战实施过程中,我方所使用的电子信息系统、设备和采取的电子进攻措施情况。在生成实时电磁态势过程中,需要根据初始电磁态势和临战电磁态势,对对方对抗作战思路、布局、我方对抗作战思路、布局以及战场情况进行综合分析,充分估计和预想对抗作战进程中的新情况、新问题,着眼于最复杂的情况,分清主次,重点考虑对战场电磁态势有显著影响并使之发生转变的因素。

另外,组网已经成为对抗双方提供对抗作战效能的重要举措,在为电磁态势生成构建复杂电磁环境时,需要提供有源探测组网、无源侦察组网、有源探测+无源侦察组网、各种干扰措施组合等环境构建条件。以下进行具体分析。

为了争夺电磁领域的主动权,对抗双方各种探测、定位跟踪、识别、制导、通信等系统,纷纷组成频率域覆盖宽、空间域覆盖广、工作体制多样、工作模式可转换的分布式网状系统,通过组网,使电磁环境变得异常复杂。为了构建出逼真、贴近实战的战场复杂电磁环境,必须考虑辐射源组网系统。

以通信网为例,两个无线电台之间使用共同的联络规定进行的通信称为专向通信。专向通信常用于对主要的作战方向或执行重要(特殊)任务的部队建立联络,也用于在信息量大、时效性要求高的节点之间建立联络。构建专向通信模型时,可用网络名称、网络类型、通信方式(单工、半双工、双工)、属性(红蓝方)、主台类型、主台识别码、属台类型、属台识别码、通信容量、信道数、工作状态来描述。

两个以上的电台使用共同的联络规定进行的通信称为网络通信。网络通信的组织形式按网内联络关系不同,分为横式网络、纵式网络和纵横式网络三种。

(1)横式网络:网内各台均可联络,一般不设主台。

(2)纵式网络:只允许主台和属台相互联络或只有主台发信、属台收信,属台之间不能相互通信。纵式网络通常用于组织指挥通信、报知通信。

(3)纵横式网络:设有主台,主台与属台、属台与属台之间可以相互联络,是一种以指挥通信为主,兼任指挥通信和协同通信两种任务的网络。这种组网形式在战术范围内使用广泛。

根据构建通信复杂电磁环境需要,构建对象主要包括通信环境和背景环境等。

(1)通信环境:利用电磁波在空间、水面或岸基中的传播特性所进行的长波通信、短波通信、超短波通信和微波通信等。

(2)背景环境:包括战场复杂电磁环境和民用背景环境。战场复杂电磁环境是指交战双方用于指挥、控制和信息传递的通信信号,以及为了破坏对方的通信而实施的干扰信号。在战场的不同地点,其通信信号复杂电磁环境会有很大不同。民用背景环境主要是指作战地域内一些民用辐射源及设施在工作时产生的复杂电磁环境,如民用雷达、广播电视发射台和其他一些民用的无线通信等。并且,某一区域除了存在由本区域电台发射的通信信号外,还存在其他区域电台产生的由天波、地波以及对流层散射来的传播信号。

2.3.4 复杂电磁环境预测与生成

1) 复杂电磁环境预测

复杂电磁环境预测是根据预先设定的模拟需求形成模拟想定,利用全数字计算机模拟技术,建立环境模拟模型资源,形成预测环境,直观展现复杂电磁环境生成可能达到的效果。

复杂电磁环境预测有三部分组成:复杂电磁环境信号数据库、复杂电磁环境全数字模拟和复杂电磁环境模型。

复杂电磁环境预测涉及以下关键技术:

(1) 复杂电磁环境设计与设置技术。为用户提供直观的复杂电磁环境设计界面和背景环境,包括模拟区域地图、坐标及地理环境以及模拟设备等。

(2) 环境预测管理与控制技术。由软件设计管理与控制界面加以实现,将各个管理与控制节点集中到管理与控制界面上,用户能直观而方便地进行操作。

(3) 复杂电磁环境建模技术。通过建立复杂电磁环境模型体系及精确的要素模型,准确描述复杂电磁环境要素及其动态特性,为准确预测环境提供支持。

(4) 预测环境显示技术。通过软件界面将电磁辐射源、电磁信号传播、电磁辐射范围、辐射源电磁参数和电磁频谱等直观地显示出来。

(5) 数据库技术。通过数据库软件建立相应的数据库以及动态链接库,完成模拟设备有关性能参数、信号参数采集和数据录入、数据处理结果存储等工作,为环境预测管理与控制技术提供数据支撑。

2) 复杂电磁环境生成

如前所述,复杂电磁环境生成必须具有模拟实战条件下复杂电磁环境的能力,以便满足复杂电磁环境实时动态交互并且可控可测的要求,为复杂电磁环境效应测试、验证提供一个可以重组的柔性试验平台。

复杂电磁环境生成包括复杂电磁环境规划、模拟环境生成和环境应用生成三部分。

复杂电磁环境生成涉及的关键技术有:

(1) 射源模拟技术。包括实物模拟技术、半实物模拟技术和全数字仿真技术。通过实际设备、模拟器、半实物模拟设备或者数字仿真模型,产生需要模拟的各种电磁辐射信号。

(2) 传播效应模拟技术。模拟电磁波在传播过程中受自然环境影响而产生的各种变化和效应,包括大气传播路径模拟、目标散射体模拟、大地以及海表面杂波模拟、背景复杂电磁环境模拟等。

第 2 章 电磁环境构建与量化

（3）等效推算技术。通过等效建模方法计算电磁信号在实际环境中产生的衰减、多路径等现象，以支撑模拟传播效应。包括辐射作用效果距离推算、传播效应等效推算、目标反射面积等效推算、信息传递等效等。

（4）模拟设备集成及控制技术。完成模拟信息传播中间环节处理，以及环境动态变化控制等工作。包括实物模拟集成及控制、半实物系统数据及信息接口控制、同步控制、全数字仿真系统体系设计、流程控制、建模及模型管理等。

（5）一体化综合模拟技术。综合运用现有实体设备、实物模拟器、半实物模拟系统、全数字模拟系统生成具有样式多、密度高、动态范围大、变化速度快等特点的电磁信号环境。

2.3.5 实时监测

复杂电磁环境实时监测是构建复杂电磁环境的重要功能。复杂电磁环境监测主要对雷达抗干扰性能试验内场、外场生成的复杂电磁环境、雷达试验输出数据、模拟器生成的场景数据，进行统一监测、录取、处理，实时上传数据，为雷达干扰、抗干扰性能分析与评估提供技术数据支持，也可以用于指挥控制系统动态监视内场复杂电磁环境，并进行事后分析，总体评定雷达抗干扰效果。

复杂电磁环境实时监测对试验区域内的电磁信号进行测量、分析及数据采集存储，对重点信号参数、雷达/电子对抗天线口面功率密度谱、信号密度等进行精确测量，实时采集、同步记录复杂电磁环境参数，为试验结论提供参考依据。复杂电磁环境监测接收示意图如图 2.7 所示。

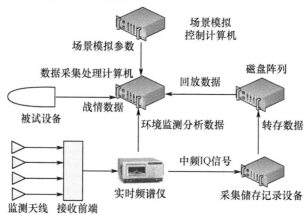

图 2.7 复杂电磁环境监测接收示意图

复杂电磁环境实时监测主要研究以下关键技术：
（1）宽频带、大动态、高灵敏度信号侦收技术。

(2) 复杂电磁背景信号下信号分析技术。

(3) 快速信号分选技术。

实时频谱仪、采集存储记录设备是实时监测的核心组成部分,其他组成包括监测天线、接收前端等。

实时频谱仪用于实时监测复杂电磁环境中通过注入或辐射的射频信号,精确测量、分析重点关心的信号参数。

采集存储记录设备通过相应接口接收实时频谱仪输出的数据,对数据进行采集、存储,并将数据存储到磁盘阵列中。磁盘阵列中存储的数据可以通过数据采集处理计算机进行数据回放、数据处理等。

监测天线配置在被试电磁空间中,通过馈线将信号输出至接收前端模块。

接收前端对输出的信号进行选择、滤波、放大、变频等处理,变频处理后的信号输出至实时频谱仪,实时测量、记录天线口面的电磁参数,如功率密度、信号密度等。

从实现技术上分析,复杂电磁环境监测技术包括三个方面:复杂电磁环境测量、复杂电磁环境数据高速采集存储以及实时同步录取。

复杂电磁环境测量通过复杂电磁环境测量设备实现。复杂电磁环境测量设备由监测天线、接收前端、实时频谱仪等组成,技术实现框图如图2.8所示。

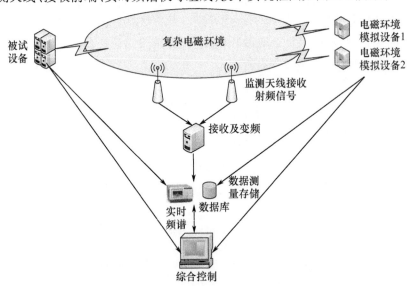

图 2.8 复杂电磁环境测量技术实现框图

主要功能技术实现描述如下:

(1) 复杂电磁环境境测量。由监测信息前端接收和监测信息测量和处理两部分组成。监测信息前端接收任务由监测天线完成,根据监测任务内容,监测天线可以选择多个频段天线,同时,综合考虑多个天线的监测方位能覆盖监测任务要求,将高频信号下变频并通过开关,选择不同频段的接收信号给数据测量和存储部分;监测信息测量和处理任务由实时频谱仪和采集存储记录设备完成,具有时间域和频率域分析能力,运用快速傅里叶变换(FFT)硬件与运算结构,实时触发、无缝采集、实时频谱显示等技术,可以对监测信号边采集边时间域、频率域、调制域等多域联动分析,特别适用于复杂信号及复杂电磁环境分析。

(2)监测信息高速数据采集、存储。高速数据采集、存储通过研制高速采集存储系统实现。高速采集、存储系统将对频谱仪中频输出数据进行实时高速采集、大容量存储。

(3)实时同步录取。数据采集处理计算机接收被试设备发送的战情数据、场景模拟控制计算机发送的场景模拟参数和实时频谱仪发送的环境监测分析数据,三路数据进行时标匹配,按照时间顺序进行数据融合、存储。实时同步录取技术流程如图 2.9 所示。

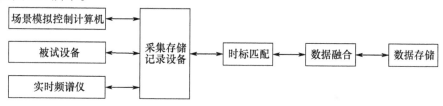

图 2.9　实时同步录取技术流程图

在进行电子对抗和雷达设备对抗试验评定时,既需要对被测设备在各种工作状态下的性能指标进行测试评估,又需要对对抗试验环境中的电磁信号分布情况和被测设备的发射信号情况进行全面测试和记录,以便对设备性能和问题故障的判断定位提供可信的依据。

复杂电磁环境实时监测设备的构成如图 2.10 所示,其工作过程如下:

首先,通过射频前端对监测信号进行限幅、放大、滤波;然后,通过接收变频单元对雷达环境信号进行下变频,变频到数字接收存储及电子情报(Elint)分析单元所需的中频信号,并将此中频信号送至数字接收存储及 Elint 分析单元,利用宽带数字接收机技术,数字接收存储技术及 Elint 分析技术对中频信号进行采样,经数字信道化模块、求模检测模块、瞬时测频模块后,形成监测信号的脉冲描述字(PDW),并引导 Elint 分析器进行信号脉冲内部调制特征分析;最后,送存储器进行实时记录,并通过综合显示控制单元进行显示。数字接收存储及 Elint 分析单元还将高速采样的监测雷达中频采样信息,通过大容量存储器进行实时射频存储。同时,采用检波对数视频放大(DLVA)模块进行视频处理后,进行视频采集和视频

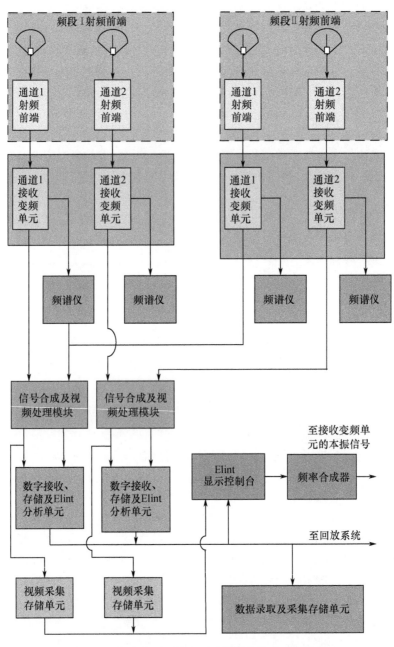

图 2.10　复杂电磁环境实时监测设备构成（见彩图）

存储。综合显控单元具有对所监测雷达信号 PDW 及脉内信息进行显示，并具备对系统的操控和人机界面功能。

第 2 章 电磁环境构建与量化

射频前端的主要功能是对监测频段内的信号进行滤波、限幅和放大,以满足接收变频单元的需要,并对接收变频单元进行保护。

接收变频单元的主要功能是将射频前端送来的雷达信号进行下变频,产生雷达中频信号,送数字接收存储及电子情报(Elint)分析单元。并利用数字接收机,对所监测信号进行相位差测量。另外,接收变频单元还对系统的接收灵敏度进行控制。

数字接收存储及 Elint 分析单元的主要功能是利用数字接收机对接收变频单元进行高速采样,进行脉幅、频率、相位差等信息的测量,对信号波形、脉内调制、极化特性等信息进行 Elint 分析记录,同时对高速采样的信号进行存储。

视频采集存储单元的主要功能是根据重频跟踪器和阈值产生电路产生的存储波门和存储阈值信号,对接收变频单元各通道输出的视频信号进行高速采集存储。

频率合成器的主要功能是为接收单元和射频通道提供变频所需的各种本振信号。

综合控制单元是复杂电磁环境监测记录及外场目标雷达射频回放系统的人机操控和实时控制中心,具备环境监测系统控制和 Elint 显示控制的能力,其主要功能如下:

(1) 系统控制功能:对整个系统进行实时运行控制。
(2) 信息处理功能:综合处理数字接收存储及 Elint 分析单元的监测结果。
(3) 综合显示功能:采用表格显示或图形显示的方式,监测环境的电磁信号态势和系统工作状态。
(4) 监控和自检功能:能控制各分机进行自检,能监控各分机的工作状态。
(5) 接口通信功能:完成与各分机之间的通信和系统与外部设备的通信。

数据录取与存储通过高速采集存储系统的研制实现。数据录取与存储系统将实时频谱仪中频输出数据进行实时高速采集、大容量存储。

信号记录与评估系统组成如图 2.11 所示。实时同步录取利用数据处理计算机接收雷达发送的战情数据、场景模拟控制计算机发送的场景模拟参数和实时频谱仪发送的环境监测分析数据,三路数据进行时标匹配,按照时间顺序进行数据融合、存储。

实时频谱仪具有时间域和频率域分析能力,运用 FFT 硬件与运算结构,实时触发、无缝采集、DPX 实时频谱显示等专利技术,可以对被测信号边采集边多域(时间域、频率域、调制域)联动分析,特别适用于复杂信号及复杂电磁环境的分析。

利用记录和重建系统,可以多次重现电磁脉冲场景,反复查证信号分选的合理

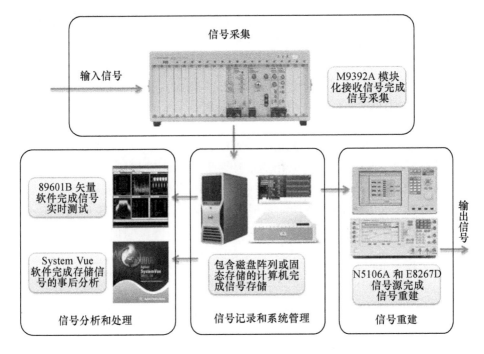

图 2.11　信号记录与评估系统组成(见彩图)

性,因此大数据记录系统为分选评估提供了一个好的工具。

2.4　电磁环境综合模拟系统

复杂电磁环境综合模拟系统能模拟逼真的复杂战场电磁环境,包括雷达信号环境、干扰信号环境、目标回波模拟、杂波信号环境模拟和电磁环境综合模拟,提供模拟真实战场的复杂电磁环境信号。复杂电磁环境模拟设备主要包括雷达信号模拟器、目标回波模拟器、杂波信号模拟器、干扰信号模拟器及诱饵信号模拟器等。

2.4.1　雷达信号模拟

雷达信号模拟主要用于模拟实际战场环境可能存在的各种战场雷达信号,除了各种常规雷达信号以外,还包括同型雷达同频异步信号等。在模拟技术方面,一般采用多路直接式数字频率合成(DDS)技术,产生各种常规及特殊体制、具有脉冲可编辑、密度可控的雷达信号,能精细模拟雷达信号的时间域、频率域、调制域的变化特征。

雷达信号模拟功能框图如图 2.12 所示。

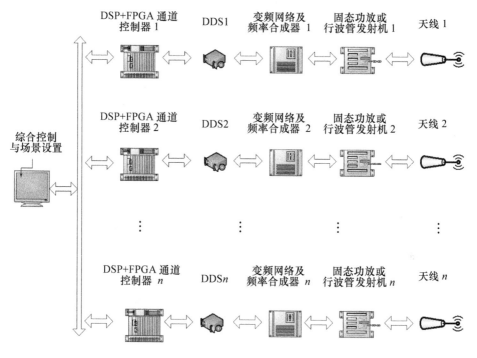

图 2.12 雷达信号模拟功能框图

2.4.2 干扰信号模拟

干扰信号模拟主要包括噪声干扰信号模拟和欺骗干扰信号模拟。

模拟噪声干扰信号时,以产生宽带压制、窄带瞄准等噪声干扰信号为主要任务;模拟欺骗干扰信号时,采用超宽带 DRFM 技术,模拟出战场环境中距离欺骗、速度欺骗、多假目标及多种组合干扰信号;也可以模拟多点源相参干扰,与雷达目标回波模拟项配合,产生出多个距离、角度、样式完全不同的干扰信号。

噪声干扰信号模拟和欺骗干扰信号模拟可组合使用。干扰信号模拟功能框图如图 2.13 所示。

雷达干扰信号模拟设备主要由控制计算机、信号处理单元、接收单元、下变频网络、上变频网络、频率合成器、DDS 及 DRFM 单元以及射频通道单元等组成。

雷达干扰信号模拟设备运行流程如下:由接收天线接收被试雷达发射的信号,经接收单元、下变频网络后,变为中频信号,由 DDS 及 DRFM 单元进行采样存储。控制计算机接收综合态势仿真计算机的参数和控制命令,信号处理单元根据干扰样式、干扰参数,控制 DDS 直接产生噪声调制信号或控制 DDS 及 DRFM 单元产生

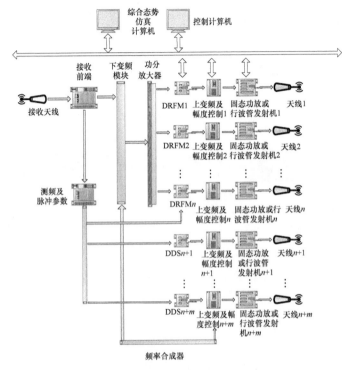

图 2.13 干扰信号模拟功能框图

距离拖引、速度拖引、假目标等欺骗干扰信号,经上变频网络后,变为射频信号。最后,进行幅度控制,经发射天线辐射出去,模拟产生雷达干扰信号。

雷达干扰信号模拟设备各组成部分通过网络服务设备进行连接,在综合态势仿真计算机的统一控制下,同时产生复杂电磁信号环境、目标回波以及干扰信号,为研究复杂电磁环境综合模拟技术提供硬件平台。采用高性能工业控制计算机进行综合态势仿真,为用户提供友好的人机交互界面,具有战情参数设置、试验运行控制以及试验运行状态显示等功能。

2.4.3 目标回波模拟

目标回波模拟用于模拟产生雷达目标回波,并能高分辨地模拟雷达目标的距离、速度(包括远离或靠近的径向运动)幅度和起伏特性。

为了逼真地模拟雷达目标回波,一般采用超宽带 DRFM 技术,可产生相参雷达目标回波。

目标回波模拟功能框图如图 2.14 所示。

雷达目标回波模拟设备主要由控制计算机、信号处理单元、接收单元、下变频

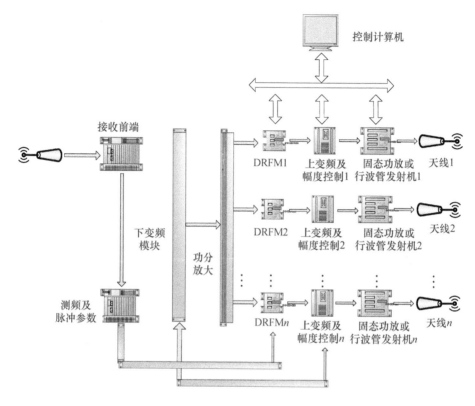

图 2.14 目标回波模拟器功能框图

网络、上变频网络、频率合成器、DDS 及 DRFM 单元以及射频通道单元等组成。雷达目标回波模拟设备通过接收天线接收被试雷达的发射信号,经接收单元、下变频网络变为中频信号,由 DDS 及 DRFM 单元进行采样存储。控制计算机接收综合态势仿真计算机的参数和控制命令,信号处理单元根据目标的位置、速度等信息,解算多普勒频率、距离时延和回波信号幅度起伏,DDS 及 DRFM 单元根据距离时延对采样信号进行恢复,并进行多普勒频率调制,经上变频网络变为射频信号,最后进行幅度控制后,经发射天线辐射出去,模拟产生雷达目标回波。

2.4.4 杂波信号环境模拟

杂波信号环境模拟主要模拟并输出杂波信号,如地杂波、海杂波、气象杂波及箔条干扰杂波等,同时,也可以模拟目标起伏和角闪烁特性。杂波信号模拟一般采用超宽带 DRFM 技术加以实现。

图 2.15 示出了杂波信号模拟功能框图。

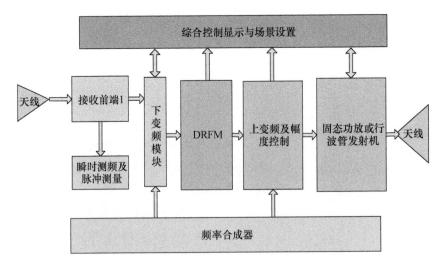

图 2.15　杂波信号模拟器功能框图(见彩图)

复杂电磁环境模拟系统以各信号模拟器为基础单元,进行一体化设计集成。多种信号模拟器按照预定的战场场景进行组合,并输出模拟信号,为雷达干扰、抗干扰试验提供战场复杂电磁环境信号。

2.4.5　电磁环境综合模拟

为了能达到模拟逼近实战的复杂电磁环境效果,需在实施过程中,采用宽带 DDS 技术、宽带 DRFM 技术、频率合成技术、高速信号处理技术、微波射频技术、复杂电磁信号环境模拟技术、雷达目标回波模拟技术、雷达干扰模拟等技术,涉及雷达、电子对抗和仿真三大专业内容。

复杂电磁环境综合模拟技术途径是:将单一的目标信号、杂波信号、干扰信号、雷达信号等进行一体化综合设计,系统集成,将单一信号模拟与其他信号模拟进行优化组合,从而发挥各种信号模拟的最大效应。按照预定的战场场景,多种信号模拟进行组合输出,为雷达干扰、雷达抗干扰试验提供复杂战场电磁环境信号。

复杂电磁环境综合模拟实现方案是:对雷达信号模拟、干扰信号模拟、目标回波模拟、杂波信号模拟等技术基础进行综合设计、系统集成,研制出复杂电磁环境综合模拟系统,从而达到将信号模拟升级为复杂电磁环境模拟的效果。

复杂电磁环境模拟工作过程如下:首先,由显控部分根据不同的任务,以及不同的被试对象,设置复杂电磁环境模拟场景,控制各功能单元按照预定的场景进行工作,引导并控制雷达信号、干扰信号、目标回波、杂波信号等信号模拟器工作;各信号模拟器按照控制要求组合输出雷达干扰、抗干扰试验所需战场背景、目标回波、杂波信号、干扰信号等。组合输出的射频信号具备以线馈或空馈方式输入给被试雷达或电子对抗设备。

在复杂电磁环境模拟时，可以利用宽带频率合成技术、数字接收机、数字测频等技术，对复杂电磁环境进行监视和测量，例如，测量雷达脉冲信号，对雷达脉冲之间设置的调制以及雷达脉冲内部调制进行分析，记录接收信号幅度、频率等测量信息，利用干涉仪测向原理通过数字接收机技术，对信号相位差进行测量。监测记录目标雷达信息，并对监测信号进行实时采样、存储、波形显示。

复杂电磁环境实时监测一般由射频前端、接收变频单元、数字接收存储及Elint分析单元和Elint综合显示控制单元组成。射频前端主要有各种类型的天线、限幅、放大、滤波等功能单元组成，主要接收与检测任务相关的外部环境信号；接收变频单元主要有接收机和数字频率直接变频模块组成，通过宽带接收技术对电磁环境信号进行接收；数字接收存储及Elint分析主要是利用宽带数字接收机技术对监测的电磁信号进行高速采样和脉幅、频率等脉冲信息测量，并引导Elint分析对信号波形和调制样式等脉间信息进行分析处理，同时，利用高速存储技术对监测的雷达信号进行实时射频存储和视频存储，采用大容量存储器对监测结果信息进行记录，以便事后实时回放；Elint综合显示控制单元主要用于显示复杂电磁环境中存在的各种信号波形、参数、辐射位置、频谱分析以及各功能单元的工作过程和状态等信息，同时，控制各功能单元的工作参数和过程。

2.5 电磁环境定量描述

用于检测电子设备干扰以及抗干扰的复杂电磁环境，主要是指电子设备在工作时，电子设备天线口面处的干扰环境，这是一个点环境，同时，该点环境也是评估的输入条件。为了定量评价复杂电磁环境在不同的时刻所处的工作和技术状态，需要寻找出一条简洁的方式来定量描述复杂电磁环境。通过多年仿真技术研究，以及雷达模拟、干扰信号模拟、目标回波模拟等模拟器研制，总结出实现复杂电磁环境方法主要包含以下两个方面：

（1）以自然环境定量描述方法为参考，建立干扰、抗干扰环境指标空间；
（2）开展干扰、抗干扰技术定量描述和干扰、抗干扰战术定量描述研究。
例如，干扰能力或效果定量描述主要包含以下三个方面内容：
（1）破坏或降低雷达目标探测性能，实现压制干扰效果，用干信比来定量描述；
（2）迫使雷达产生虚假目标，以假乱真，欺骗被试雷达去接收和处理大量假目标，收到欺骗干扰效果，可以用假目标数量进行定量描述；

(3) 既产生压制干扰效果,又有欺骗干扰效果,即前两种干扰效果的组合。

图 2.16 示出了干扰能力及效果评估内容。

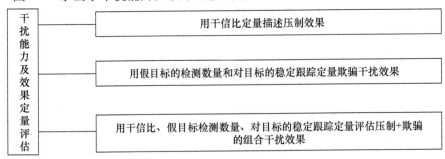

图 2.16　干扰能力及效果定量评估

一些先进的干扰装置,如拖曳式诱饵、舷外诱饵等,就可以同时产生这两种干扰效果。因此,以压制干扰干信比 k 和欺骗干扰假目标数量 n 作为二维指标空间 $\Theta = \{k, n\}$,就可以定量描述出任何一种干扰装置发出的干扰信号到达被试雷达内部产生的干扰强度。

为了具有普通性、适用性,需要将二维指标空间 Θ 中的 k 和 n 这两个参数等效到武器系统无线电接收天线的口面上,分别对应电磁功率密度谱 s 和电磁信号密度 m。其中,天线口面电磁功率密度谱 s 是指电子干扰信号在武器系统接收带宽内产生的功率密度谱;天线口面电磁信号密度 m 是指电子对抗设备产生有效假目标(满足武器设备无线电检测要求的灵敏度及精度,并且能够被处理成目标信号)的数量。

因此,在武器系统内部的二维指标空间 $\Theta = \{k, n\}$,可以被等效转化成武器系统天线口面上的复杂电磁环境指标 $\Psi_2 = \{s, m\}$。

干信比 k 中的干扰信号功率 j 为

$$j = sBD\eta \tag{2.2}$$

式中　s——功率密度谱(W/(Hz·m²));

　　　B——接收带宽(Hz);

　　　D——天线口径面积(m²);

　　　η——转换效率。

天线口面电磁信号密度 m 与假目标数 n 的关系如下:

在武器系统一个处理周期 T 内,天线口面处接收到了 m_0 个雷达脉冲信号,通过分析处理,输出了 $i + n$ 个目标,其中,i 为真实目标数,n 为假目标数,则

$$m_0 = m_{01} + m_{02} + m_{03} \tag{2.3}$$

式中　m_{01}——武器系统自身接收到的雷达目标信号数量,经过武器系统接收处理得到 i 个真实目标;

m_{02}——压制干扰的脉冲信号,经过武器系统中雷达接收处理,无法得到目标探测信息;

m_{03}——欺骗干扰的脉冲信号数量,经过雷达接收处理得到 n 个虚假目标。

通过将干扰技术或干扰样式在武器系统内部干扰效果等效到武器系统天线口面复杂电磁环境指标空间 $\Psi_2 = \{s, m\}$ 的方法,就可以得到干扰技术或干扰样式的干扰效果的定量表示方式。

干扰能力及效果定量描述方法如图 2.17 所示。在复杂电磁环境模拟与定量描述指标评估方面,主要有以下三部分内容:

(1) 针对雷达干扰设备干扰能力评估,主要指标包括干扰频率范围、干扰设备作用距离、干扰空间覆盖范围、干扰设备反应时间、干扰设备对多目标干扰能力、干扰设备各种干扰样式干扰效果、干扰设备干扰自适应能力等。

(2) 针对雷达抗干扰能力评估,主要指标包括有/无干扰条件下雷达作用距离、有/无干扰条件下雷达测量精度、有/无干扰条件下角度分辨力、有/无干扰条件下距离分辨力、有/无干扰条件下雷达检测目标数等。

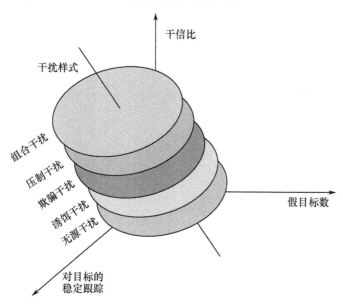

图 2.17 干扰能力及效果定量描述方法(见彩图)

(3) 针对雷达侦察设备侦察能力评估,主要指标包括:信号环境适应能力,包含密集信号适应能力、强信号适应能力、复杂信号适应能力、侦收灵敏度试验等,信号分选能力,信号识别能力,信号截获能力,雷达侦察反应时间,对同时到达信号分辨能力,动态精度测试(测频精度、脉宽测量精度与范围、脉冲重复周期测量精度与范围、脉宽与脉冲重复周期调制特性测量、雷达天线扫描类型与天线扫描周期测量），雷达脉冲之间细微特征分析能力，雷达脉冲内部细微特征分析能力，侦收距离，侦察空间覆盖范围，对信号侦收准确率等。

要完整反映干扰信号效果，除了有数量指标，还要有质量指标，主要表现在：在压制干扰方面，用干扰信号与白噪声的相似度表示噪声干扰信号质量指标，用干信比表示噪声干扰信号数量指标；在欺骗干扰方面，用干扰信号与雷达目标回波的相似度表示欺骗干扰信号质量指标，用假目标数表示欺骗干扰信号数量指标。

在不影响整体干扰能力及效能评估结果的条件下，例如，虽然欺骗干扰信号与雷达目标回波失真较大，但是，雷达仍然可以处理出雷达目标回波，在这种情况下，就可以忽略欺骗干扰信号质量上的影响。另外，对于噪声干扰信号质量指标以及骗干扰信号质量指标，由于对测试技术水平提出较高要求，因此，在实际工程中，可根据质量指标测试条件，合理提出相应的干扰质量指标要求。

2.6　电磁环境监测

战场复杂电磁环境监测主要包含以下内容：

（1）搜索和截获信号。在战场复杂电磁环境中，搜索全部频率或个别频段，识别和截获感兴趣的信号。

（2）信号技术参数测量。

（3）测向和定位辐射源。

（4）信号特征分析、识别。通过综合利用实时频谱、时间域特征等多种信号特征提取手段，分析特征和识别信号。

（5）特定辐射源的长期监测。

（6）对特定地域的复杂电磁环境背景噪声进行全面和系统的监测。

2.6.1　方法分类

电子技术进步推动了电子侦察技术发展，使电子侦察手段多样化。

在军事应用方面，从平台角度划分，电子侦察设备主要分为地面监视侦察站、机载电子监视侦察设备、船载电子监视侦察设备、星载电子监视侦察设备以及作战飞机和作战舰艇设备或投放的监视侦察设备，这些侦察设备功能强大，种类繁多，侦察空间范围广泛，能够在全频段范围内，对作战空间地域实施有效的立体化电子侦察。

战场复杂电磁环境的特点决定了在战场上复杂电磁环境监测应使用更多的技术措施，需要采用多层次、多渠道、立体化的电子侦察方式。例如，将各种新型电子

第 2 章　电磁环境构建与量化

侦察技术和侦察设备应用于频谱监测方面,能够大大增强对战场复杂电磁环境的感知能力,可以把专用的复杂电磁环境监测设备和电子侦察设备有机地结合在一起,将不同平台、不同类型、不同功能和用途的电子侦察监视设备组合使用,形成一个立体化的电子侦察监视网络,使用其搜索、截获、分析识别和定位所在战场中的各种电磁信号,只有这样,才能满足对战场复杂电磁环境监测的需要,这也是适应未来战场更加复杂多变的电磁环境监测技术发展的必然趋势。

雷达、通信等电子设备所使用的频率与其功能用途、工作能力、时间域波形、调制方式和调制参数等方面密切相关。频谱是电磁信号的重要特征信息,常用的信号频率域特征主要是载波频率、带宽、调频斜率、频谱等参数。雷达、通信等电子设备中频率域测量和频谱分析所采用的技术和性能有差异,所需要完成的任务、功能不同,发挥的作用也不尽相同,但是,都是为了获得信号的频谱信息。根据测频接收机工作体制的不同,现代测频技术可以分为频率取样法和变换域法。频率取样法是信号频率直接在频率域测量,这类方法有搜索频率窗法和毗邻频率窗法;变换域法是通过频率域变换测量信号频率,这类方法有比相法测频、Chirp 变换测频和声光变换测频等。

复杂电磁环境监测设备主要适用于连续波,基本处理方法是步进频率搜索和长时间错误航迹(FT)分析,频谱恒虚警率(CFAR)检测。搜索频率窗法主要应用于连续波信号测频。在实际的应用中,频谱监测的范围一般很宽,通常测频接收机只能工作在其中的某个子频段内,通过改变本振频率,在监测频率范围内进行频率搜索,而在瞬时带宽内采用直接测频或者变换测频方法。毗邻频率窗法适用于脉冲和连续波信号测频,这种方法使用多个频率窗口,其测频精度和频率分辨力只取决于子信道的带宽,可同时测量多个信号,实现了信号在频率域上的分离,避免了在时间域上相互重叠信号的干扰,外来的干扰信号对测频基本没有影响,因而可以适应高密度信号环境。比相法测频技术适用于脉冲信号测频,但当多个信号同时达到时,比相法测频技术不能进行频率测量。

1) 搜索频率窗法

工作原理为:首先,微波预选器必须选择一定的频带,频带内的信号被送入混频器与本地振荡器的电压差拍后,变为中频信号,然后,经过中放、检波和视放的处理,送到处理器,最后经过改变本振的频率实现对频率的搜索。

根据频率搜索的瞬时带宽不同,搜索接收机可分为宽带搜索和窄带搜索两种类型,宽带搜索接收机频率搜索的瞬时带宽较宽,频率搜索快;窄带接收机的瞬时带宽较窄,频率搜索的时间较长,难以截获短时间内出现的跳变信号。搜索式超外差接收机的优点是原理简单,技术成熟,容易实现,因此,被广泛地应用于各种电子对抗接收机中,其主要缺点是存在寄生信道干扰。

2）毗邻频率窗法

毗邻频率窗法是一种瞬时测频技术,通过大量相邻滤波器从频率上对输入射频信号进行分选,其典型代表就是模拟信道化接收机和数字信道化接收机。信道化接收机通常采用多个相同结构的接收机,以获得大的频率覆盖范围。组成信道化接收机的单个接收机带宽较小,但是,可以达到较高的测量精度和接收灵敏度。信道化接收机结构复杂,但是,频率覆盖范围较宽,具有高截获概率、高测量精度、高灵敏度等特点。

比相法瞬时测频接收机通过频率域转换的方法进行测量频率。测频原理是:使用信号自相关技术,将测频转化为测相。接收机工作原理是:通过测量已知的迟延与非迟延信号间的相位差,将频率的测量转化为相角的测量,再进行相位解模糊确定频率。

比相法瞬时测频接收机具有信号截获概率高的特性,频率测量精确,但其抗干扰能力差,当同时有多个信号到达时,频率测量误差增大或者频率测量错误率高,不具备多信号处理能力,比相测频法也不适用于信号带宽和调频斜率等参数的测量。

3）波束搜索法

电磁辐射源方向和位置信息是电磁辐射源的重要特征信息,对电磁辐射源进行测向,特别是测量方位角,是各种电子对抗设备的重要工作和基本功能。各种电子对抗设备中,为了获得辐射源信号到达方向和辐射源空间位置,根据的不同任务需要,采用了不同性能的测向定位技术。

搜索天线按照要求,使波束在给定的角度内扫描,主接收通道选择输入的信号并放大信号,检测信号电路在主接收通道接收的信号大于辅助接收通道信号功率的情况下,确定对应的发现信号时的角度和信号消失时的角度,然后,根据两个时刻搜索天线的指向来估计信号的入射方向。测角误差随波束宽度变化,与波束宽度的平方成正比,要想获得较高的测角精度,波束宽度就必须很窄。波束搜索法主要应用在微波频段,缺点是测向误差较大,但其原理简单,设备量小,因而,也得到了广泛的应用。

4）比幅测向法

比幅测向法采用的方法是:使用多个波束主瓣相邻的独立天线覆盖360°方位,当有信号到来时,总会有一对相邻天线分别输出辐射源信号的最大和次大的值,然后,根据这对相邻天线输出信号包络数值的相对大小,确定信号入射方向。比幅法测向使用的天线波束越窄,天线越多,测角的误差就小,测角的精度就越高。如果所使用的天线旁瓣较大,覆盖到相邻的天线波束范围内,会使相邻的多个天线接收通道同时通过检测阈值,在测向时造成虚假错误,所以,在使用相邻比幅法测向时需要考虑天线旁瓣的影响,在信号处理时,消除天线旁瓣造成的虚假检测错误。与波束搜索法相比,相邻比幅法的优点式测向精度高,具有瞬时测向能力。

5)相位测向法

同一电磁波到达不同的天线时,每个天线接收的电磁波相位不同,相位测向法就是根据这个原理来进行测向的。干涉仪测向的原理就是相位测向法。时差法测向要求阵列天线具有近似一致的天线方向图,根据各天线接收到同一信号的时间差,可以确定入射信号的方向。

干涉仪确定入射信号的方向是通过测量天线阵列各阵元之间的复数电压分布,计算出辐射源方位,按照接收机数目不同,可分为单通道、双通道和多通道相关干涉仪,但原理基本相同。干涉仪是将测量得到的信号电压样本与预先存储的模板数据进行相关运算,按照相关性判断来波方向。其测向过程如下:首先,测量按照一定的规则从不同方向入射、具有不同频率的校正信号,记录阵列中各阵元间的复数电压组,作为模板保存,形成标准数据库;对未知信号测向时,将测量结果与数据库中的相对应的模板群做相关运算和处理,就可以求出被测信号的方向。干涉仪测向体制是目前无线电监测中的广泛应用的主流测向体制,测向精度高,抗干扰的能力强,具有灵敏度高、速度快、稳定性好、设备复杂度较低等特点。

6)调制识别法

调制识别在传统电磁频谱监测中的作用和地位不高,因为,调制识别未能引起足够重视。但是,从复杂战场电磁环境监测角度来看,由于信号调制方式能够区分不同的信号,而且获取情报信息、引导干扰、通信信号解调等,也都需要知道信号调制方式,因此,调制识别对战场复杂电磁环境监测有非常重要的意义。只有识别出信号调制方式,才能够更加有针对性在后续处理中分析信号,获得信号携带的情报信息,也有助于从信号中提取所需的参数,完整描述信号特性,为建立战场辐射源数据库提供有效的数据。

信号调制识别就是通过把信号进行某种变换,提取信号的某些瞬时特征参数,并利用它们之间的差别确定信号的调制方式,完成对信号的分类识别。在这方面国内外研究很多,有多种理论方法可以识别信号的调制类型。一般来说,调制识别的过程有三步,如图2.18所示。

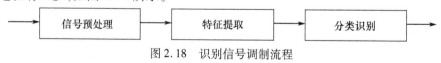

图 2.18 识别信号调制流程

雷达脉冲信号的调制特征指的是信号脉内有意调制特征,它主要是在信号的瞬时幅度、瞬时频率和瞬时相位的变化、分布上表现出来。脉冲信号调制识别是指在分析截获脉冲的基础上,得到信号的时间域和频率域的特性,分析信号调制特征,研究信号的瞬时幅度、瞬时相位和瞬时频率等脉内调制特征数据,从中提取可以用作调制识别的特征参数,确定阈值区分信号,将其归入相对应的调制方式。常见的雷达脉冲信号调制识别算法有瞬时自相关法、短时傅里叶变换法和Wingervile分布法。

瞬时自相关法是用信号自相关函数来实现信号的调制识别。信号自相关变换后,具有很大的差异,调制特征容易提取,根据特征参数的不同,可实现信号的分类识别。瞬时自相关法具有实时性好、计算量小、实现简单、频带宽等优点。

短时傅里叶变换是一种时频分析工具,它表示信号的时率能量分布,是一个标准的非平稳信号分析的强大工具。1946年,Gabor提出了短时傅里叶变换原理,主要思想是:傅里叶变换是频率域分析的基础,信号傅里叶变换时加上一个有限时间的窗函数。设非平稳信号在窗内是平稳的,窗口随着时间轴移动,等于把信号分段,对每一段的信号做傅里叶变换,可以得到每段信号在那段时间上的频谱,把每个窗内分析的结果同时间联系起来,整体观察,就可以得到信号频率的时变特性。

信号调制方式的识别被广泛应用于信号检测、干扰辨识、无线电拦截、调制解调和电子对抗领域等多个方面。通信信号多采用中低功率,以连续波调制信号为主,主要工作频率范围是80~1800MHz。通常通信协议较为复杂,信号的调制样式多;信号传输的信息被加密,解密比较困难。通信设备使用的天线一般不采取扫描的工作方式。载波的某些参数按照调制信号的变化规律被改变的过程称为载波调制。带有信息的基带调制信号可以分为两类:连续变化的正弦波或者一串离散的脉冲序列。根据调制方式的区别,一般分为模拟和数字这两种调制大类。根据基带调制信号在时间域上是否连续可以区分这两种调制方式,如果调制信号的变化是连续的,称为模拟调制信号;如果基带信号取值是离散的,称为数字调制信号。信号携带有信息,信息的传输是按照一定的信息描述规则,去调变信号的幅度、频率和相位参数。由此可以得知,信号参数的变化规律与调制方式密切相关。调幅(AM)和调频(FM)是主要的模拟调制信号类型,其中调幅还包括双边带(DSB)、单边带(SSB)和残留边带(VSB)等调制方式。调幅和调频的差别主要体现在调制改变的信号参数不同,调幅信号调制改变的是信号的瞬时幅度,调频信号调制改变的是信号的瞬时频率。所以,模拟通信信号的调制方式的差异主要表现在瞬时参数的变化规律上。利用这种特性,信号瞬时参数可以作为调制识别的重要特征参数。不同调制信号的瞬时特征有着不同的变化规律,根据信号瞬时特征的差异区分各种调制类型,这就是对模拟调制信号分类和识别的基础。与模拟调制相同,数字调制一样是通过改变信号载波参数的方式来实现信息的传递。常见的数字调制信号,如M进制幅度键控信号(MASK)、M进制相位键控信号(MPSK)、M进制频率键控信号(MFSK)等采用数字调制的信号瞬时参数和模拟信号瞬时参数相同,也存在明显的差异。因此，也可以通过对数字调制的通信信号瞬时参数构造分类特征参数的方式对其进行调制识别。

分析试验条件可以看出：鉴定试验条件需要与先进的电子对抗设备功能、性能指标验证需求相匹配，例如，在机载平台(雷达)等方面，干扰效能以及干扰效果能实时反馈等。

信号预处理功能主要是将接收到的信号下变频或是经过分解等处理，为后续处理提供合适的分析处理数据。特征选择，一般是对所接收到的数据在时间域和频率域进行分析，并提取时频率域或者变换域的特征参数。信号时频率域特征，包括信号的瞬时幅度、频率、相位或者对信号处理后的统计参数；信号变换域特性，包括功率谱、时频分布、谱相关函数以及其他对信号处理后的统计参数。分类和识别的这一部分是在提取的特征参数基础上，选择合适的特征参数，建立调制识别的判决规则，构造合适的分类器。调制识别的方法，从原理上可以分为两大类：基于决策理论的方法和基于人工智能的方法。基于决策理论的方法是选择各特征参数的最佳正确判决阈值，将各信号的特征参数与相对应的阈值进行比较，把待识别信号划分成两个不相交的集合，根据需要，进行多次分类判决，得出识别结论。这种算法简单易行，实时性好，但是，分类准确度依赖于特征参数提取的精确度，没有一定的自适应性和调整能力。基于人工智能的方法包括神经网络、支持矢量机等，这类算法普遍要求对样本进行一个学习和训练过程，计算量较大，实时性较差。

2.6.2 信号特点

雷达和通信信号是电磁信号的主要类型，雷达和通信信号调制类型基本能够涵盖其他电子设备信号的类型，只是在战术使用方面有所不同。例如，敌我识别信号常与雷达信号共用，敌我识别信号通常采用特定的无周期脉冲编码调制(PCM)进行编码，或二相编码脉冲串，信号形式为脉冲，敌我识别信号上述特征能基本符合雷达信号特征需求；无线电引信信号采用小功率单频连续波信号，如多普勒引信和比相引信，或采用调频连续波或二进制相位键控信号（BPSK)连续波，如调频引信和扩谱引信等，大致可以把它们划分为雷达信号；测控或数传信号可以被归类为通信信号，因为测控或数传信号一般采用高工作比或连续波长周期 MPSK 编码的分组报文信号；导航信号也可以被归类为通信信号，因为导航信号主要采用周期二相编码扩谱调制的准连续波信号，内含低数据率的导航电文信息。因此，将复杂战场环境信号分为雷达和通信两种类型时比较合理。在进行讨论和分析雷达、通信辐射源信号侦察存在的差异时，需要特别关注在模拟接收和数字接收两方面的差异，在模拟接收、检测、测量和处理技术方面，雷达侦察与通信侦察差别较大，而在数字接收、检测、测量和处理技术方面,雷达侦察与通信侦察差别较小,目前,两种接收处理方式同时并存。

2.6.3 监测过程

有关复杂环境中雷达监测的工作过程如下:①由测向天线阵和测向接收机完成复杂电磁环境中的辐射源测向工作,测量出辐射源信号到达角(AOA);②由宽带宽波束测频天线阵和测频接收机输出在天线波束范围内全部接收到的信号;对信号载频(RF)、到达时间(TOA)、脉冲宽度(PW)、信号功率或者脉冲幅度数据(PA)进行检测和测量,把上述参数组合在一起,形成测量信息描述字,将测量信息描述字送入信号处理机进行处理;③由信号处理机对信号进行预处理和主处理,利用先验参数和先验知识剔除无用信号;④对特定辐射源信号进行精确分析和估计脉内、脉间、脉组间幅相调制特征,识别辐射源个体,把信号处理结果提交至记录器等相关设备进行记录。

战场复杂电磁环境监测中,监测脉冲信号处理结果对监测效能具有重要影响,监测脉冲信号处理的特点是:在适当降低测量精度的条件下,在空间域、频率域和时间域最大化的条件下,在全部极化、调制样式范围内,能高概率瞬时截获监测信号,测量信号的多维特征。

有关复杂环境中通信监测的工作过程如下:宽带测向天线阵和测向接收机测量被测信号的方位角;宽带宽波束测频天线输出在天线波束范围内全部接收到的信号;宽带监视接收机对接收到的信号做谱分析和谱检测;窄带跟踪分析接收机录取窄带信号波形,分析调制方式,估计调制参数。搜索接收机与跟踪分析接收机组合处理是通信信号监测系统一般采用的工作方式。宽带搜索监视全景频谱,以较高的灵敏度检测各通信信号,找出信号粗略的频谱位置、谱宽,然后引导窄带测向与跟踪分析接收机,窄带跟踪分析接收机和信号处理机完成对特定信号的窄带信号波形录取,分析其调制方式,估计调制参数,对信号解调,做协议分析,解码等处理。

在处理信号时,对于已知调制方式和调制参数的通信信号,可以直接采用相对应的解调方法,根据已知的参数进一步精确估计扩谱码速率、码周期、信源码速率等参数,数据提交到监测系统,补充完善已有通信信号数据库。对于没有先验信息的通信信号,需要较长时间做高分辨的谱分析、相关分析和估计,然后根据已知振幅、频率、相位调制信号的谱特征、相关特征,分析调制类型和估计参数,数据提供交到监测系统,补充已知通信信号数据库。针对连续波信号的通信信号监测系统可以采用连续的时频谱累积的分析方法,也可以具有一定的对稳定的脉冲信号的监测能力。

2.6.4 监测要求

首先,要求信号处理具有高效快速性,即能快速分选和预处理雷达脉冲信号,只有这样,才能用较多的时间处理对已经分选号的雷达信号进行辐射源检测识别和参数估计等相关检测;对于某些特定的信号,需要将其引导到特定的小空域、频谱、极化和调制范围内,进行精确测量、分析和识别处理。针对脉冲类信号的雷达信号监测而言,可以采用追加脉冲调制的方式把连续波信号转换成雷达脉冲信号,实现对连续波信号的监测,将连续波信号进行选通取样处理,把连续波信号转换成雷达脉冲信号,然后,作为脉冲信号进行处理。所以,雷达信号监测也可以具有一定程度的对连续波信号的监测能力。

第 3 章 雷达对抗能力评估

雷达对抗是指敌对双方在信息领域的对抗活动,主要是通过争夺信息资源,掌握信息获取、传递、处理和应用的主动权,破坏对方的信息获取、传递、处理和应用,为遏制或打赢战争创造有利条件。所以,雷达对抗总是围绕信息的获取、传递、处理和应用而展开。雷达对抗系统是一个动态、多变量、开放的复杂大系统,影响因素众多,逻辑关系复杂[1,2,26]。电子对抗能力评估指标体系的分析、确定是一个复杂过程,不仅要进行定性分析、定量计算系统的对抗效能和评估,而且还与评估的作战任务、武器设备、对抗对象、配置使用、环境气象、人员素质等许多因素有关,存在许多不可确定的因素和约束条件。从目前国内外研究现状看,有关雷达对抗方面的能力及效能评估仍没有建立起统一的指标体系,绝大多数能力及效能评估仍是针对某一特定设备的单设备能力及效能评估,通常只针对某种对抗样式或对抗技术进行评估,几乎没有面向系统和战场的作战能力及效能评估。所以,能力及效能评估指标体系的建立仍是最难公式化、标准化的研究内容。

在复杂电磁环境下,进行雷达对抗能力及效能评估,主要分为两个方面:一是在内场,使用仿真试验调度功能,针对雷达对抗功能和性能,调用相关评估软件模块来实现。其中,仿真模型是仿真试验中的关键软件模块。二是在外场,通过构建逼近实际应用的复杂电磁环境,对雷达对抗能力及效能进行测试和评估。

根据雷达对抗基本功能和试验模式,需要建立目标雷达截面积、目标运动、信号传输、侦察、干扰等数学模型,为实现在各种应用条件下,雷达侦察、干扰和抗干扰效果评估模型提供支撑。

3.1 传统评估方法

传统的雷达对抗能力及效能评估方法主要有云模型评估法、层次分析法、多层次模糊综合评判法、ADC 法、专家法和解析法等。

3.1.1 云模型评估法

使用云模型进行雷达对抗能力及效能评估，实质上就是将雷达对抗定性指标，用云模型进行描述，然后，使用层次分析法进行分层计算，输出权重，得出各指标的云重心，计算加权偏离度来衡量云重心的改变量，最终得出评估结果。

该方法有三个要素：指标集（U）、权重集（W）和评估集（V）。

1）指标集

表达式为

$$U = \{U_0, U_1, \cdots, U_m\} \tag{3.1}$$

式中　U_0——目的指标；

　　　$U_1, U_2, \cdots, U_m$——影响最终指标的第 i 个分指标。

2）权重集

表达式为

$$W = \{W_1, W_2, \cdots, W_m\} \tag{3.2}$$

式中　$W_1, W_2, \cdots, W_m$——各项指标的权值。

其中，$W_i \geq 0$，且 $W_1 + W_2 + \cdots + W_m = 1$。

3）评估集

表达式为

$$V = \{V_1, V_2, \cdots, V_m\} \tag{3.3}$$

式中　$V_1, V_2, \cdots, V_m$——各项评估要素。

按照实际需求，雷达对抗能力及效能评估指标可以划分为多个层次，从最底层指标开始进行评估，并将评估结果反馈给上一层，依此类推，逐层评估，直到得到所需雷达对抗能力及效能评估结果。具体评估步骤如下。

第一步：将各指标用云模型来表示。

在雷达对抗能力及效能指标体系中，可以使用精确数值来描述定量指标，可以使用语言来描述定性指标。对于同一组指标进行多组采样，将结果组成决策举证，用云模型进行表示。

其中：

$$E_x = \frac{E_{x_1} + E_{x_2} + \cdots + E_{x_n}}{n} \tag{3.4}$$

$$E_n = \frac{\max(E_{x_1}, E_{x_2}, \cdots, E_{x_n}) - \min(E_{x_1}, E_{x_2}, \cdots, E_{x_n})}{n} \tag{3.5}$$

$$E_x = \frac{E_{x_1} E_{n_1} + E_{x_2} E_{n_2} + \cdots + E_{x_n} E_{x_n}}{E_{n_1} + E_{n_2} + \cdots + E_{n_n}} \tag{3.6}$$

$$E_n = E_{n_1} + E_{n_2} + \cdots + E_{n_n} \qquad (3.7)$$

指标的类型不同,$E_{x_1} \sim E_{x_n}$ 所表达的含义也不同。

第二步:运用层次分析法确定各指标权重。

在电子对抗能力及效能评估中,合理的权重直接影响电子对抗能力及效能评估的最终结果。与其他权重类似,电子对抗能力及效能评估的指标权重也表示该指标的重要程度,是评估的关键因素。利用层次分析法确定权重集。

层次分析法是按照一定划分的准则,将复杂的多目标问题构建成层次结构,通过对构造矩阵进行比较,计算出权重,从而得到系统效能。

第三步:系统状态表示。

通过前面的描述可以看出,不论电子对抗有多少个指标,都可以用云模型来描述,一个多维的云模型可以表示多个指标所反映出的系统状态变化情况。

随着电子对抗系统状态发生改变,这个多维云的形状就会产生变化,同时,云重心也会发生改变。n 维综合云的重心 T 用一个 n 维的矢量来表示,即

$$\boldsymbol{T} = (T_1, T_2, \cdots, T_n) \qquad (3.8)$$

其中,$T_i = a_i \cdot b_i$,$i = 1,2,\cdots,n$,a_i 为云重心位置,期望值反映了信息中心值,b_i 为权重值。云重心高度反映了相应云的重要程度。当电子对抗系统某个指标发生变化时,重心由 $\boldsymbol{T}$ 变化为 $\boldsymbol{T}'$,$\boldsymbol{T}' = (T_1', T_2', \cdots, T_n')$。

第四步:对云重心进行衡量。

在理想状态下,电子对抗系统的某些指标值是预先设定好的。某理想状态下,n 维综合云的重心位置矢量为 $\boldsymbol{a} = (E_{x_1}^0, E_{x_2}^0, \cdots, E_{x_n}^0)$,云重心高度为 $\boldsymbol{b} = (b_1, b_2, \cdots, b_n)$,则云重心的矢量为

$$\boldsymbol{T}_0 = \boldsymbol{a} \times \boldsymbol{b}^{\mathrm{T}} = (T_1^0, T_2^0, \cdots, T_n^0) \qquad (3.9)$$

同理,求得真实状态下的云重心矢量

$$\boldsymbol{T} = (T_1, T_2, \cdots, T_n) \qquad (3.10)$$

加权偏离度 θ 可以表示理想状态与真实状态下的差异情况。首先,将该状态下的综合云重心矢量进行归一化处理,得到矢量 $\boldsymbol{T}^G = (T_1^G, T_2^G, \cdots, T_n^G)$,其中:

$$T_i^G = \begin{cases} (T_i - T_i^0)/T_i^0, & T_i < T_i^0 \\ (T_i - T_i^0)/T_i, & T_i \geq T_i^0 \end{cases} \quad i = 1,2,\cdots,n \qquad (3.11)$$

第五步:用云模型实现评语集。

评语集的精确程度与评语的个数呈正相关关系,评语集表达式为

$$V = (V_1, V_2, \cdots, V_m) \qquad (3.12)$$

将评语置于语言值标尺上,并且用云模型实现每个评语值,由此可以得到一个定性评测的云发生器。

3.1.2 层次分析法

层次分析法(AHP)是美国运筹学家萨蒂(T. L. Satty)于20世纪70年代初提出的,是一种定性、定量分析相结合的系统分析方法,这种方法将决策者的经验判断进行量化,特别适用于目标结构复杂且缺乏必要数据的情况,如分析多目标、多准则的复杂大系统。该方法具有思路清晰、方法简便、适用面广、系统性能强等特点,因而获得了广泛应用。AHP应用大体可以分为四个步骤,即建立递阶层次结构,构造两两比较判断矩阵,由判断矩阵计算被比较元素相对权重和计算各层元素组合权重。

1) 建立递阶层次结构

这是AHP中最重要的一步。首先,把电子对抗复杂问题分解为元素的各组成部分,把这些元素按属性不同分成若干组,以形成不同层次。同一层次的元素作为准则,对下一层次的某些元素起支配作用,同时,它又受上一层次元素的支配。

这种从上至下的支配关系形成了一个递阶层次。处于最上面的层次通常只有一个元素,一般是分析问题的预定目标或理想结果;中间层次一般是准则、子准则;最低一层包括决策方案。层次之间元素的支配关系不一定是完全的,即可以存在这样的元素,它并不支配下一层次的所有元素。

2) 构造两两比较判断矩阵

在建立完递阶层次结构以后,上下层次之间元素的隶属关系就被确定了。假定上一层次的元素 C 作为准则,对下一层次的元素 $A_1,A_2,\cdots,A_n$ 有支配关系,在准则之下,按照它们相对重要性,赋予 $A_1,A_2,\cdots,A_n$ 相应的权重。对于大多数问题,特别是对于人的判断起重要作用的问题,直接得到这些元素的权重并不容易,往往需要通过适当的方法来导出它们的权重。AHP所用的是两两比较的方法。

3) 计算被比较元素的相对权重

这一步要解决在准则 C 下,n 个元素 $A_1,A_2,\cdots,A_n$ 排序权重的计算问题,并进行一致性检验。对于 $A_1,A_2,\cdots,A_n$ 两两比较得到的判断矩阵 A。解特征根问题 $Aw=\lambda_w w$ 所得到的 w 经正规化后,作为元素 $A_1,A_2,\cdots,A_n$ 在准则 C 下排序权重。

4) 计算各层元素的组合权重

针对递阶层次结构,为了得到每一层次中所有元素相对于总目标的相对权重,需要把第三步计算的结果进行适当的组合,并进行总的一致性检验。这一步骤是由上而下逐层进行的。最终计算得出最低层次元素,即决策方案优先顺序的相对权重和整个递阶层次模型的判断一致性检验。

3.1.3 多层次模糊综合评判法

由于在电子对抗设备能力及效能评估中,一些数据是通过仿真得到的,根据评估指标体系建立原则,对某些电子对抗设备性能参数是不能够由仿真数据定量的方法描述,而只能用模糊的、非定量的、难以精确定义的语言进行描述。

多层次模糊评判法的原理是:通过构造多层次评价指标,并在该指标下结合相应的权重,对待评项目的不同评判等级出现的概率进行交叉相乘,综合得出待评项目的评价分值。

1) 建模

由于在复杂的系统中,需要评价的因素往往很多,并且因素间有不同的层次,所以有必要使用多层次模糊评判法。下面以 2 层准则数为例,描述此方法的步骤。

设对事物 X 进行评价,评价因素集合为 U,即

$$U = \{U_1, U_2, \cdots, U_n\} \quad n = 1, 2, \cdots \tag{3.13}$$

则其中每一评价因素的下一层次评价因素集为

$$U_i = \{U_{i1}, U_{i2}, \cdots, U_{ir}\} \quad i = 1, 2, \cdots, n; r = 1, 2, \cdots \tag{3.14}$$

式中　r——第 i 个评价因素的个数。

再设对事物 X 的评价等级集合为 V,即

$$V = \{V_1, V_2, \cdots, V_m\} \quad m = 1, 2, \cdots \tag{3.15}$$

设各评价因素的综合权重集为 W_0,即

$$W_0 = \{W_{01}, W_{02}, \cdots, W_{0n}\} \quad n = 1, 2, \cdots \tag{3.16}$$

设各评价因素的下层评价因素权重为 W_1,即

$$W_i = \{W_{i1}, W_{i2}, \cdots, W_{ir}\} \quad i = 1, 2, \cdots, n; r = 1, 2, \cdots \tag{3.17}$$

2) 计算

设第一层次第 i 个单因素综合评判矩阵为 $\boldsymbol{H}_i (i = 1, 2, \cdots, n)$,则

$$\boldsymbol{H}_i = W_i \cdot V_i = [H_i]_{l \cdot m} \tag{3.18}$$

3.1.4 ADC 法

ADC 法是由美国工业界武器系统效能咨询委员会提出的系统效能评价方法。这种方法以设备系统的总体构成为对象,以完成任务为前提对设备效能进行评估,主要用于单件或同类武器设备系统,如导弹、枪支、火炮、雷达等,其范围可以是整个寿命周期中的任何阶段,如立项论证阶段、战术技术指标论证阶段及使用阶段等。

ADC 法的效能公式为

$$E = ADC \quad (3.19)$$

其中，E 为系统效能，是预计系统满足一组特定任务要求程度的量度，是有效性、可依赖性和效能的函数。

A 为有效性，是在开始执行任务时，度量系统状态，是设备、人员、程序三者之间的函数。与设备系统可靠性、维修性、维修管理水平、维修人员数量及其水平、器材供应水平等因素有关，即

$$A = (a_1, a_2, \cdots, a_n) \quad (3.20)$$

式中　a_i——开始执行任务时系统处于状态 i 的概率，$a_1 + a_2 + \cdots + a_n = 1$。

D 为可信性，是在已知开始执行任务的情况下，在执行任务过程中的某一个或某几个时刻系统状态的量度，可以表示为系统在完成某项特定任务时将进入或处于它的任一有效状态，且完成与这些状态有关的各项任务的概率，也可以表示为其他适当的任务量度。

可信性直接取决于设备系统的可靠性和使用过程中的修复性，也与人员素质、指挥素质有关，即

$$D = (d_{ij})_{nn} \quad (3.21)$$

式中　d_{ij}——已知开始执行任务时系统处于状态 i，则在执行任务过程中系统处于状态 j 的概率。如果完成任务的时间相当短，即瞬间发生，则可以证明可信性矩阵为单位阵，系统效能公式简化为

$$E = AC \quad (3.22)$$

C 为效能，是在已知执行任务期间的系统状态的情况下，系统完成任务效能的度量。更确切地说，效能是系统各种性能的集中表现，即

$$C = (c_{ij})_{nn} \quad (3.23)$$

式中　c_{ij}——在系统的有效状态 i 下，第 j 个品质因数之值。

3.1.5　专家法

专家法（Delphi 法）也称专家征询法，该方法依靠专家的知识和经验，在掌握了一定的客观情况和实际资料的基础上，对征询项目做出评价的方法。该方法采用匿名的方式，收集和征询该领域专家们的意见，对各个征询意见作统计分析和综合归纳。如果发现专家的评价意见离散度太大，很难取得一致意见时，可以再进行几轮征询，然后，再按上述方法进行统计分析，直至取得较为一致的意见为止。

在能力及效能评估过程中，常采用"中心意向统计法"计算征询结果。该方法根据来自专家们的全部征询数据，计算其平均值（M），并通过其方差（D）得到标准值（E）。

专家法特别适用于解决客观偶然性较大而且缺少确切数据的评估问题。在设

备能力及效能评估过程中,许多指标难以定量分析,无法建立数学模型,要解决这些问题就要借助于众多专家的经验,把指标量化。专家法往往要配合层次分析法使用,特别是在确定所要求的权重系数时,首先使用专家法对几个权重系数的重要性进行成对比较,在此基础上再用层次分析法计算不同属性权重系数。尽管专家法在军用和民用都获得了广泛应用,但是,也存在着一定的局限性:一是由于专家法是出自专家们的主观判断,因此,在理论上缺乏深刻的逻辑论证,受主观因素和认识上的局限较大;二是工作量大,调查时间长。

3.1.6 解析法

解析法是根据描述效能指标与给定条件之间的函数关系,以解析表达式来计算指标,根据数学方法求解建立效能方程。解析法以数学模型为基础,由评估分析人员根据系统设计、系统方案和系统的组成等,在规定约束条件下,预测系统性能,并把所得结果输入到能力及效能评估模型中评定系统效能。具体方法有武器系统效能咨询委员会(WSEIAC)模型、排队网络理论、信息论方法和目标规划方法等。解析法的优点是公式透明性好,易于了解,计算简单。对于一些潜在问题,如体系"瓶颈"、各分系统某些参量变化对整个体系效能的影响等,解析法能得出清晰的规律性的认识。解析法的缺点是建立数学模型比较困难,主要表现在:

① 作战体系能力及效能评估对象的范畴比较广,从战略级到战术级,都存在能力及效能评估问题,对不同级别的系统,应用解析法建立数学模型的难度是不同的,体系级别越高,体系越复杂,指标之间的关系就越复杂,数学模型越难建立;

② 即使对同一体系,其效能也受环境、任务等因素的制约,应用解析法建立的数学模型也有所不同。模拟仿真能力及效能评估方法如图3.1所示。

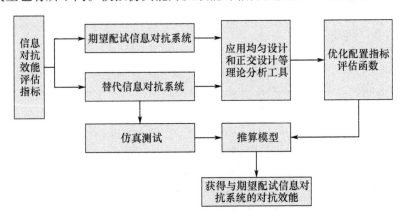

图3.1 模拟仿真能力及效能评估方法

3.1.7 概率模型评估法

概率模型评估法假定武器效能是防御方防御武器效能概率指标的函数表达式,表达式是固定的,认为只要代入相应的概率指标常数,就可以获得武器的性能指标。

概率模型是建立在很多假设上的,这类模型不考虑作战的过程,也不考虑作战过程中各种因素对作战结果的具体影响,或者说,这类影响已经考虑到武器的概率指标值中,也不考虑概率指标之间相互影响关系。这些方法存在的普遍问题包括两方面:第一,人们无法深刻洞察影响武器系统效能高低的原因,到底是由于进攻方探测系统、指控系统效能约束,还是因为防御方武器效能的优劣引起的,或是由于防御方探测系统、指控系统效能的优劣引起的,也无法在不确定性条件下对能力及效能评估结论的合理性与典型性进行评价。这表明这些方法不能有效地应对体系复杂的系统评估。第二,低层仿真评估的结果数据无法有效地综合到上层仿真论证的框架中,使得模型的聚合与解聚的参数真实性大打折扣。特别是低层仿真评估所得的对抗武器的效能指标只在有限的框架、条件、前提下成立,往往不能反应不确定性空间的分布情况。当这样的效能指标被上层仿真论证引入作为输入参数时,得到的结论会出现很大的偏差。这表明这些方法不能有效地应对不确定性复杂度。

3.1.8 灰色评估理论

灰色评估理论是华中工业大学邓聚龙教授创立的,其思想是:首先,给出反映评价指标与各组成元素之间内在的层次结构;然后,根据少量已知的信息,运用灰色聚类分析构造出尽可能完善的数学模型,进行综合、归纳,以判断聚类对象归属;最后,得到对系统的总体评价。灰色评估理论运用控制论与运筹学相结合的数学方法,是解决信息不完备系统的理论与方法,能够较好地处理贫信息系统的问题。灰色评估理论缺点是:只能给出不同受评对象的优劣排序,难以对系统做全面而准确的定量评估。

3.1.9 人工神经网络

人工神经网络是基于模仿大脑神经网络结构和功能而建立的一种信息处理系统,是理论化的人脑神经网络的数学模型。实际上,它是由大量简单元件相互连接而成的复杂网络,具有高度的非线性,能够进行复杂的逻辑操作和非线性关系实现。将神经网络应用于评估是利用神经网络的大规模并行、分布式存储和处理、自组织、自适应和自学习能力,使它能够适用于处理那些需要同时考虑多个因素和条件的信息处理问题。通过作战模拟与仿真,得到作战效能和其影响因素的量化数据,然后,应用具有人工智能的神经网络模型,将影响作战效能的各个因素作为网络的输入,作战效能作为网络的输出,通过对样本的训练学习,确定网络结构和学习参数。一旦神经网络的结构确定了,也即网络的层数、各层的神经元节点数以及各节点之间的连接权值确定了,则作战效能与其影响因素之间的非线性关系也就建立起来了。在进行作战效能的评估时,只需要输入待评估作战效能的影响因素量化值,就可以得到作战效能。

3.2 通用技术模型

3.2.1 电磁环境模型

3.2.1.1 用途

为了评估雷达对抗能力及效能,需要将被评估雷达对抗系统或设备置于逼近真实工作的电磁环境下,因此,电磁环境是首先需要构建的内容。

雷达对抗电磁环境的特点主要体现在以下几个方面:

(1) 雷达威胁信号密度高;
(2) 雷达信号频繁出现和消失;
(3) 雷达辐射源工作参数不断发生变化;
(4) 雷达辐射源天线扫描引起信号电平调制;
(5) 雷达辐射源安装平台与雷达对抗系统安装平台之间相对坐标的变化;
(6) 各平台运动姿态的变化;
(7) 战场环境的变化。

据此,电磁环境模型需要根据想定的对抗场景,模拟需要形成的雷达对抗系统接收到的具有空间域、时间域、幅度域和频率域表征的信号,考虑到模拟信号设备数量和造价,例如,需要模拟的雷达信号接收射频通道数量要远远小于多个辐射源信号模拟所需要的通道数,因此,各辐射源均有不同的脉冲重复周期和占有一定的脉冲宽度,且处于非同步状态工作,可能存在同时发射多部信号的情况。为了利用有限的通道来形成这些信号,就需要在满足小于一定脉冲丢失率的条件下,舍去多于通道数的某些信号,形成满足系统试验要求的电磁威胁环境[3-7,27]。

3.2.1.2 数学模型

对于离散事件仿真系统是将系统的状态描述成一个数偶,用 (s,e) 表示。其中，s 为系统的顺序状态；e 为系统处于 s 状态的延续时间。

同时，推出系统时间推进函数，用 $\mathrm{ta}(s)$ 表示。

该函数决定了系统在每一个顺序状态下的最大滞留时间。用 (s,e) 表示的系统状态需要满足下式：

$$0 \leqslant e \leqslant \mathrm{ta}(s) \tag{3.24}$$

当外部输入到达时，系统的状态发生变化，新的状态成为 $(s',0)$。如果没有外部输入，系统状态在 $\mathrm{ta}(s)$ 时刻发生变化，新的状态成为 $(s',0)$。

一个离散事件系统的描述规范是一个七元组结构，如下式所示：

$$M = <X, S, Y, \delta_{\mathrm{int}}, \delta_{\mathrm{ext}}, \lambda, \mathrm{ta}> \tag{3.25}$$

式中　X——输入值的集合；

　　　S——顺序状态集合；

　　　Y——输出值的集合；

　　　δ_{int}——内部转移函数；

　　　δ_{ext}——外部转移函数；

　　　λ——输出函数；

　　　ta——系统时间推进函数。

多信号电磁环境是一个离散事件组合系统，模型描述为

威胁信号环境　$M = <X, Y, D, \{M_d\}, \{I_d\}, \{Z_{i,d}\}, \mathrm{Select}> \tag{3.26}$

式中　X——输入事件集合；

　　　Y——输出事件集合；

　　　D——模型组件的集合；

　　　$\{M_d\}$——对于每个威胁信号组件 d，M_d 为该威胁信号基础模型；

　　　$\{I_d\}$——对于每个威胁信号组件 d，I_d 为该威胁信号的影响组件；

　　　$\{Z_{i,d}\}$——输出转换函数；

　　　Select——一个解结函数。

3.2.2　杂波模型

3.2.2.1　杂波方程

当雷达向空间辐射电磁波时，一部分电磁波不可避免地会投向地面，产生反向散射信号，到达雷达接收机的地面反向散射信号称为地面回波；在以探测目标为主的雷达中，地面回波会干扰雷达对目标的探测，故称为杂波。

模拟地面杂波、海面杂波，尤其是陆地杂波是一项复杂的任务。由于在雷达视距内的全方位地面上，都会有反射信号回到雷达接收机，因此，形成了在距离上连

续出现的回波信号,尤其是机载雷达和舰载雷达。由于雷达随安装平台运动,地面上各个点相对雷达产生了不同径向速度的运动,从而产生出不同多普勒频率的反射信号,在不同距离上形成了占据不同多普勒频带的杂波信号。杂波信号的频谱分布会严重影响雷达对杂波的抑制能力。

地面杂波信号形成过程是:在雷达照射的一个地面分辨单元内,有许多相互独立的散射点所产生的散射功率之和,描述地面杂波的散射截面用散射系数。该系数表明,单位面积的雷达散射截面积不依赖雷达的参数,如脉宽、波束宽度、距离及入射余角。因此,地面杂波信号的雷达方程可用下式表示:

$$P_\gamma = \frac{P_T G_T^2 \lambda^2}{(4\pi)^3} \sum_{i=1}^{N} \frac{\sigma_i^0 \Delta A_i}{R_i^4} g_{Ti}^2(\theta_i - \theta_A) g_{Ri}^2(\theta_i - \theta_A) \tag{3.27}$$

式中　P_T——雷达脉冲发射功率;

G_T——雷达发射天线增益;

λ——雷达工作波长;

$g_{Ti}(\theta)$——ΔA_i反射单元方向的发射天线方向图;

$g_{Ri}(\theta)$——ΔA_i反射单元方向的接收天线方向图;

σ_i^0——ΔA_i处的散射系数;

ΔA_i——雷达分辨单元;

R_i——ΔA_i至雷达的距离。

分析式(3.27),可以看出,对每一分辨单元,可看作是一个独立的目标,其雷达截面为$\sigma_i^0 \Delta A_i$。ΔA_i的大小可写为

$$\Delta A_i = \frac{1}{2} c\tau R \theta_B \sec\varphi \tag{3.28}$$

式中　R——反射点至雷达的距离;

θ_B——雷达的方位天线波束宽度;

c——光速;

τ——发射脉冲宽度(对脉冲压缩体制为压缩后的宽度);

φ——反射点的入射余角。

在单脉冲雷达中,$g_{Ri}(\theta)$可分别看做Σ路天线方向图以及差路方向图。它表明了$\sigma_i^0 \Delta A_i$在不同接收通道输出信号的影响。

在地面每一分辨单元内的植被、水面因风吹产生晃动和波动都会造成杂波信号的起伏。因此,把σ^0称为平均散射系数。对于描述杂波幅度起伏的数学模型有瑞利分布、韦伯尔分布及对数正态分布等。其频谱分布可用全极点谱来描述。

$$N^2(f) = \sigma^2 \frac{2\Gamma(n)}{\sqrt{\pi}\,\Gamma\left(n - \frac{1}{2}\right)} \frac{B}{\left[1 + \left(\frac{f}{B}\right)^2\right]^n} \tag{3.29}$$

式中 $\Gamma(n)$——伽马函数,通常取 $n=1\sim3$ 的正整数。

3.2.2.2 地面杂波多普勒频率

对于机载或舰载雷达,特别是机载雷达,当雷达以速度 v 运动时,地面各反射点的多普勒均不相同。为了简化计算,可沿雷达的航向建立一个新的直角坐标系(图3.2),并假定雷达在 yz 平面内以速度 v 作俯冲飞行,航向同水平面内下俯角为 δ,可计算出地面各点的相对径向速度为

$$\dot{r} = -\frac{v}{r}(y\cos\delta + h\sin\delta) \tag{3.30}$$

$$r = \sqrt{x^2 + y^2 + h^2} \tag{3.31}$$

式中 $\dot{r}$——地面上的一点(其坐标值为 x、y)相对于雷达的径向速度;
  v——雷达的运动速度;
  δ——雷达运动方向的下俯角;
  h——雷达的高度。

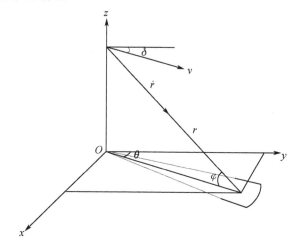

图 3.2 机载雷达地面杂波

该点的方位角为

$$\theta = \arctan\left(\frac{x}{y}\right) \tag{3.32}$$

该点的入射余角为

$$\varphi = \arcsin\left(\frac{h}{r}\right) \tag{3.33}$$

对于等 $\dot{r}$ 线可由式(3.33)得

$$\dot{r}^2 x^2 - (v^2\cos^2\delta - \dot{r}^2)\left(y + \frac{hv^2\cos\delta\sin\delta}{v^2\cos^2\delta - \dot{r}^2}\right)^2 \tag{3.34}$$

$$= h^2 \left[v^2 \sin^2\delta \left(1 + \frac{v^2 \cos^2\delta}{(v^2 \cos^2\delta - \dot{r}^2)^2} \right) - \dot{r}^2 \right]$$

式(3.34)表明:等径向速度线即为杂波的等多普勒频率线,服从双曲线变化规律,这给模拟地面杂波信号的多普勒频率的分布带来方便。因此,在杂波数字信号生成时,可以用软件形式设定多个等多普勒带,对各带内的每一单元计算其信号幅度,并对该带内的信号按其多普勒频率对其调制,对各个等多普勒带的信号按其出现时间的先后再进行复合,即可生成数字的杂波信号。

3.2.3 目标空间运动模型

3.2.3.1 功能描述

平台/目标空间运动模块主要是根据平台/目标运动参数,按仿真试验的数据更新周期计算离散的目标空间坐标、速度及其空间姿态。

设 $H(t)$ 为特定坐标系下的目标弹道数据,经坐标变换运算转化为雷达直角坐标系中的航迹文件:$[x(t), y(t), z(t)]$,进而转化为雷达球坐标系下的航迹文件:$[R(t), \theta(t), \varphi(t)]$,其中 $R(t)$ 为目标距雷达的距离,$\theta(t)$ 和 $\varphi(t)$ 分别为以雷达天线为中心的大地球坐标系中的俯仰角和方位角。

采用多项式插值的方法对弹道数据内插,可增加采样点数;还可以采用曲线拟合的处理方法得到关于飞行时间 t 的近似轨迹方程,从而可以得到连续的航迹数据,如最小二乘法拟合或样条函数拟合。

3.2.3.2 数学模型

1) 等高直线航行运动方程

目标做等高直线航行时,其运动方程为

$$\begin{cases} x_i(\Delta t) = x_i + v\Delta t \sin\phi_i \\ y_i(\Delta t) = y_i + v\Delta t \cos\phi_i \end{cases} \tag{3.35}$$

式中　ϕ_i——目标的航向角;

　　　v——目标速度;

　　　Δt——目标出现时间到目标坐标点的飞行时间;

　　　x_i、y_i——目标的坐标点。

2) 等高平面内机动飞行运动方程

等高平面内的机动飞行,经坐标旋转得

$$\begin{cases} x_i(\Delta t) = x_i + R\left\{\sin\left(\frac{v}{R}\Delta t\right)\sin\phi_i + k_1\cos\phi_i\left[1 - \cos\left(\frac{v}{R}\Delta t\right)\right]\right\} \\ y_i(\Delta t) = y_i + R\left\{\sin\left(\frac{v}{R}\Delta t\right)\cos\phi_i + k_2\sin\phi_i\left[1 - \cos\left(\frac{v}{R}\Delta t\right)\right]\right\} \end{cases} \tag{3.36}$$

式中　R——机动半径：

$$R = \frac{v^2}{kg} \quad (3.37)$$

式中　v——目标航速；

　　　k——过荷系数，通常 $k < 8$；

　　　g——重力加速度，$g = 9.8\text{m/s}^2$。

当机动后航向角减小时：$k_1 = -1, k_2 = +1$；

当机动后航向角增大时：$k_1 = +1, k_2 = -1$。

3）直线跃升或直线俯冲运动方程

直线跃升或直线俯冲的机动时，则有

$$\begin{cases} h_i(\Delta t) = h_i + k_3 R \left\{ \sin\left(\frac{v}{R}\Delta t\right)\cos\phi_i + k_5 \sin\phi_i \left[1 - \cos\left(\frac{v}{R}\Delta t\right)\right] \right\} \\ z_i(\Delta t) = z_i + k_4 R \left\{ \sin\left(\frac{v}{R}\Delta t\right)\sin\phi_i + k_6 \cos\phi_i \left[1 - \cos\left(\frac{v}{R}\Delta t\right)\right] \right\} \end{cases} \quad (3.38)$$

式中　ϕ_i——跃升角。

当由直线跃升再进一步跃升机动时，有

$$K_3 = +1, K_4 = +1, K_5 = -1, K_6 = +1$$

当由直线跃升转为飞平或俯冲机动时，有

$$K_3 = +1, K_4 = -1, K_5 = +1, K_6 = -1$$

当由俯冲转为平飞或跃升时，有

$$K_3 = +1, K_4 = +1, K_5 = +1, K_6 = +1$$

当由直线俯冲进一步俯冲机动时，有

$$K_3 = +1, K_4 = -1, K_5 = -1, K_6 = +1$$

对于斜平面的机动运行，可以分解成水平面和垂直面的投影来计算，斜平面内的圆方程在水平面或垂直面内的投影为一椭圆方程。

4）目标在机动雷达运载平台坐标系中的位置

目标在机动雷达运载平台坐标系中的位置为

$$\begin{bmatrix} x \\ y \\ z \end{bmatrix} = T \begin{bmatrix} X \\ Y \\ Z \end{bmatrix} \quad (3.39)$$

$$T = \varphi \theta \sigma$$

式中　σ——偏航动作的变换矩阵；

　　　θ——俯仰动作的变换矩阵；

　　　φ——横滚动作的变换矩阵。

雷达天线在大地坐标系内的指向可取其逆变换为

$$\begin{bmatrix} X \\ Y \\ Z \end{bmatrix} = T^{-1} \begin{bmatrix} x \\ y \\ z \end{bmatrix} \qquad (3.40)$$

5）目标运动轨迹扰动的数学模型

对于规则扰动，可以用一个具有方差为 σ 为正态分布的随机函数来表示：

$$P(x) = \frac{1}{\sqrt{2\pi}\sigma} e^{-\frac{(x-x_0)^2}{2\sigma^2}} \qquad (3.41)$$

$$N(f) = \sigma^2 \frac{2B}{\pi(B^2 + f^2)} \qquad (3.42)$$

式中　σ^2——姿态扰动的方差；

B——扰动的带宽；

f——扰动频率。

3.2.4　坐标转换模型

3.2.4.1　功能描述

坐标系是确定空间点在一定的参考系中位置的方法。

在仿真过程中，建立各个子模块时，一般采用独立的坐标系，例如，对雷达有关信号进行仿真时，建立以雷达天线回转中心为坐标原点，雷达天线运载平台为基面的坐标系。

在搜索和跟踪目标飞行航迹时，坐标包括目标点的直角坐标、地心直角坐标系、地球坐标系以及观测点（雷达天线回转中心或相控阵阵面中心）直角坐标系等。因此，在系统仿真过程中，为便于数据接口，需在各模块之间插入相应的坐标转换模块，并完成各种空间距离与角度的计算。

3.2.4.2　坐标系描述

1）WGS-84 大地坐标系

空间一点的大地坐标用大地经度 L、大地纬度 B 和大地高度 H 表示。地面上 $P_{地}$ 点的大地子午面 NPS 与起始子午面所构成的二面角为 $L_{地}$，$P_{地}$ 点对应椭球的法线与赤道面的夹角为 $B_{地}$，$P_{地}$ 点沿法线到椭球面的距离为 $H_{地}$。

2）WGS-84 空间大地直角坐标系（地心赤道坐标系）

坐标系以地球质心为原点，Z 轴指向 BIH1984.0 定义的协议地球极（CTP）方向，X 轴指向 BIH1984.0 定义的零度子午面和 CTP 赤道的交点，Y 轴和 Z 轴、X 轴构成右手系，如图 3.3 所示。

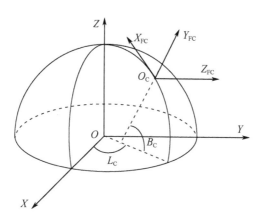

图 3.3　大地直角坐标系与测量点直角坐标系

3）发射点直角坐标系

坐标原点为发射点，OX 轴在发射点水平面内，指向发射瞄准方向，OY 轴沿发射点垂直向上，OZ 与 OX、OY 构成右手系。

4）测量点直角坐标系

坐标原点为测量中心，X_{FC} 轴在原点法线平面内，指向大地北；Y_{FC} 轴为过原点的地球参考椭球面的法线，指向朝上；Z_{FC} 轴：按照右手法则确定。

5）测量点球坐标系

坐标原点为测量中心，R 为斜距，即径向距离，如图 3.4 所示；A 为方位角，定义为 X 轴与斜距在水平面上的投影之间的夹角，从 X 轴算起，逆时针方向为正；E 为仰角，定义为斜距与水平面之间的夹角。

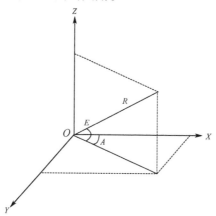

图 3.4　测量点球坐标系

6) 相控阵阵面直角坐标系

相控阵阵面直角坐标系 $OX_PY_PZ_P$ 如图 3.5 所示,以相控阵阵面中心为原点,OX_P-OY_P 位于阵面平面内,且 OX_P 指向水平,OY_P 向上,OZ_P 垂直于阵面向上,OX_P、OY_P、OZ_P 满足右手法则。其中 A_P 定义为:OX_P 在水平面内逆时针转到正北方向所经过的最小角,$0 \leqslant A_P \leqslant 2\pi$;$E_P$ 定义为:相控阵阵面法线方向与垂直地面向上方向的夹角,$0 \leqslant E_P \leqslant \pi/2$。

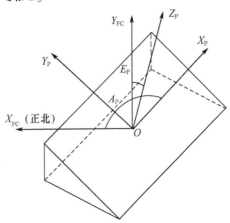

图 3.5 相控阵阵面直角坐标系

7) 弹体/飞机坐标系

以导弹质心为原点,纵轴为 OX_1 轴,指向导弹头部;OY_1 轴在导弹的纵对称平面内,垂直于 OX_1,称为立轴;OZ_1 轴垂直于纵对称平面,指向弹体右侧,称为横轴,又称为体轴系,如图 3.6 所示。

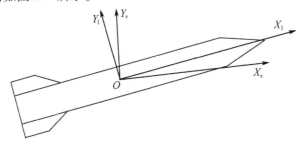

图 3.6 弹体坐标系与直角坐标系

8) 速度坐标系

以导弹质心为原点,OX_v 轴沿速度方向,OY_v 轴在纵对称面内,垂直 OX_v 轴向上,OZ_v 与 OY_v、OX_v 构成右手系。

下面具体介绍坐标转换数学模型。

(1) 坐标转换矩阵。

把某一坐标系 A 中的矢量 **Q** 转换到另一坐标系 B 中,只需将这两坐标系之间的转换关系矩阵乘以矢量 **Q** 在坐标系 A 中的列阵得到,即

$$\begin{bmatrix} X_B \\ Y_B \\ Z_B \end{bmatrix} = \boldsymbol{A}_{A \to B} \begin{bmatrix} X_A \\ Y_A \\ Z_A \end{bmatrix} \tag{3.43}$$

式中 $[X_B, Y_B, Z_B]^{-1}$——矢量 **Q** 在坐标系 B 中的列阵;

$[X_A, Y_A, Z_A]^{-1}$——矢量 **Q** 在坐标系 A 中的列阵;

$\boldsymbol{A}_{A \to B}$——坐标系 A 到坐标系 B 的转换矩阵。

若坐标系 A 绕 oy 轴逆时针旋转 φ 角($0 \leq \varphi < 2\pi$),得到新坐标系 B,则其转换矩阵为

$$\boldsymbol{R}_Y[\varphi] = \begin{bmatrix} \cos\varphi & 0 & -\sin\varphi \\ 0 & 1 & 0 \\ \sin\varphi & 0 & \cos\varphi \end{bmatrix} \tag{3.44}$$

若坐标系 A 绕 oz 轴逆时针旋转 ϑ 角($0 \leq \vartheta < 2\pi$),得到新坐标系 B,则其转换矩阵为

$$\boldsymbol{R}_Z[\vartheta] = \begin{bmatrix} \cos\vartheta & \sin\vartheta & 0 \\ -\sin\vartheta & \cos\vartheta & 0 \\ 0 & 0 & 1 \end{bmatrix} \tag{3.45}$$

若坐标系 A 绕 ox 轴逆时针旋转 ϕ 角($0 \leq \phi < 2\pi$),得到新坐标系 B,则其转换矩阵为

$$\boldsymbol{R}_X[\phi] = \begin{bmatrix} 1 & 0 & 0 \\ 0 & \cos\phi & \sin\phi \\ 0 & -\sin\phi & \cos\phi \end{bmatrix} \tag{3.46}$$

坐标变换模块参数:

发射点的地理坐标(L_F, B_F, H_F);

测量点的地理坐标(L_C, B_C, H_C);

目标的地理坐标(L_M, B_M, H_M);

发射点在地心坐标系中的坐标(X_{NF}, Y_{NF}, Z_{NF});

测量点在地心坐标系中的坐标(X_{NC}, Y_{NC}, Z_{NC});

目标在地心坐标系中的坐标(X_{NM}, Y_{NM}, Z_{NM});

目标在测量坐标系中的坐标(X_C, Y_C, Z_C);

目标在相控阵阵面坐标系中的坐标(X_P, Y_P, Z_P);

目标在发射坐标系中的坐标(X_F, Y_F, Z_F)。

(2) 地理坐标系到地心坐标系的转换。

设一点地理坐标为(L, B, H),则转换成地心坐标系中的坐标(X_N, Y_N, Z_N)为

$$\begin{cases} X_N = (N + H) \cdot \cos B \cdot \cos L \\ Y_N = (N + H) \cdot \cos B \cdot \sin L \\ Z_N = [N(1 - e^2) + H] \cdot \sin B \end{cases} \quad (3.47)$$

这里,$N = a/\sqrt{1 - e^2(\sin B)^2}$。

地球赤道长半径$a = 6378140 \text{m}$,赤道短半径$b = 6356755 \text{m}$,地球扁心率常数$e = 1 - \dfrac{b^2}{a^2}$。

(3) 雷达球坐标系到雷达直角坐标系的转换。

设一点的球坐标为(R, A, E),转换成直角坐标为(X, Y, Z):

$$\begin{cases} X = R \cdot \cos E \cdot \cos A \\ Y = R \cdot \cos E \cdot \sin A \\ Z = R \cdot \sin E \end{cases} \quad (3.48)$$

(4) 雷达直角坐标系到雷达球坐标系的转换。

设空间一点的直角坐标为(X, Y, Z),转换成球坐标为(R, A, E):

$$\begin{cases} R = \sqrt{X^2 + Y^2 + Z^2} \\ A = \arctan(Y/X) \\ E = \arcsin(Z/\sqrt{X^2 + Y^2 + Z^2}) \end{cases} \quad (3.49)$$

(5) 地心坐标系到测量坐标系的转换。

设地心坐标系中一点坐标为(X_D, Y_D, Z_D),转换成在测量坐标系中的坐标(X_C, Y_C, Z_C)为

$$\begin{bmatrix} X_C \\ Y_C \\ Z_C \end{bmatrix} = R_Y(-90°) \cdot R_X(B_C) \cdot R_Z(L_C - 90°) \cdot \begin{bmatrix} X_D - X_{NC} \\ Y_D - Y_{NC} \\ Z_D - Z_{NC} \end{bmatrix} \quad (3.50)$$

(6) 测量坐标系到地心坐标系的转换。

设空间一点在测量坐标系中的坐标为(X_C, Y_C, Z_C),转换成地心坐标系中的坐标(X_D, Y_D, Z_D)为

$$\begin{bmatrix} X_D \\ Y_D \\ Z_D \end{bmatrix} = R_Z(90° - L_C) \cdot R_X(-B_C) \cdot R_Y(90°) \cdot \begin{bmatrix} X_C \\ Y_C \\ Z_C \end{bmatrix} + \begin{bmatrix} X_{NC} \\ Y_{NC} \\ Z_{NC} \end{bmatrix} \quad (3.51)$$

(7) 测量坐标系到相控阵阵面坐标系的转换。

空间一点在测量坐标系中的坐标为(X_C, Y_C, Z_C), 转换成相控阵阵面坐标系中的坐标(X_P, Y_P, Z_P)为

$$\begin{bmatrix} X_P \\ Y_P \\ Z_P \end{bmatrix} = R_X(90° - E_P) \cdot R_Y(-A_P) \cdot \begin{bmatrix} X_C \\ Y_C \\ Z_C \end{bmatrix} \tag{3.52}$$

式中　A_P——阵面方位角;

　　　E_P——阵面仰角。

(8) 发射坐标系到地心坐标系的转换。

空间一点在发射坐标系中的坐标为(X_F, Y_F, Z_F), 转换成地心坐标系中的坐标(X_D, Y_D, Z_D)为

$$\begin{bmatrix} X_D \\ Y_D \\ Z_D \end{bmatrix} = R_Z(90° - L_F) \cdot R_X(-B_F) \cdot R_Y(90°) \cdot R_Y(A_0) \cdot \begin{bmatrix} X_F \\ Y_F \\ Z_F \end{bmatrix} + \begin{bmatrix} X_{NF} \\ Y_{NF} \\ Z_{NF} \end{bmatrix}$$

(3.53)

式中　A_0——目标的发射方位角(发射瞬间,导弹纵轴在水平面上的投影与水平面上选定的基准线之间的夹角)。

(9) 地心坐标系到弹体坐标系的转换。

设导弹质心在地心坐标系中的坐标为(X_{D0}, Y_{D0}, Z_{D0}), 空间一点在地心坐标系中的坐标为(X_D, Y_D, Z_D), 转换成弹体坐标系中的坐标(X_1, Y_1, Z_1)为

$$\begin{bmatrix} X_1 \\ Y_1 \\ Z_1 \end{bmatrix} = R_X(\phi) \cdot R_Z(\theta) \cdot R_Y(\varphi) \cdot \begin{bmatrix} X_D - X_{D0} \\ Y_D - Y_{D0} \\ Z_D - Z_{D0} \end{bmatrix} \tag{3.54}$$

(10) 弹体坐标系到地心坐标系的转换。

设导弹质心在地心坐标系中的坐标为(X_{D0}, Y_{D0}, Z_{D0}), 空间一点在弹体坐标系中的坐标为(X_1, Y_1, Z_1), 转换成在该点在坐标系中的坐标(X_D, Y_D, Z_D)为

$$\begin{bmatrix} X_D \\ Y_D \\ Z_D \end{bmatrix} = R_Y(-\varphi) \cdot R_Z(-\theta) \cdot R_X(-\phi) \cdot \begin{bmatrix} X_1 \\ Y_1 \\ Z_1 \end{bmatrix} + \begin{bmatrix} X_{D0} \\ Y_{D0} \\ Z_{D0} \end{bmatrix} \tag{3.55}$$

输入参数:空间一点在弹体坐标系中的坐标(X_1, Y_1, Z_1);

导弹质心在大地直角坐标系中的坐标(X_{D0}, Y_{D0}, Z_{D0});

导弹的偏航角φ、俯仰角θ、横滚角ϕ。

输出参数:该点在大地直角坐标系中的坐标(X_D, Y_D, Z_D)。

下面介绍空间几何关系计算。

(1) 距离与夹角。

设直角坐标系中的两点为(x_1, y_1, z_1)和(x_2, y_2, z_2),则它们之间的距离为

$$d = \sqrt{(x_1 - x_2)^2 + (y_1 - y_2)^2 + (z_1 - z_2)^2} \tag{3.56}$$

可将两方向之间的夹角计算转化为两直线之间的夹角计算。设两直线分别为

$$L_1: \frac{x - x_1}{p_1} = \frac{y - y_1}{q_1} = \frac{z - z_1}{r_1} \tag{3.57}$$

$$L_2: \frac{x - x_2}{p_2} = \frac{y - y_2}{q_2} = \frac{z - z_2}{r_2} \tag{3.58}$$

则它们之间的夹角为

$$\theta_j = \arccos\left[\frac{(p_1 \cdot p_2 + q_1 \cdot q_2 + r_1 \cdot r_2)}{\sqrt{p_1^2 + q_1^2 + r_1^2} \cdot \sqrt{p_2^2 + q_2^2 + r_2^2}}\right] \tag{3.59}$$

(2) 目标方向与相控阵天线法线方向夹角计算。

如图3.7所示,设相控阵阵面与垂直地表面向上方向的倾角为β(阵面逆时针转到垂直地表面向上为正),则法线在测量直角坐标系中的方程为

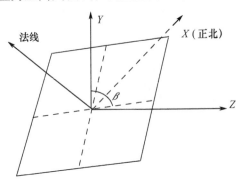

图3.7　相控阵阵面

$$\frac{X}{-\cos\beta} = \frac{Y}{\sin\beta} = Z \tag{3.60}$$

目标在测量坐标系中距离雷达的斜距为

$$R_C = \sqrt{X_C^2 + Y_C^2 + Z_C^2} \tag{3.61}$$

过该点和坐标原点的直线方程为

$$\frac{X}{X_C} = \frac{Y}{Y_C} = \frac{Z}{Z_C} \tag{3.62}$$

根据两直线的夹角公式,目标方向与相控阵天线法线的夹角为

第3章 雷达对抗能力评估

$$\theta_C = \arccos\left(\frac{|Y_C \cdot \sin\beta - X_C \cdot \cos\beta|}{R_C}\right) \tag{3.63}$$

（3）目标运动方向和雷达视线之间的夹角计算。

设目标当前点 P_0 和下一点 P_1 的空间直角坐标分别为 (X_0, Y_0, Z_0) 和 (X_1, Y_1, Z_1)，雷达中心点 P_R 的空间直角坐标为 (X_R, Y_R, Z_R)，则目标运动方向和目标与雷达视线间的夹角为

$$\varphi = \arccos\left(\frac{P_0P_1 \cdot P_0P_R}{|P_0P_1||P_0P_R|}\right) \tag{3.64}$$

式中

$$|P_0P_1| = \sqrt{(X_1 - X_0)^2 + (Y_1 - Y_0)^2 + (Z_1 - Z_0)^2}$$
$$|P_0P_R| = \sqrt{(X_R - X_0)^2 + (Y_R - Y_0)^2 + (Z_R - Z_0)^2}$$
$$P_0P_1 \cdot P_0P_R = (X_1 - X_0)(X_R - X_0) + (Y_1 - Y_0)(Y_R - Y_0) + (Z_1 - Z_0)(Z_R - Z_0)$$

3.2.5 电磁信号传播模型

在具体工作过程中，雷达和干扰机都需要向空间辐射电磁波，有许多因素影响电磁波在空间的传播特性，因此，需要根据评估试验所规定的实际战场环境的地理和气象条件，模拟电磁波的传输特性。

在建立电磁波传输模型时，一般应该考虑以下几个方面的因素：

（1）由传播距离导致的信号功率衰减（单程或双程）和时延；
（2）电磁信号发射和接收体之间的相对径向运动带来的多普勒频移；
（3）由大气传播引起的信号功率衰减；
（4）由地球曲率半径、实际地理环境和海面反射造成的多路径效应；
（5）由高山或大型建筑产生的电磁波遮挡效应。

下面结合雷达对抗能力评估需求，介绍几种常用的信号传播模型。

1）雷达侦收设备天线接收雷达信号模型

综合以上影响雷达辐射信号强度因素，雷达侦收设备天线所接收到的雷达辐射信号强度为

$$P_r = \frac{P_T G_T \lambda^2 G_J}{(4\pi)^2 R^2} 10^{-\frac{\alpha}{10}R} \beta \cdot F_1^2(\theta_1) \cdot g_J^2(\theta_2) \tag{3.65}$$

式中　P_T——雷达脉冲发射功率；

G_T——雷达发射天线增益；

λ——雷达工作波长；

G_J——被试干扰引导天线增益；

$F_1(\theta_1)$——雷达天线方向图传播因子;

$g_T(\theta_2)$——被试干扰引导天线方向图;

α——大气传播单程衰减因子;

β——地面遮挡效应因子。

$$F_1(\theta_1) = g_T(\theta_J - \theta_T) + \sum_{i=1}^{N} \rho_i e^{-j\phi_i} g_T(\theta_i - \theta_T) \quad (3.66)$$

式中 $g_T(\theta)$——雷达发射天线方向图;

θ_J——干扰引导天线在雷达运载平台坐标系内的指向;

θ_T——雷达发射天线在雷达运载平台坐标系内的指向;

ρ_i——地面各反射点的反射系数;

ϕ_i——各反射点的反射波引入的相位迟后及直射波和反射波之间的程差引入的相位迟后之和;

θ_i——各反射点在雷达运载平台坐标系内的指向。

2)雷达天线接收干扰信号模型

雷达接收天线各输出通道所接收到的干扰信号为

$$p_s = \frac{P_J G_J \lambda^2 G_R}{(4\pi)^2 R^2} 10^{-\frac{\alpha}{10}R} \beta \cdot F^2(\theta) \quad (3.67)$$

式中 P_s——雷达接收天线各输出通道所接收到的干扰信号功率;

P_J——干扰机输出功率;

G_J——干扰机天线增益;

λ——雷达工作波长;

G_R——雷达接收天线增益;

R——干扰机至雷达的距离;

α——大气传播单程衰减因子;

β——地面遮挡效应因子;

$F(\theta)$——同干扰机和雷达的天线指向和天线方向图有关的天线方向图传播因子。

随雷达接收天线输出通道的不同,$F(\theta)$因子可表示为

$$\begin{aligned} F_\Sigma(\theta) &= g_J(\theta_R - \theta_J) g_\Sigma(\varphi_J - \varphi_R) + \sum_{i=1}^{N} \rho_i e^{-j\Phi_i} g_J(\theta_i - \theta_J) g_\Sigma(\varphi_i - \varphi_R) \\ &= \overline{F_\Sigma(\theta)} e^{-j\Phi_\Sigma} \end{aligned} \quad (3.68)$$

$$\begin{aligned} F_\Delta(\theta) &= g_J(\theta_R - \theta_J) g_\Delta(\varphi_J - \varphi_R) + \sum_{i=1}^{N} \rho e^{-j\Phi_i} g_J(\theta_i - \theta_J) g_\Delta(\varphi_i - \varphi_R) \\ &= \overline{F_\Delta(\theta)} e^{-j\Phi_\Delta} \end{aligned} \quad (3.69)$$

式中 $g_J(\theta)$——干扰机发射天线方向图；

θ_R——雷达在干扰机运载平台坐标系内的坐标位置；

θ_J——干扰机天线在干扰机运载平台坐标系内的指向；

θ_i——各反射点在干扰机运载平台坐标系内的坐标位置；

$g_\Sigma(\varphi)$——雷达 Σ 路接收天线方向图；

$g_\Delta(\varphi)$——雷达差路接收天线方向图；

φ_J——干扰机在雷达运载平台坐标系内的座标位置；

φ_R——雷达天线在雷达运载平台坐标系内的指向；

ρ_i——各反射点的反射系数；

Φ_i——反射波相对直射波引入的相位迟后。

3）雷达天线接收目标回波模型

$$p_r = \frac{P_T G^2 \lambda^2 \sigma}{(4\pi)^3 R^4} 10^{-\frac{\alpha}{10}R} \cdot \beta \cdot F_T^2(\theta) F_R^2(\theta) \tag{3.70}$$

式中 p_r——雷达接收到的目标回波功率；

P_T——雷达脉冲发射功率；

G——雷达天线增益；

λ——工作波长；

σ——目标的雷达截面；

R——目标至雷达的斜距；

α——双程大气传播因子；

β——遮挡效应因子；

F_T——发射天线至目标路径上的发射天线方向图传播因子；

F_R——目标至接收天线路径的接收天线方向图传播因子。

$$\begin{aligned} F_T(\theta) &= g_\Sigma(\theta_T - \theta_A) + \sum_{i=1}^N \rho_i \mathrm{e}^{-\mathrm{j}\phi_i} g_\Sigma(\theta_i - \theta_A) \\ &= \overline{F_T(\theta)} \mathrm{e}^{-\mathrm{j}\phi} \end{aligned} \tag{3.71}$$

雷达接收天线接收信号的模拟是模拟雷达接收天线输出的各路信号之间的幅度和相位关系。

$$F_{R\Sigma}(\theta) = g_\Sigma(\theta_T - \theta_A) + \sum_{i=1}^N \rho_i \mathrm{e}^{-\mathrm{j}\phi_i} g_\Sigma(\theta_i - \theta_A) \tag{3.72}$$

$$F_{R\Delta}(\theta) = g_\Delta(\theta_T - \theta_A) + \sum_{i=1}^N \rho_i \mathrm{e}^{-\mathrm{j}\phi_i} g_\Delta(\theta_i - \theta_A) \tag{3.73}$$

式中 $g_\Sigma(\theta)$——雷达 Σ 路天线方向图；

θ_T——目标在雷达运载平台坐标系内的角坐标；

θ_A——雷达天线在雷达运载平台坐标系内的指向；

$g_\Delta(\theta)$——雷达差路天线方向图；

ρ_i——各反射点的反射系数；

ϕ_i——各反射波相对于直接波的相位迟后。

在上述天线方向图传播因子中，假定目标所产生的反射信号无方向性的向立体空间辐射，对于 ρ、ϕ 参数的确定可参考地面反射模型一节中的方法。

4）地面反射模型

实际地面所产生的反射波的反射系数可表示为

$$\rho = \rho_0 \cdot D \cdot \gamma \tag{3.74}$$

式中　ρ_0——平滑地面的反射系数；

　　　D——地球面造成反射波散射的扩散因子；

　　　γ——因地面粗糙造成反射波散射的粗糙度因子。

平滑地面的反射系数为

对于垂直极化：

$$\rho_0 e^{-j\phi_0} = \frac{\varepsilon_C \sin\varphi - (\varepsilon_C - \cos^2\varphi)^{\frac{1}{2}}}{\varepsilon_C \sin\varphi + (\varepsilon_C - \cos^2\varphi)^{\frac{1}{2}}} \tag{3.75}$$

对于水平极化：

$$\rho_0 e^{-j\phi_0} = \frac{\sin\varphi - (\varepsilon_C - \cos^2\varphi)^{\frac{1}{2}}}{\sin\varphi + (\varepsilon_C - \cos^2\varphi)^{\frac{1}{2}}} \tag{3.76}$$

式中　φ——电磁波的入射余角；

　　　ε_C——反射面的复介电常数。

对于任何介质的复介电常数可表示为

$$\varepsilon_C = \varepsilon_1 + j\varepsilon_2$$

$$\varepsilon_1 = \frac{\varepsilon_s - \varepsilon_0}{1 + \left(\frac{\tau}{\lambda}\right)^2} + \varepsilon_0$$

$$\varepsilon_2 = \frac{\varepsilon_s - \varepsilon_0}{1 + \left(\frac{\tau}{\lambda}\right)^2}\left(\frac{\tau}{\lambda}\right) + \sigma_i\lambda \tag{3.77}$$

式中　λ——电磁波的波长；

　　　ε_s、τ、σ_i——随介质性质不同而变化的一个常数。

扩散因子为

$$D = \left(1 + \frac{2R_1(R_H - R_1)}{R_e R_H \sin\varphi}\right)^{-\frac{1}{2}} \tag{3.78}$$

式中　R_H——雷达至干扰引导天线的水平距离；

R_1——反射点至雷达的距离；

R_e——等效地球曲率半径；

φ——电磁波在反射点的入射余角。

粗糙度因子为

$$r = \exp\left[-2\left(\frac{2\pi}{\lambda}\sigma_h \sin\varphi\right)^2\right] \quad (3.79)$$

式中 σ_h——地面起伏的标准偏差高度；

λ——工作波长；

φ——电磁波在反射点的入射余角。

对于计算多路径效应所需的几何光学的参数，如反射点的位置、入射余角等参数可参考图3.8和图3.9。图3.8为近距水平地面多路径效应的几何光路图，图3.9为考虑地球曲率半径后的球面的多路径效应的几何光路图。

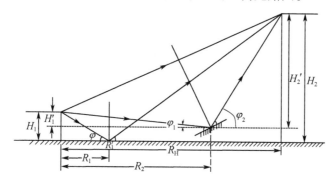

图3.8 近距水平地面多路径效应的几何光路图

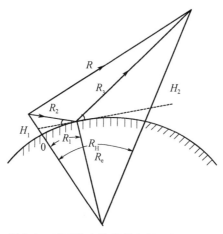

图3.9 球面的多路径效应的几何光路图

对于水平地面,由图 3.8 可以看出,反射点的入射余角为

$$\varphi = \arctan\left(\frac{H_2 + H_1}{R_H}\right) \quad (3.80)$$

$$R_1 = H_1 \mathrm{ctan}(\varphi) \quad (3.81)$$

式中　H_1、H_2——雷达发射天线和干扰引导单元天线高度;

　　　R_H——二者之间的水平距离。

对于在水平地面上的山脉,山脉的坡度应满足多路径效应的几何光学关系,由图 3.8 可以看出,山脉的坡度应满足

$$\begin{cases} \varphi_1 = \arctan\left(\dfrac{H_1'}{R_2}\right) \\ \varphi_2 = \arctan\left(\dfrac{H_2'}{R_H - R_2}\right) \\ \varphi = \dfrac{1}{2}(\varphi_2 - \varphi_1) \end{cases} \quad (3.82)$$

式中　φ_1、φ_2——雷达和干扰引导单元天线在反射点的入射余角;

　　　H_1'、H_2'——减去反射点至地面距离后的等效天线高度;

　　　φ——山脉坡度。

考虑到地球曲率半径的影响,满足多路径效应的山脉坡度可用下式表示:

$$\begin{cases} \varphi_1 = \arcsin\left(\dfrac{H_1}{R_2} - \dfrac{R_2^2 - H_1^2}{2R_e R_2}\right) \\ R_2 = \left[H_1^2 + \left(1 + \dfrac{H_1}{R_e}\right)R_1^2\right]^{\frac{1}{2}} \\ \varphi_2 = \arcsin\left(\dfrac{H_2}{R_3} - \dfrac{R_3^2 - H_2^2}{2R_e R_3}\right) \\ R_3 = \left[H_2^2 + \left(1 + \dfrac{H_2}{R_e}\right)(R_H - R_1)^2\right]^{\frac{1}{2}} \\ \varphi = \dfrac{1}{2}(\varphi_2 - \varphi_1) \end{cases} \quad (3.83)$$

式中　φ_1、φ_2——雷达和干扰引导单元天线在反射点的入射余角;

　　　H_1、H_2——雷达和干扰引导单元天线的等效高度;

　　　R_1——反射点至雷达的地面水平距离;

　　　R_2、R_3——反射点至雷达和干扰引导单元天线的斜距;

　　　R_e——等效地球曲率半径;

　　　φ——山脉坡度。

考虑到地球曲率半径的影响,对光滑地面的反射点需求解一个三次方程。

$$2R_1^3 - 3R_H R_1^2 + [R_H^2 - 2R_e(H_1 + H_2)]R_1 + 2R_e H_1 R_H = 0 \quad (3.84)$$

为利用式(3.84)求解 R_1,可利用以下公式计算反射点的位置:

$$R_1 = \frac{R_H}{2} + P\cos\left(\frac{\varphi_r + \pi}{3}\right)$$

$$P = \frac{2}{\sqrt{3}}\left[R_e(H_1 + H_2) + \left(\frac{R_H}{2}\right)^2\right]^{\frac{1}{2}}$$

$$\varphi_r = \arccos\left[\frac{2R_e(H_2 - H_1)R_H}{P^3}\right]$$

反射点处的入射余角为

$$\phi = \arcsin\left(\frac{H_1}{R_2} - \frac{R_2^2 - H_1^2}{2R_e R_2}\right) \quad (3.85)$$

$$R_2 = \left[H_1^2 + \left(1 + \frac{H_1}{R_e}\right)R_1^2\right]^{\frac{1}{2}} \quad (3.86)$$

程差引入的相位迟后计算方法如下:

在式(3.85)中的相位迟后 ϕ 可表示为

$$\phi = \phi_0 + \frac{2\pi}{\lambda}\Delta R \quad (3.87)$$

式中 λ——工作波长;

ΔR——反射波和直射波传输路径长度之差。

对于平滑地面

$$\Delta R = \sqrt{R_H^2 + (H_1 + H_2)^2} - \sqrt{R_H^2 + (H_2 - H_1)^2} \quad (3.88)$$

对于山坡:

$$\Delta R = \sqrt{R_1^2 + H_1'^2} + \sqrt{(R_H - R_1)^2 + H_2'^2} - \sqrt{R_H^2 + (H_2 - H_1)^2} \quad (3.89)$$

对于球形地面,参见图3.9。

$$R_2 = \left[H_1^2 + \left(1 + \frac{H_1}{R_e}\right)R_1^2\right]^{\frac{1}{2}} \quad (3.90)$$

$$R_3 = \left[H_2^2 + \left(1 + \frac{H_2}{R_e}\right)(R_H - R_1)^2\right]^{\frac{1}{2}} \quad (3.91)$$

$$R = \left[(H_2 - H_1)^2 + \left(1 + \frac{H_1}{R_e}\right)\left(1 + \frac{H_2}{R_e}\right)R_H^2\right]^{\frac{1}{2}} \quad (3.92)$$

$$\Delta R = R_2 + R_3 - R \quad (3.93)$$

天线方向图中有关参数的计算方法如下:

在平地面中,目标在大地坐标系内的仰角位置为

$$\theta_J = \arctan\left(\frac{H_2 - H_1}{R_H}\right) \tag{3.94}$$

平面内的反射点的仰角位置为

$$\theta_i = -\arctan\left(\frac{H_1}{R_1}\right) \tag{3.95}$$

山坡上的反射点的仰角位置为

$$\theta_i = -\arctan\left(\frac{H_1'}{R}\right)_2 \tag{3.96}$$

当考虑到地球曲率的影响后,对光滑地面的镜象仰角为

$$\theta_i = -\arcsin\left(\frac{H_1}{R_2} + \frac{R_2^2 + H_1^2}{2R_e R}\right) \tag{3.97}$$

目标仰角为

$$\theta_J = \arcsin\left(\frac{H_2 - H_1}{R} - \frac{R^2 + H_1^2 - H_2^2}{2R_e R}\right) \tag{3.98}$$

3.2.6 大气传播衰减模型

大气中的氧气和水蒸气是造成电磁波衰减的主要因素。在10GHz以下,大气衰减主要是由氧气造成的,水蒸气影响较小。氧气以频率60GHz为中心形成了一个吸收谐振峰组,水蒸气在13~32GHz频率范围内,以22.235GHz频率为中心形成了一个吸收谐振峰组。在100MHz~50GHz频率范围内,大气传播衰减因子可表示为

$$\alpha = \alpha_1 + \alpha_2 + \alpha_3 \tag{3.99}$$

式中　α_1——氧气造成的衰减(dB/km)(双程);

α_2 和 α_3——水蒸气的衰减(dB/km)(双程)。

$$\begin{cases} \alpha_1 = \dfrac{0.68}{\lambda^2}\left[\dfrac{0.018}{\dfrac{1}{\lambda^2}+0.018^2}+\dfrac{0.049}{\left(2+\dfrac{1}{\lambda}\right)^2+0.049^2}+\dfrac{0.049}{\left(2-\dfrac{1}{\lambda}\right)^2+0.049^2}\right] \\ \alpha_2 = \dfrac{7\times10^{-3}}{\lambda^2}\rho\left[\dfrac{0.087}{\left(\dfrac{1}{\lambda}-0.74\right)^2+0.087^2}+\dfrac{0.087}{\left(\dfrac{1}{\lambda}+0.74\right)^2+0.087^2}\right] \\ \alpha_3 = 8.7\times10^{-3}\dfrac{\rho}{\lambda^2} \end{cases} \tag{3.100}$$

式中　λ——工作波长(cm);

ρ——水蒸气的绝对湿度(g/m^2)。

3.2.7 遮挡效应模型

图 3.10 说明了遮挡物对电磁波的遮挡效应,用阴影所表示的为中间区,中间区的上方为干涉区,也就是前面所描述的多路径效应区,中间区的下方为衍射区。在计算中间区和衍射区的电磁波强度时,不能再利用几何光学原理的方法,而需借助麦克斯韦方程来计算。衍射区的计算较为简单,而中间区就要复杂得多。目前,通用的方法是:在干涉区和衍射区的电磁波强度计算基础上,建立一个平滑过渡曲线。目前,倾向利用的方法是基于 P. David 和 J. Voge 在 *Propagation of waves* 一书中所用的方法:

$$a = \pm \frac{H'}{\lambda} \sqrt{\left(\frac{H'}{R_1}\right)^2 + \left(\frac{H'}{R_2}\right)^2} \qquad (3.101)$$

式中 H'——在雷达和目标连线上遮挡物的投影距离;

R_1 和 R_2——被遮挡物将整个直线传播路径分割的两段距离值;

λ——工作波长。

依据目标点在遮挡物的上方或下方,上方取正,下方取负,利用遮挡效应的计算模型可计算出在该区的信号强度。

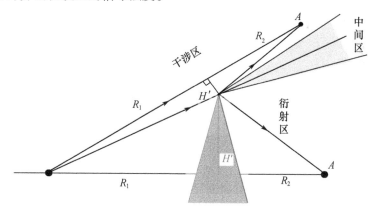

图 3.10 遮挡物对电磁波的遮挡效应图

地球对电磁波的遮挡效应图如图 3.11 所示。

如图 3.11 所示,B 点被称为雷达视距,雷达视距为

$$R_a = \sqrt{2R_e}(\sqrt{H_1} + \sqrt{H_x}) = 4.12(\sqrt{H_1} + \sqrt{H_2}) \qquad (3.102)$$

式中 R_a——雷达视距(km);

R_e——等效地球曲率半径,$3.5 \times 10^6 m$;

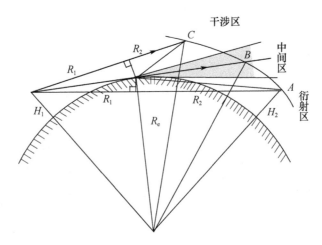

图 3.11　地球对电磁波的遮挡效应

H_1 和 H_2——雷达天线高度和目标高度。

当目标至雷达的水平距离小于雷达视距时,目标处于电磁波的干涉区;近似等于雷达视距时,目标处于电磁波的中间区;当远大于雷达视距时,目标处于电磁波的衍射区。利用图 3.9 的几何关系图可计算出 α 参数,计算出在中间区和衍射区的信号强度。

时延模型说明如下:

雷达信号传播至干扰引导天线,再由干扰机产生干扰,干扰信号回传到雷达接收天线的总延时为

$$\tau = \frac{R_1 + R_2}{c} \tag{3.103}$$

式中　R_1——雷达天线至干扰引导天线之间的距离;

R_2——干扰机天线至雷达天线之间的距离;

c——光速。

在这个模拟中,不计入干扰引导设备进行信号侦收到引导干扰机产生干扰,并通过干扰天线辐射引入的技术延时,这个延时是考核干扰机干扰效果,特别是距离拖引能力的重要参数。这个延时在对实体干扰机进行试验时是自行加入的,也就是在实际仿真运行时,回到雷达接收机的信号已加入了这一技术延时值。

3.2.8　多普勒频率模型

当雷达和干扰机之间存在相对径向运动时,雷达信号传播到干扰引导天线产生的多普勒频移及干扰信号再传播到雷达的多普勒频移之和为

$$f_d = \frac{2v_r f_T}{c} \tag{3.104}$$

式中　v_r——雷达和干扰机之间的相对径向速度；

　　　f_T——雷达发射频率；

　　　c——光速。

雷达与干扰机之间的相对径向速度的通用公式为

$$v_r = \frac{(x_1-x_2)(\dot{x}_1-\dot{x}_2)+(y_1-y_2)(\dot{y}_1-\dot{y}_2)+(z_1-z_2)(\dot{z}_1-\dot{z}_2)}{\sqrt{(x_1-x_2)^2+(y_1-y_2)^2+(z_1-z_2)^2}} \tag{3.105}$$

式中　$x_1、y_1、z_1$——雷达的坐标位置；

　　　$x_2、y_2、z_2$——干扰机的坐标位置；

　　　$\dot{x}_1、\dot{y}_1、\dot{z}_1$——雷达运动平台速度在直角坐标系内的分量；

　　　$\dot{x}_2、\dot{y}_2、\dot{z}_2$——干扰机运动平台速度在直角坐标系内的分量。

3.3　专用技术模型

3.3.1　雷达目标回波模型

3.3.1.1　概述

在进行雷达干扰效果仿真试验和雷达抗干扰效果试验时，建立与真实战情基本一致的雷达目标回波模型至关重要，它是保证仿真试验结果置信度的关键。

当电磁波照射到目标平台时，由于目标平台与周围介质的电磁参数不同，会产生感应电流和电荷，因此，雷达探测的目标就变成二次辐射源，向空间辐射电磁波，形成目标散射。根据目标平台材料、表面形状和状态的不同，有四种主要的散射方式：镜面反射、漫散射、绕射和表面波散射。对于由复杂形体构成的目标来说，其散射特性是由各部分散射矢量叠加而成，产生了其散射特性在幅度、极化、相位等方面的复杂性。因此，在建立雷达目标回波模型时，一般需要考虑以下几种目标特性：

（1）目标平均雷达截面积随频率和视角的变化；

（2）幅度起伏；

（3）调制谱分布；

（4）角闪烁；

（5）噪声谱分布。

在雷达目标回波建模过程中,一般难以直接利用实测的幅度和相位随方位角和俯仰角变化的数据,一种合理的办法是:根据仿真试验需要,使用不同复杂程度和逼近程度的模型,这些模型按复杂程度排列为:

(1) 点目标模型;
(2) 经验目标模型;
(3) 经验统计模型;
(4) 确定式多散射体模型。

3.3.1.2 目标雷达截面

1) 目标雷达截面积模拟

一个目标所产生的雷达反射信号强度可用平均雷达截面积表示,平均雷达截面积代表了目标把接收到的雷达辐射信号无方向性的向空间再辐射的能力。

由于任一复杂的目标都可以看做在其蒙皮表面上有多个独立的小反射面组成,总的反射信号是面向雷达方向的这些小反射面反射信号的矢量和。因此,除简单的球形目标外,一般目标的雷达截面积均随雷达视角而变化。对于复杂目标的雷达截面积而言,随视角变化的规律通常难以用一个简单的数学公式来描述。因此,通常是对特定目标建立雷达截面数据库,以描述该目标在每一特定视角方向的小立体角范围内的平均雷达截面积。

2) 幅度起伏

也正是因为一般目标所产生的目标回波是面向雷达方向的多个独立的反射信号的矢量和,随目标姿态的变化及目标运动中的姿态扰动,都会使雷达截面的幅度表现为随机变化。描述这种起伏特性,并同实际目标的起伏特性基本相符的是不同形状参数的韦布尔分布,即 Swerling Ⅰ、Swerling Ⅱ、Swerling Ⅲ、Swerling Ⅳ目标模型,以及对数正态分布等。

对于幅度起伏的时间相关性可用两种方式描述:一种是纯数学描述;另一种是根据实测目标的幅度起伏,进行归纳所获得的数学模型。前一种方法适合表述搜索雷达所产生的目标回波,后一种方法适合表述对目标连续跟踪的跟踪雷达所产生的目标回波。

对于搜索雷达,可以把目标的幅度起伏分为慢起伏和快起伏两种。慢起伏是指在一次天线扫描中所获得的脉冲串幅度完全相关,不起伏,而天线扫描周期间所获得的脉冲串完全不相关,按 Swerling Ⅰ 和 Swerling Ⅲ 所描述的规律产生幅度起伏。快起伏描述了脉间完全不相关的目标回波特性。这就是 Swerling Ⅱ 和 Swerling Ⅳ 所描述的情况。

对于跟踪雷达,由于被跟踪目标的回波信号是一个较长时间的连续过程。由上述方法所描述的目标回波性能,特别是慢起伏目标模型难以反映目标回波特性对雷达跟踪性能的影响,根据对飞机一类目标雷达截面测量的结果,幅度起伏可分为低频幅度噪声和高频幅度噪声,低频幅度噪声通常表现出幅度有周期性的变化,而这个幅度变化的频率随雷达工作频率的提高而提高,对于典型飞机的低频幅度噪声的数学模型可用马尔可夫谱来描述,在 X 波段其谱宽在 1~2.5Hz 之间,飞机越大,谱宽也越大。高频幅度噪声由随机噪声和周期调制的尖峰组成,依赖于飞机的类型,高频幅度噪声在几百赫兹带宽内是平坦的,而周期调制部分是由飞机上的转动部分如螺旋桨、喷气滑轮发动机所产生的,也就是后面所描述的喷气发动机调试(JEM)谱线。

韦布尔分布的数学模型为

$$P_W(x) = \frac{m}{\alpha} x^{m-1} e^{-\frac{x^m}{\alpha}} \quad x > 0 \tag{3.106}$$

式中 m——形状参数,$m > 0$;
α——尺度参数,$\alpha > 0$。

令 $m = 1$,$\alpha = \bar{\sigma}$,可获得 Swerling Ⅰ、Swerling Ⅱ 分布的数学模型

$$P(\sigma) = \frac{1}{\bar{\sigma}} e^{-\frac{\sigma}{\bar{\sigma}}} \tag{3.107}$$

式中 σ——目标雷达截面积;
$\bar{\sigma}$——平均目标雷达截面积。

Swerling Ⅲ 和 Swerling Ⅳ 的目标雷达截面起伏模型为

$$P(\sigma) = \frac{4\sigma}{\bar{\sigma}^2} e^{-\frac{2\sigma}{\bar{\sigma}}} \tag{3.108}$$

式中 $\bar{\sigma}$——平均目标雷达截面积。

对数正态分布目标模型为

$$P(x) = \frac{1}{\sqrt{2\pi}\sigma x} e^{-\frac{(\ln x - \mu)^2}{2\sigma^2}} \quad x > 0 \tag{3.109}$$

式中 σ^2——幅度的均方差;
μ——幅度的均值。

3)调制谱分布

典型飞机的低频幅度噪声的数学模型为

$$A^2(f) = \frac{0.12B}{B^2 + f^2} \tag{3.110}$$

式中 B——半功率带宽(Hz);
f——频率(Hz)。

4)角闪烁

如前所述,实际的目标,如飞机、导弹、舰艇等,其雷达回波是由许多独立的反

射体所产生的反射信号的矢量和构成的,目标姿态发生变化时,同样造成目标的视在位置相对于参考位置的随机变化。根据大量实测数据的统计结果,这种位置的变化基本服从高斯分布,其均方偏差同雷达观察目标方向的目标几何投影尺寸有关。其频谱分布同射频频率和目标的随机运动有关,通常也可用马尔可夫谱来描述。

角闪烁模型为正态分布为

$$P(\theta) = \frac{1}{\sqrt{2\pi}\sigma} e^{-\frac{(\theta-\theta_0)^2}{2\sigma^2}} \qquad (3.111)$$

式中 σ^2——角闪烁的方差。

5) 角噪声的谱分布

角噪声的谱分布服从马尔可夫谱,即

$$N(f) = \sigma^2 \frac{2B}{\pi(B^2+f^2)} \qquad (3.112)$$

式中 $N(f)$——角噪声的谱密度;

B——噪声带宽;

f——频率。

6) JEM 谱线

对于飞机一类的目标,由于螺旋桨、涡轮发动机叶片的旋转,造成各叶片至雷达之间的距离有微小的周期性的变化,会对电磁波产生调制效应,简称 JEM 效应。从而使目标回波中附加了一个周期调相的分量,在信号的频谱上会等间隔产生一个个的尖峰信号,这些信号会影响某些工作体制的跟踪雷达的性能。其输出信号的频谱为

$$F = J_0(m)\sin\omega t + \sum_{i=1}^{\infty} J_i(m)[\sin(\omega+i\Omega)t + (-1)^i \sin[(\omega-i\Omega)t]$$

(3.113)

式中 ω——载频频率;

$J_i(m)$——i 阶贝塞尔函数;

Ω——调制频率($\Omega = Nf^{rot}$,N 为叶片数,f^{rot} 为涡轮转速)。

3.3.2 天线扫描和天线方向图模型

3.3.2.1 天线扫描模型

1) 功能描述

按天线扫描轨迹,天线扫描方式大致为直线扫描、椭圆扫描或圆形扫描等。直

线扫描包括搜索雷达的圆周搜索、扇扫、跟踪雷达的栅状扫描,其扫描速度可分为等角速度、等角加速角或正弦。椭圆或圆形扫描包括锥扫、螺旋扫描及 Palmer 扫描。

2)数学描述

(1)等角速度直线扫描。

$$\theta = \theta_{\min} + \dot{\theta} t \quad (3.114)$$

当 $\theta_{\min} < \theta < \theta_{\max}$ 时,θ 向角度增大方向扫描。

$$\theta = \theta_{\max} - \dot{\theta} t \quad (3.115)$$

当 $\theta < \theta_{\max}$ 时,θ 向角度减少方向扫描。

(2)正弦扫描。

$$\theta = \theta_{\max} \sin(\Omega t) + \theta_0 \quad (3.116)$$

式中 $\theta_{\max}$——扫描角范围;

Ω——扫描角频率;

θ_0——扫描中心角。

(3)等角加速度扫描。

当 $\dot{\theta} < \dot{\theta}_{\max}$ 时,

$$\theta_1(t) = \frac{1}{2} \ddot{\theta} t^2 \quad 0 < t < t_1 \quad (3.117)$$

到达 $\dot{\theta}_{\max}$ 的时间 t_1 为

$$t_1 = \frac{\dot{\theta}_{\max}}{\ddot{\theta}}$$

扫描角范围为

$$\theta_1 = \frac{1}{2} \frac{\dot{\theta}_{\max}^2}{\ddot{\theta}}$$

(4)圆形或椭圆形的二维扫描。

$$\begin{cases} \theta = \theta_{\max} \sin(\Omega t) + \theta_0 \\ \phi = \phi_{\max} \cos(\Omega t) + \phi_0 \end{cases} \quad (3.118)$$

式中 $2\theta_{\max}$ 和 $2\phi_{\max}$——椭圆扫描的长轴和短轴,也就是波束中心在方位和仰角方向的扫描范围;

θ_0 和 ϕ_0——二维角坐标的扫描中心;

Ω——扫描角频率。

(5)螺旋扫描。

把椭圆长半轴放在方位角上,它在完成一周椭圆扫描后在仰角方向步进一个角度再开始另外一周的椭圆扫描。

(6) Palmer 扫描。

把椭圆长半轴放在仰角轴上,它在完成一周扫描后在方位上步进一个角度,再次开始新的一周扫描,总扫描圈数由步进的角范围决定。

3.3.2.2 天线方向图模型

建立天线方向图模型时,通常采用两种方法:第一种方法是将各种辐射源,如雷达、电子对抗侦察设备、干扰机等天线方向图实测数据进行录入;第二种方法是计算理论方向图。

1) 实测数据录入

由于辐射源天线方向图是相对于雷达波束中心的横向偏角和纵向偏角的函数,因此,对于已经获得的天线方向图的实测增益数据,可以采用二维数据表格的形式存放。在仿真调用时,依据目标相对于雷达波束中心的夹角,通过查表的方式获得真实的天线增益数据,必要时,可以进行插值处理。

2) 计算理论方向图

对于无法获得实测数据的天线方向图,需建立相应的数学模型。

对于雷达天线方向图模拟,除要模拟雷达的发射天线方向图和雷达接收天线方向图的主瓣特性外,还应反映旁瓣区的细微方向图特征。

对于单脉冲雷达而言,其天线主瓣区的和天线方向图,通常用以下等式表示:

$$f_\Sigma\left(\frac{\Delta\theta}{\theta_B}\right) = \cos^2\left(1.1437\frac{\Delta\theta}{\theta_B}\right) \quad |\Delta\theta| < 1.373\theta_B \tag{3.119}$$

对于差方向图的主瓣区,通常用以下等式表示:

$$f_\Delta\left(\frac{\Delta\theta}{\theta_B}\right) = 0.707\sin\left(2.221\frac{\Delta\theta}{\theta_B}\right) \quad |\Delta\theta| < 1.414\theta_B \tag{3.120}$$

对于副瓣区天线方向图,可以建立一个以第一副瓣电平和平均付瓣电平为参数的副瓣电平表。具体调用时,根据模拟战情,计算目标相对于天线位置的偏角,应用角度来查询其增益值,如果是归一化方向图,还要乘上最大增益值。

根据模拟战情,计算目标相对于天线位置的偏角,求取和差天线方向图系数,无方向性旁瓣对消天线方向图系数(其输出应略高于天线旁瓣电平)。对于单脉冲跟踪雷达,Σ 信号的衰减值为

$$A_{dB} = 40 \cdot \log f_\Sigma\left(\frac{\Delta\theta}{\theta_B}\right) \tag{3.121}$$

对于差信号的衰减值为

$$A_{dB} = 20\log f_\Sigma\left(\frac{\Delta\theta}{\theta_B}\right) + 20\log\left|f_\Delta\left(\frac{\Delta\theta}{\theta_B}\right)\right| \tag{3.122}$$

对于发射信号和干扰信号的衰减值为

$$A_{\mathrm{dB}} = 20 \cdot \log f_{\Sigma}\left(\frac{\Delta\theta}{\theta_{\mathrm{B}}}\right) \tag{3.123}$$

对于其他形状的天线方向图的数学模型参考上述方法进行推导。

3）雷达侦察天线模型

雷达侦察天线的天线方向图模型一般可用严格的函数描述,即

$$f(\theta) = \frac{\sin\left(2.78312\dfrac{\theta}{\theta_{\mathrm{B}}}\right)}{2.78312\dfrac{\theta}{\theta_{\mathrm{B}}}} \tag{3.124}$$

对比相测向各测向天线之间的相位差,有

$$\phi = \frac{2\pi}{\lambda} L \sin\theta \tag{3.125}$$

式中　λ——工作波长;

　　　L——两天线之间的距离;

　　　θ——雷达相对两天线连线法线方向的偏角。

对时差测向各测向天线之间的时差

$$\tau = \frac{L}{c}\sin\theta \tag{3.126}$$

式中　L——两天线之间的距离;

　　　θ——雷达相对两天线连线法线方向的偏角;

　　　c——光速。

3.3.3　天线伺服系统模型

雷达伺服系统仿真是一个建模、验模及实时模拟运行的过程。

首先,根据系统的模拟对象(如机载、车载、搜索、跟踪等)以及雷达对伺服系统的性能要求(如角速度、角加速度、动态品质、精度等),通过菜单确定天线伺服系统的结构,选取调节函数的主要参数(可以使用人机界面,提醒操作员设置正确的参数),进行系统稳定性和精度计算,建立起伺服系统的数学模型,使所建立的伺服系统的数学模型性能和真实设备的伺服系统性能相一致。

3.3.3.1　系统构成

搜索雷达天线控制系统为一速度跟踪环路,保持天线以小于某一波动转速均速运行。对于火控雷达、导弹引导雷达和导弹导引头等跟踪雷达而言,可以根据雷达接收机模拟系统生成的方位及仰角误差信号,调整模拟天线指向,完成伺服系统闭环跟踪。针对方位支路,雷达天线控制系统还必须进行正割补偿。由于计算机

的嵌入,可以将目前的雷达天线系统简单分类为连续控制系统和离散控制系统。

伺服系统的功能是拖动天线做恒定转速的圆周运动,或是在一定角度范围内扇形扫描的搜索雷达天线,通常可以采用开环控制系统,为了减小转速误差,可以加入速度反馈。

对于精密跟踪飞行目标的雷达天线,应采用闭环控制系统。为了提高控制精度,还可以采用开闭环复合控制。为了减小跟踪误差,还应考虑各种扰动的影响。

1)系统结构图

天线伺服系统的一般结构如图 3.12 所示。

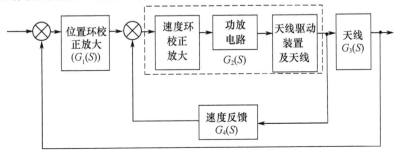

图 3.12 伺服系统的一般结构图

对于跟踪雷达天线伺服系统而言,可以根据雷达接收机模拟系统生成的方位及仰角误差信号,调整模拟天线的指向,完成伺服系统的闭环跟踪。方位、俯仰两支路构成相同,但方位支路还须进行正割补偿。

2)系统传递函数

对于图 3.12 所示伺服系统,设

$$G_1(S) = K_1 \frac{T_1}{S^\gamma \tau_1} \quad G_2(S) = K_2 \frac{T_2}{\tau_2} \quad G_3(S) = \frac{K_3}{s} \quad G_4(S) = K_4 \frac{T_4}{\tau_4}$$

则其开环传递函数 $H(S)$ 为

$$H(S) = K_1 \frac{T_1}{S^\gamma \tau_1} \cdot \frac{K_2 \dfrac{T_2}{\tau_2}}{S^\alpha + K_2 K_4 \dfrac{T_2}{\tau_2} \dfrac{T_4}{\tau_4}} \cdot \frac{K_3}{s}$$

$$= \frac{K_1 K_2 K_3 \tau_4 T_1 T_2}{S^{\gamma+1} \tau_1 (S^\varepsilon \tau_2 \tau_4 + K_2 K_4 T_2 T_4)} \tag{3.127}$$

当 $\gamma = 0,1$ 时,在 $\gamma = 0$ 时,为一阶伺服系统;$\gamma = 1$ 时,为二阶伺服系统。

当 $\alpha = 0,1$,在 $\alpha = 0$ 时,为 0 阶速度反馈系统;$\alpha = 1$ 时,为 1 阶速度反馈系统。

系统的闭环传递函数为

$$\varPhi(S) = \frac{1}{1+H(s)} \tag{3.128}$$

系统的误差传递函数为

$$E(S) = \frac{1}{1+H(s)} \tag{3.129}$$

3.3.3.2 稳定性分析

根据需要,伺服系统稳定性分析可运用古典控制理论或现代控制理论中的稳定性判据加以确定。其中包括劳斯—古维茨判据、奈奎斯特稳定判据、李雅普诺夫第一法、李雅普诺夫第二法。

在确定系统稳定性时,还要求伺服系统的动态性能能够和实际雷达伺服系统性能相逼近。可以根据实际伺服系统情况,选择相应的调节装置(校正装置)来改善系统的品质。常用的校正形式有串联校正、并联校正、反馈校正、复合控制等。

校正的设计方法一般有根轨迹法、频率法、状态反馈法和极点配置法等。

经过校正,可以达到诸如改变伺服带宽、改变系统的阶次(如一阶无静差系统与二阶无静差系统)的目的。

根据系统的要求,天线伺服仿真系统能提供校正方法及校正方法选择的人机界面,并对整个系统的稳定性、精度加以检验,满足和实际雷达系统性能相一致的要求。

3.3.3.3 系统数字化

计算机控制雷达伺服系统框图如图 3.13 所示。

图 3.13 计算机控制雷达伺服系统框图

运用综合校正方法,得到校正网络的传递函数 $D(s)$ 后,就可以将 $D(s)$ 离散化,得到数字滤波器的数学模型 $D(z)$,常用的离散法有冲激不变法、双线性不变法等。

信号恢复可以采用零阶保持器、一阶保持器或高阶保持器加以实施。

在计算机伺服仿真界面中,可根据实际需要选择离散法和保持器的阶次。

3.3.3.4 系统 Z 传递函数

将图 3.13 所示系统用图 3.14 结构形式来表示。

闭环输出的 Z 变换为

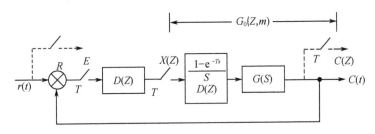

图 3.14 采样系统框图（m 与延迟环节有关）

$$C(Z,m) = E(Z)D(Z)G_0(Z,m) \tag{3.130}$$

闭环系统的 Z 传递函数为

$$\Phi(Z,m) = \frac{D(Z)G_0(Z,m)}{1 + D(Z)G_0(Z,m)} \tag{3.131}$$

3.3.3.5 仿真系统实时运行

首先，输入有关天线伺服系统仿真所需信息，由这些信息构成了一个典型的对抗系统，针对这个系统，对于典型输入信号的响应，可以运用时间域分析法或频率域分析法分析出系统稳定性、暂态响应和精度。可以绘制出各种相关曲线，如暂态响应曲线、对数幅频、相频特性曲线等。用被模拟设备所给定的系统品质参数与仿真系统仿真出的结果进行比较。如果比较接近，则可以用调整参数或增加校正环节，或修改频率曲线等措施来拟合；如果相差较大，就应考虑各种干扰源，或是考虑系统非线性等因素，这时，应改变系统结构或采用新的数学模型以及新的算法。也可以用两种以上方法来比对，如时间域法和频率域法就可得出互相关联的结论。

如果拟合的结果，系统性能满足指标要求后，就必须确定模拟天线伺机服系统的结构和算法，包括系统各个环节的增益、时常数、滤波器类型和参数的选择、采样频率、运行步长等。

然后，假设数据库中有各种不同类型的目标飞行航路，或是有对应飞行航路的误差曲线，则可以启动运行软件，使天线模拟系统跟踪模拟的飞行航路，比对误差曲线，再对系统和参数进行修改。

最后，就可以进行系统的实时运行，根据程序运行的需要不断读入所需参数，从伺服类型库里提取各种子库模块，并输出天线指向数据，目标位置数据。为了保证天线的平滑运行，必须有足够高的数据率，因此对计算机的程序运行周期就有明确的要求，对各种滤波器的运行速度也就提出了相应的要求。运算形式不同，不仅运算次数不同，运行时间不同，而且系统出现的误差也不一样。我们必须根据实际天线伺服系统的性能指标，选择合适的运算方式，并加以校验，满足实际系统的实时运算和精度要求，以逼真模拟实际的雷达伺服系统的性能。

3.3.4 反辐射武器模型

3.3.4.1 运动轨迹及姿态仿真

在反辐射武器巡航阶段,装载于反辐射武器上的导引头仅作为雷达侦察设备使用,能对复杂电磁环境中的雷达信号进行分选、识别和测向,以判定反辐射武器是否具备转入跟踪阶段的条件。在该阶段,导引头只负责侦收信息,不控制反辐射武器的运动态势。

反辐射武器使用 I/O 适配计算机,接收巡航路线设定的指令,并将该指令输入到自动驾驶仪,自动驾驶仪依据模拟的惯性传感器输出的反辐射武器的姿态信息,产生伺服控制信号,该控制信号送入武器计算机,控制反辐射武器的飞行姿态。由武器计算机模拟伺服系统、空气动力学、运动学、动力学及惯性传感器,产生反辐射武器的六自由度运动姿态数据。

伺服系统模型的功能是:模拟作为空气动力学的力和力矩函数对舵动态特性的影响。

空气动力学模型的功能是:计算影响伺服性能的有关空气动力学的力和力矩。

运动学和动力学模型的功能是:计算在伺服系统控制下,反辐射武器的惯性加速度、速度及位置。

惯性传感器模型的功能是:模拟偏航、俯仰及横滚三个方向的陀螺、速率陀螺和加速度计的输出。

由武器计算机模拟产生的反辐射武器的六自由度姿态信息回送控制显示计算机,由控制显示计算机提供各雷达相对于反辐射武器的坐标位置。

3.3.4.2 反辐射武器攻击阶段的仿真试验

在巡航阶段,反辐射武器导引头通过对雷达信号的分选、识别,确定被攻击雷达目标后,反辐射武器将进入跟踪状态,在反辐射武器平台坐标系内,由导引头测量被攻击雷达相对于导引头天线指向的偏差,并在制导装置中,解算被攻击目标(雷达)的大地坐标。当被攻击目标处于运动状态时,还需要解算目标的航向和速度,按照反辐射武器的制导规律(跟踪制导或比例制导等),获得对反辐射武器惯性姿态控制的信息,自动驾驶仪依据制导设备输出的姿态控制信息和惯性传感器敏感的反辐射武器的姿态(航向、俯仰、横滚角)、速度及加速度的测量数据,产生伺服舵的控制信号。该控制信号送到武器计算机,像在巡航阶段一样,由武器计算机模拟舵伺服系统性能,并模拟反辐射武器的空气动力学产生的力和力矩对舵伺服系统性能的影响,依据反辐射武器的动力学和运动学模型,模拟反辐射武器的六自由度运动态势,该姿态信息送控制显示计算机,完成对目标的闭环跟踪。

3.3.5 导弹武器仿真模型

在模拟被试干扰机对地空导弹和空空导弹的干扰效果时,需要提供能模拟主动和半主动导引头的功能的设备。该设备能模拟在导弹弹体坐标系内对被攻击目标搜索、捕获和跟踪的全过程,提供在弹体坐标系内的目标坐标的测量值。通过计算机运行,利用被攻击目标相对于导弹导引头的大地坐标位置以及导弹的六自由度姿态信息,经过坐标变换,计算出被攻击目标在弹体坐标系内的位置,再根据导引头天线在弹体坐标系内的指向,可求出被攻击目标的角偏差,根据导引头的天线方向图,可产生出真实导引头天线输出的微波信号,经过混频、放大、滤波及信号处理后,可获得被攻击目标的角偏差信号,该信号输入模拟导引头天线伺服系统计算机,实现对目标角跟踪的模拟,可获得导引头天线的指向信息和被攻击目标的坐标位置。天线指向信息送射频通道控制计算机,并由射频通道控制器控制天线波束形成单元(ABFU),实现了导引头跟踪目标的闭环过程。

由雷达接收机(RRS)计算机输出的被攻击目标的坐标位置送武器计算机。由武器计算机模拟在导引头控制下的导弹六自由度姿态。该姿态信息实时反馈给射频通道计算机后,再计算被攻击目标在导弹弹体坐标系内的位置。这是一个在导引头闭环跟踪回路外的一个更大的导弹弹体姿态控制的闭环系统。在这个闭环系统中除导引头伺服系统模拟引入的时延外,又加入了导弹运动姿态模拟引入的时延。在导弹武器系统的仿真中,必须考虑这个时延对导弹姿态闭环控制的影响。

在武器计算机中,将模拟制导设备、自动驾驶仪、舵伺服系统、空气动力学、动力学及运动学,提供导弹的六自由度姿态信息。制导装置利用 RRS 计算机输出的被攻击目标在弹体坐标系内的坐标位置,经坐标变换,获得目标的大地坐标位置,并经平滑、滤波计算被攻击目标的航向、航速,依据导弹的飞行速度及当前的大地坐标位置和制导规律(跟踪制导或比例导制),求解导弹的姿态控制信息。该信息送自动驾驶仪。

自动驾驶仪依据制导设备输出的姿态控制信息和惯性传感器输出的对导弹姿态的测量数据,其中包括航向、俯仰、横滚、速度和加速度等,产生舵伺服系统的控制信号。

像 RRS 计算机模拟导引头天线伺服系统一样,由武器计算机模拟导弹的舵伺服系统,并模拟由导弹空气动力学所产生的力和力矩对伺服系统性能的影响,并依据导弹的动力学和运动学模型模拟导弹的六自由度姿态。

3.3.6 雷达对抗评估模型

3.3.6.1 雷达侦察效果评估模型

1) 有效截获概率

雷达侦察接收机的截获概率是时间域对准概率、频率域对准概率、直视距离、接收到的信号强度、接收机灵敏度等因素的函数。

(1) 时间域对准概率 P_θ。

由于侦察接收机侦察雷达信号参数时,雷达信号参数事前都是未知的,因此,要求雷达侦察接收机在时间域上具有宽开性,雷达侦察接收机能瞬时或顺序地接收各种各样的雷达信号,不能因为在时间域上的局限性,错过侦收对任何有用的雷达信号的机会。因此,可以认为侦察接收机在任何时候都是对准雷达的,即 $P_\theta = 1$。

(2) 频率域对准概率 P_f。

与时间域一样,为了使侦察接收机在任何时候都能检测到任意频段的雷达信号,必须使侦察接收机在频率域上也具有宽开性。因此,可以认为侦察接收机对雷达频率域内的任何雷达信号都具有瞬时检测能力,即 $P_f = 1$。

(3) 直视概率 P_r。

当雷达侦察接收机的侦察距离大于直视距离时,虽然此时的雷达发射的信号功率可能足够大于雷达侦察接收机的侦察灵敏度,但由于地球曲面的遮蔽作用,雷达侦察接收机也是无法发现信号的。由此,可以得出

$$P_r = \begin{cases} 1 & R \leq 直视距离 \\ 0 & R > 直视距离 \end{cases} \quad (3.132)$$

(4) 信号可检测概率 P_s。

任一雷达侦察接收机,都有其最小可检测信号功率 P_{rmin},即接收机的侦察灵敏度。只有当所接收到的雷达信号功率大于这个最小可检测信号功率时,雷达信号才有可能被截获到并进行处理。计算出到达接收机前端的信号功率 S,将其与 P_{rmin} 比较,可以得出

$$P_s = \begin{cases} 1 & S > P_{rmin} \\ 0 & S \leq P_{rmin} \end{cases} \quad (3.133)$$

(5) 信号保留概率 P_b。

雷达侦察接收机所处的电磁环境是很复杂的,除了高密度的雷达信号、各种噪声、杂波、干扰信号等之外,还包括己方和友方的雷达信号。为了稀释脉冲流,方便后续的信号分选和识别,雷达侦察接收机往往相应地设定一个可信的信号功率最大值 S_{max} 和一个可信的信号功率最小值 S_{min},处于这两个值之间的信号被认为是有

用信号,将被测量和保存,以供后续处理;而那些超出这两个值之外的信号将被认为是无用信号,或者是己方或友方的信号,这些信号就会被剔除。由此,可以得出

$$P_b = \begin{cases} 1 & S_{\min} \leq S \leq S_{\max} \\ 0 & \text{其他} \end{cases} \quad (3.134)$$

(6) 无脉冲群丢失概率 P_m。

假设要侦察的雷达信号脉宽为 τ,则在此脉宽时间内,只有一个脉冲到达的概率为 $\lambda\tau e^{-\lambda\tau}$,也即单个脉冲不与其他脉冲重合的概率。设共接收到 N 个脉冲,而有效截获至少需 n 个脉冲,则无脉冲群丢失概率为

$$P_m = \binom{N}{n}(\lambda\tau e^{-\lambda\tau})^n(1-\lambda\tau e^{-\lambda\tau})^{N-n} \quad (3.135)$$

对雷达侦察接收机而言,如要成功地截获到有用信号,以上各个概率都不能为零,即彼此之间应该是乘积的关系。

综上所述,不难得出侦察接收机的截获概率 P_i 为

$$P_i = P_\theta \cdot P_f \cdot P_s \cdot P_b \cdot P_r \cdot P_m \quad (3.136)$$

这就是计算侦察接收机有效截获概率的最终公式。

2) 有效测频概率

针对雷达侦察设备,假设在雷达信号分选中,雷达信号载频分选的最大容限为 Δf,若测量误差小于测量容限,则认为此次载频测量有效。如果将这个容限值换算成雷达侦察接收机中的鉴相器的输出电压的话,便可以得到输出电压的两个边界值:

$$\begin{aligned} U_1 &= KA^2[1 + \cos 2\pi(f+\Delta f)T] = KS[1 + \cos 2\pi(f+\Delta f)T] \\ U_2 &= KA^2[1 + \cos 2\pi(f-\Delta f)T] = KS[1 + \cos 2\pi(f-\Delta f)T] \end{aligned} \quad (3.137)$$

式中 S——接收到的信号功率;

f——雷达信号载频;

T——鉴相器延迟时间。

由此及前面推导出的电压输出值的概率分布,不难求出有效测频概率 P_{mf} 的值为

$$\begin{aligned} P_{mf} &= \int_{U_1}^{U_2} f_X(x)\,\mathrm{d}x \\ &= \int_{U_1}^{U_2} \left\{ \frac{1}{2\sqrt{2}\cdot\sqrt{2\pi Kx}\cdot\sigma_n}\left[\exp\left\{-\frac{1}{4\sigma_n^2}\left[\sqrt{\frac{x}{K}} - (1+\cos 2\pi fT)^{\frac{1}{2}}\right]^2\right\}\right. \\ &\quad + \left. \exp\left\{-\frac{1}{4\sigma_n^2}\left[\sqrt{\frac{x}{K}} + (1+\cos 2\pi fT)^{\frac{1}{2}}\right]^2\right\}\right] \right\}\mathrm{d}x \end{aligned} \quad (3.138)$$

3）有效测角概率

测角的随机误差为一高斯分布，即服从 $N(0,\sigma_{\theta0}^2)$ 分布，其概率密度函数如下：

$$f_\theta(\theta) = \frac{1}{\sqrt{2\pi}\sigma_{\theta0}} \exp\left\{-\frac{\theta^2}{2\sigma_{\theta0}^2}\right\} \tag{3.139}$$

在信号分选中，如果雷达信号到达角的误差容限为 $\Delta\theta$，那么，测角误差在这个容限内的测量认为是有效测角，则有效测角的概率为

$$\begin{aligned}P_{\text{ma}} &= \int_{-\Delta\theta}^{\Delta\theta} f_\theta(\theta)\,\mathrm{d}\theta \\ &= \int_{-\Delta\theta}^{\Delta\theta} \frac{1}{\sqrt{2\pi}\sigma_{\theta0}} \exp\left\{-\frac{\theta^2}{2\sigma_{\theta0}^2}\right\}\mathrm{d}\theta\end{aligned} \tag{3.140}$$

影响有效测角概率的因素主要是接收到的信号功率 S、噪声功率 N 以及测向接收机的半波瓣宽度 $\theta_{0.5}$。

4）有效测时概率

由于随机误差 δ_t 为随机抖动量，因此，其均值为零。为简化起见，且不失一般性，认为 δ_t 服从高斯分布，其概率密度分布函数为

$$f_T(t) = \frac{1}{\sqrt{2\pi}\sigma_{\delta t}} \exp\left\{-\frac{t^2}{2\sigma_{\delta t}^2}\right\} \tag{3.141}$$

若雷达信号的重频分选中的时间误差容限为 Δt，则有效测时概率为

$$\begin{aligned}P_{\text{mt}} &= \int_{-\Delta t}^{\Delta t} f_T(t)\,\mathrm{d}t \\ &= \int_{-\Delta t}^{\Delta t} \frac{1}{\sqrt{2\pi}\sigma_{\delta t}} \exp\left\{-\frac{t^2}{2\sigma_{\delta t}^2}\right\}\mathrm{d}t\end{aligned} \tag{3.142}$$

5）有效测脉宽概率

和测时一样，信号脉宽测量的随机误差值服从高斯分布，其概率分布为

$$f_\tau(\tau) = \frac{1}{\sqrt{2\pi}\sigma_{\delta\tau_{\text{PW}}}} \exp\left\{-\frac{\tau^2}{2\sigma_{\delta\tau_{\text{PW}}}^2}\right\} \tag{3.143}$$

如果在脉宽分选中的容限值为 $\Delta\tau$，则有效测脉宽的概率为

$$P_{\text{m}\tau} = \int_{-\Delta\tau}^{\Delta\tau} f_\tau(\tau)\,\mathrm{d}\tau = \int_{-\Delta\tau}^{\Delta\tau} \frac{1}{\sqrt{2\pi}\sigma_{\delta\tau_{\text{PW}}}} \exp\left\{-\frac{\tau^2}{2\sigma_{\delta\tau_{\text{PW}}}^2}\right\}\mathrm{d}\tau \tag{3.144}$$

6）有效分选概率

对于频率域、空间域、时间域对雷达信号进行多参数分选来说，可以将雷达信号分选看成一个串联过程，即依次对雷达信号测量的载频、方位、到达时间和脉冲宽度 4 个参数进行分选。也就是说，只有 4 个参数必须都能进行有效的群测量，才能将同一雷达的脉冲收集在一起，形成该型号雷达的脉冲序列。只要有一个参数

未能进行有效的群测量,那么,分选就不能成功进行。据此,可以得出有效分选概率为

$$P_x = P_{mf} \cdot P_{ma} \cdot P_{mt} \cdot P_{m\tau} \tag{3.145}$$

只要计算出各个参数的有效测量概率,就可以根据式(3.145),求出信号有效分选概率。

另外,运用 ADC 法,也可以构建雷达侦察效能模型,但是,这种方法是从可靠性角度进行分析得出的。下面具体介绍运用 ADC 法构建雷达侦察效能模型。

雷达侦察设备开始执行任务时,可能处于各种不同的状态,在这里,考虑两种最常用的状态,即执行任务时正常工作状态和不执行任务时故障状态。用平均故障间隔时间(MTBF)来表征雷达侦察设备处于正常工作状态的数量特征,用平均修理时间(MTTR)来表征雷达侦察设备处于不执行任务时故障状态的数量特征,则

$$A = (a_1, a_2) \tag{3.146}$$

式中 $a_1 = \mathrm{MTBF}/(\mathrm{MTBF} + \mathrm{MTTR})$;

$a_2 = \mathrm{MTTR}/(\mathrm{MTBF} + \mathrm{MTTR})$。

假设雷达侦察设备在执行任务过程中,不能修复,而且,雷达侦察设备出现的故障服从指数定律,则有

$$D = \begin{bmatrix} \exp(-\lambda T) & \exp(-\lambda T) \\ 0 & 1 \end{bmatrix} \tag{3.147}$$

式中 λ——系统故障率;

T——任务时间。

为了实时、可靠地截获雷达信号,雷达侦察设备通过分析、处理雷达信号,获得情报,用表征雷达侦察截获效能的截获效能和表征信号分析识别效能的信息处理效能作为评价雷达侦察设备效能的指标。其能力矩阵为

$$C = \begin{bmatrix} C_{11} & C_{12} \\ C_{21} & C_{22} \end{bmatrix} \tag{3.148}$$

式中 C_{11}——雷达侦察在状态 1 下的侦察截获能力;

C_{21}——雷达侦察在状态 2 下的侦察截获能力;

C_{12}——雷达侦察在状态 1 下的信号分析识别能力;

C_{22}——雷达侦察在状态 2 下的信号分析识别能力。

设雷达侦察效能为 F_1,则其效能模型为

$$\begin{cases} E_1 = A_1 D_1 C_1 \\ F_1 = e_1^{(1)} \cdot e_2^{(1)} \end{cases} \tag{3.149}$$

3.3.6.2 有源遮盖式干扰/抗干扰效果评估模型

遮盖性干扰的作用是遮盖雷达回波中的目标信息,如距离信息、方位信息等,其遮盖对象主要是地面或舰载搜索雷达,其目的是降低雷达对目标的检测能力,也可以干扰雷达系统的其他环节。

一般情况下,采用功率准则进行遮盖性干扰效果评估,功率准则又称信息损失准则。功率准则在理论分析和实测方面比较方便,是目前应用最广泛的准则,适用于压制式干扰(包括隐身)的干扰效果评估。

使用功率类指标作为评价指标,如压制系数、空间体积或面积、自卫距离、干扰效果评估因子、信干比(或干信比)等。

1)压制系数

压制系数定义为:在对雷达实施有效干扰时,雷达接收机输入端所需要的最小干扰信号功率与雷达目标回波功率之比。

$$K_P = (P_J/P_S)_{min} \qquad (3.150)$$

式中 K_P——功率压制系数;

P_J——受干扰雷达输入端的干扰信号功率(dBW);

P_S——为受干扰雷达输入端的目标回波功率(dBW)。

在评估干扰效果时,必须确定检测概率下降到何种程度才表明干扰有效。例如,在雷达对抗过程中,通常取雷达的检测概率 $P_D = 0.1$ 作为有效干扰的衡量指标,即当雷达对目标的检测概率下降到低于0.1时,认为对雷达干扰有效。对于跟踪雷达而言,有效干扰是指使雷达的角跟踪误差增大一定的倍数,或使雷达探测目标的角误差信号的频谱特性变坏,使其失去跟踪能力。

2)空间体积或面积

有效干扰也可以用受干扰覆盖住的雷达观测空间体积或面积来量度,或用干扰覆盖住的空间体积(或面积)与整个观测空间体积(或面积)之比表示。对于同一部雷达来说,压制系数越大,表明干扰的效果越差。相应地,雷达抗遮盖性干扰能力越强,因为压制系数大,表示要有效地干扰雷达必须增加更大的干扰功率;反之,压制系数越小,表示干扰的效果越好,而雷达的抗遮盖性干扰能力越弱。

3)自卫距离

自卫距离也称为烧穿距离。雷达接收目标回波信号功率可用雷达方程计算得出,雷达接收目标回波功率 P_{sr} 的计算公式为

$$P_{sr} = (P_t G_t A_r \sigma D) F^2(\alpha) / [(4\pi)^2 R^4 L_t L_r] \qquad (3.151)$$

式中 P_t——雷达发射脉冲功率(W);

G_t——雷达发射天线增益;

A_r——接收天线有效接收面积(m^2);

σ——目标雷达横截面(RCS)有效值(m^2);

L_t——发射损耗因子;

L_r——雷达接收损耗因子;

$F(\alpha)$——电磁波传播损耗因子;

D——雷达处理增益。

当雷达接收和发射使用同一天线时,有

$$A_r = G_t \lambda^2 / (4\pi) \tag{3.152}$$

由式(3.151)和式(3.152)可得到等效接收功率 P_{rse} 为

$$P_{rse} = (P_t G_t^2 \sigma \lambda^2 D) F^2(\alpha) / ([(4\pi)^3 R^4 L_t L_r]) \tag{3.153}$$

当距离雷达 R_j 的干扰机对雷达进行干扰时,进入雷达接收机的雷达干扰信号功率 P_{jr} 计算公式为

$$P_{jr} = P_j G_j A_{rj} \gamma_j B_s F'(\alpha) / (4\pi R_j^2 L_r B_j) \tag{3.154}$$

式中 P_j——干扰机发射功率(W);

G_j——干扰机天线增益;

A_{rj}——干扰机方向上雷达接收天线的有效接收面积(m^2);

γ_j——干扰信号与雷达信号极化不一致损失系数;

R_j——雷达与干扰机之间距离(m);

B_s——雷达接收机等效带宽(MHz);

B_j——干扰信号带宽(MHz);

L_r——雷达接收损耗因子;

$F'(\alpha)$——干扰电磁波传播损耗因子。

当干扰方采用自卫式干扰时,干扰信号从被干扰雷达天线的主瓣进入,雷达作用距离 $R = R_j, A_{rj} = A_r, F(\alpha) = F'(\alpha)$,可得到信干比方程为

$$S/j = D_n F(\alpha)(\sigma/(4\pi))(P_t/P_j)(G_t/G_j)(1/R^2)(B_j/B_s)(1/(L_r\gamma_j)) \tag{3.155}$$

分析式(3.155)可以看出,如果其他条件不变,当雷达安装平台飞近干扰机安装平台时,雷达与干扰机之间的距离 R 将减小,在雷达接收机输入端的信干比(S/J)将逐渐增大。在满足一定虚警概率和指定的检测概率条件下,雷达就能检测出干扰遮蔽下的雷达目标回波。当信干比等于雷达接收机灵敏度时,雷达将获得最大探测距离 R_{max},此时的最大探测距离通常称为雷达"烧穿距离" R_0 或"自卫距离"。从对抗战术使用分析,烧穿距离是雷达干扰中的一个重要概念,烧穿距离可从距离上衡量干扰的能力。

就自卫式干扰而言,当干扰机安装平台离雷达的距离 $R > R_0$ 时,能满足干扰方程,则该区域属于有效干扰区;当 $R = R_0$ 时,该区域属于干扰区边界;当 $R < R_0$ 时,该区不能满足干扰方程,不能有效遮盖目标回波,称为暴露区。

图 3.15 是有效干扰区、边界区和暴露区示意图。

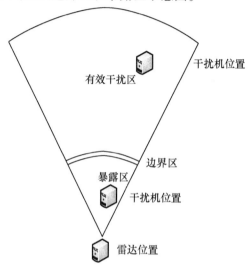

图 3.15　有效干扰区、边界区和暴露区示意图

随着被掩护的目标飞行器与雷达之间的距离的减小,干信比是逐渐减小的,当干信比等于飞行器在干扰条件中的可见度(SCV)时,雷达能以一定的检测概率发现目标。此时,二者之间的距离称为"最小隐蔽距离"(对干扰机而言),或者"烧穿距离"(对雷达而言),而"相对自卫距离"则指雷达自卫距离与其作用距离的比值。

通过仔细考察"自卫距离"的定义,可以得出以下结论:首先,"自卫距离"是与一定的雷达检测概率相对应的,通过预先设置不同的检测概率预定值,即使是同一次飞行试验,也可以得到不同的自卫距离;反过来,我们预先设置某一距离值,可以用与之对应的检测概率作为评估准则,这二者在本质上是等价的;其次,雷达的自卫距离是一组随机变量,而不是一个定值,这主要是由大气损耗、雷达横截面随机起伏等造成的,自卫距离的最终结果应该是这组随机变量的数学期望。自卫距离的评估指标综合性强,易于测量,因此,在实际应用中,尤其是在外场试验中,得到了较好的应用。

4)干扰效果评估因子

随着被干扰对象不断采用新型技术,技术和性能不断提高,抗干扰效果不断增强,在雷达对抗领域,能否对一个雷达系统进行有效压制和最佳干扰选择,不仅要考虑能量压制,而且还要考虑空间域、时间域和干扰方式等因素的影响,上述影响可以用干扰效果评估因子来表示。

干扰效果评估因子表达式如下：

$$K = K_P K_S K_T K_J \tag{3.156}$$

式中　K_P——功率压制系数，$K_P = P_{jr}/P_{sr}$，P_{jr}表示雷达接收机输入端干扰功率，P_{sr}表示雷达接收机输入端目标回波功率；

　　　K_S——空间压制系数，$K_S = S_{jr}/S_{sr}$，S_{jr}表示雷达接收机输入端干扰信号的作用空间，S_{sr}表示雷达接收机输入端目标回波的作用空间，一般来说，在满足空间压制时，需满足$S_{jr}/S_{sr} = 1$；

　　　K_T——时间压制系数，$K_T = T(T_{jr}, T_{sr}, T_{js})$，其中，$T_{jr}$表示雷达接收机输入干扰信号的作用时间，$T_{sr}$表示雷达接收机输入目标回波的作用时间，$T_{js}$表示目标回波与干扰信号之间的作用时间，一般来说，在满足时间压制的情况下，需满足$T(T_{jr}, T_{sr}, T_{js}) = 1$；

　　　K_J——干扰样式准确系数，$K_J = J(s,n)$，其中，$J(s,n) \in [0,1]$，通常由信号形式、干扰形式等因素决定，理想情况下$J(s,n) = 1$。

在实际检验验证干扰效果时，根据电子侦察、电子干扰、被干扰对象的具体工作能力和参数，分别对功率压制、空间压制、时间压制和干扰样式准确度进行检测，最后，综合给出检验结果。

3.3.6.3　有源欺骗式干扰/抗干扰效果评估模型

欺骗性干扰的效果会产生假目标信息，降低雷达跟踪目标的精度，从而丢失目标坐标信息甚至导致系统饱和。

欺骗性干扰可分为两类：一类是非拖引干扰；另一类是拖引干扰。

对于拖引式欺骗性干扰，可以用两种方法构建效果评估模型：一是利用概率论方法，通过统计试验得出拖引成功率、抗欺骗干扰概率等统计指标，从统计意义上，评价雷达系统的抗欺骗干扰性能；二是利用模糊综合评判方法，通过对干扰设备的性能分析、干扰信号与雷达接收机的匹配对准程度，以及干扰信号与真实目标回波之间的功率强弱、到达时间先后等相对关系，得到雷达抗欺骗性干扰的模糊度量。

非拖引干扰的干扰对象是搜索雷达、警戒雷达和处于截获状态的跟踪雷达，它是由干扰机转发雷达发射的脉冲波，从而在雷达接收机中产生大量的假目标，使得雷达无法从假目标的背景中分出真目标，导致雷达系统检测出所有真实目标的时间延后的假目标，或者使得目标分配系统计算机饱和，或者使得跟踪系统错误地截获假目标，并对假目标进行跟踪甚至指示武器系统予以拦截。假目标欺骗干扰的主要干扰样式主要包括支援式假目标欺骗干扰、有源假目标欺骗干扰与噪声遮盖性干扰相结合、假目标欺骗干扰与逆增益干扰结合等。同样，对多假目标的欺骗干扰效果评估，可以采用概率论的方法通过统计试验得出统计指标，也可以利用模糊综合评判的方法进行评估。

3.3.6.4 综合能力及效能评估模型

在雷达对抗过程中,进行干扰效果评估牵涉方方面面,干扰的最终效果不但与干扰方、被干扰方的设备、设施等有关,而且还与双方实施的战术应用、对抗双方的信息获取等诸多因素有关,这些决定了干扰效果评估是一个非常复杂的问题,比较实用的研究思路是"层层分解,体系评估"。首先,对搜索雷达、跟踪雷达、导引头分别进行抗干扰效果评估,然后,对雷达干扰系统进行干扰效果评估。另外,在计算机仿真试验条件下,可以考虑采用战术运用准则作为评估准则,它将雷达干扰、抗干扰效果与武器系统的作战使命联系在一起,因此,具有较强的全面性和综合性。

对抗能力及效能评估因子与干扰效果评估因子是两个不同的概念,容易混淆。

干扰效果评估因子强调影响有效干扰的各种因素,例如,需要高干扰功率发射,以便在被干扰雷达接收机输入端,使雷达接收到的干扰信号远大于目标回波,即干信比大,除了发射高干扰功外,减小雷达本身探测目标时发射的功率值、减小雷达干扰机安装平台的 RCS 等也能显著提高干信比,因此,干扰效果评估因子不仅与干扰机能力有关,而且与被干扰对象的探测性能、抗干扰效果有关。

对抗能力及效能评估因子是从电子侦察、电子干扰本身的对抗能力的发挥程度上进行考查的。

传统的综合能力及效能评估方法通常是各子系统的电子对抗能力及效能评估线性加权叠加,即

$$\sigma_C = \lambda_1 \sigma_{ZC} + \lambda_2 \sigma_{GR} + \lambda_3 \sigma_{FW} + \lambda_4 \sigma_{ZK} \tag{3.157}$$

式中　σ_C——总系统效能因子,$\sigma_C \in [0,1]$;

　　　λ_1——对抗侦察效能权系数;

　　　σ_{ZC}——对抗侦察效能因子,$\sigma_{ZC} \in [0,1]$;

　　　λ_2——对抗干扰效能权系数;

　　　σ_{GR}——对抗干扰效能因子,$\sigma_{GR} \in [0,1]$;

　　　λ_3——对抗防御效能权系数;

　　　σ_{FW}——对抗防御效能因子,$\sigma_{FW} \in [0,1]$;

　　　λ_4——对抗指挥控制效能权系数;

　　　σ_{ZK}——对抗指挥控制效能因子,且 $\sigma_{ZK} \in [0,1]$。

经过研究与实际证明,再加上理论研究与分析,发现系统的总全效能并非是各分系统能力及效能评估的简单迭加,而是一种复杂的"与"和"或"关系。

式中,$\lambda_1 + \lambda_2 + \lambda_3 + \lambda_4 = 1$,$\sigma_{ZC}$、$\sigma_{GR}$、$\sigma_{FW}$、$\sigma_{ZK}$ 4 个效能因子的值通常是由综合电子探测系统中实际的设备决定的。如一个综合电子系统中有 N 个电子侦察系统,M 个电子干扰系统,L 个电子防御系统,K 个电子指挥控制系统,则有

$$\begin{cases} \sigma_{ZC} = \sum_{i=1}^{N} \alpha_i \times \sigma_{i,ZC}, \sigma_{GR} = \sum_{j=1}^{M} \beta_j \times \sigma_{j,GR} \\ \sigma_{FW} = \sum_{k=1}^{L} \gamma_k \times \sigma_{k,FW}, \sigma_{ZK} = \sum_{l=1}^{K} \lambda_l \times \sigma_{l,ZK} \end{cases} \quad (3.158)$$

式中 $\sigma_{i,ZC}(i \in [1,N])$、$\sigma_{j,GR}(j \in [1,M])$、$\sigma_{k,FW}(k \in [1,L])$、$\sigma_{l,ZK}(l \in [1,K])$——各子系统的电子对抗效能因子；

α_i、β_j、γ_k、λ_l——相应的权系数。

1) 对抗侦察效能因子

对抗侦察效能因子为

$$\sigma_{ZC} = (\alpha_1 \sigma_{LD}) \cup (\alpha_2 \sigma_{TX}) \quad (3.159)$$

式中，$\alpha_1 + \alpha_2 = 1$，α_1、α_2 为权系数，由专家或专家系统确定，σ_{LD} 为雷达侦察效能因子，$\sigma_{LD} \in [0,1]$；σ_{TX} 为通信侦察效能因子，$\sigma_{TX} \in [0,1]$。

$$\sigma_{LD} = [F_1(f, \Delta f) + S_1(\tau, T, \Delta T, D) + A] \\ \times (H_1 + F_{t1} \times F_{r1}) \times L_1(d_1, d_{1F}, d_1) \quad (3.160)$$

式中 $F_1(f, \Delta f)$——雷达侦察设备的频率覆盖能力，它与频率搜索范围 f、瞬时频率覆盖范围 Δf 等有关；

$S_1(\tau, T, \Delta T, D)$——雷达侦察设备的测量信号的能力，它与脉冲宽度测量的范围 τ、脉冲重复周期测量的范围 T 和精度 ΔT 以及雷达天线工作特性测量能力 D 等有关；

A——雷达侦察设备的空间域覆盖能力；

H_1——雷达侦察设备信号环境适应能力；

F_{t1}——侦察告警能力；

F_{r1}——信号处理能力；

$L_1(d_1, d_{1F}, d_{1f})$——侦察设备信号通道接收能力，它与动态范围 d_1、增益控制方式 d_{1F} 和控制范围 d_{1f} 等有关。

2) 对抗干扰效能因子

对抗干扰效能因子为

$$\sigma_{JR} = (\beta_1 \sigma_{LDj}) \cup (\beta_2 \sigma_{TXj}) \quad (3.161)$$

式中 β_1、β_2——权系数，由专家或专家系统确定；

σ_{LDj}——雷达干扰效能因子，且 $\sigma_{LDj} \in [0,1]$；

σ_{TXj}——通信干扰效能因子，且 $\sigma_{TXj} \in [0,1]$。

$$\sigma_{LDj} = [F_2(f_2, \Delta f_2) + A_2(\alpha, \Delta\alpha, \beta, \Delta\beta)] \times (H_2 + F_{t2}) \times L_2 \quad (3.162)$$

$$\sigma_{LDj} = [F_2(f_2, \Delta f_2) + A_2(\alpha, \Delta\alpha, \beta, \Delta\beta)] \times (H_2 + F_{t2}) \times L_2 \quad (3.163)$$

式中 $F_2(f_2, \Delta f_2)$——干扰频率覆盖能力，它与干扰频率引导范围 f_2 和干扰瞬时

带度 Δf_2 等有关；

$A_2(\alpha,\Delta\alpha,\beta,\Delta\beta)$——干扰空间域覆盖能力，它与方位覆盖范围 α、引导跟踪精度 $\Delta\alpha$、仰角覆盖范围 β 和引导跟踪精度 $\Delta\beta$ 等有关；

H_2——干扰目标的反应能力；

F_{t2}——干扰目标的反应时间；

L_2——干扰辐射功率。

3.3.6.5 雷达干扰战术效能模型

从战术效能上分析，雷达干扰包括雷达软摧毁、雷达硬摧毁和战术回避三部分。

1）雷达软摧毁

在雷达软摧毁方面，影响雷达干扰作战效能的主要因素有干扰引导瞄准能力、干扰效能以及干扰响应能力等，因此，上述能力可以作为构建雷达软摧毁模型的要素。

用瞄准效能 E_c 表征干扰引导瞄准能力，由干扰覆盖系数和引导概率两项指标来描述；

干扰效能 Q 用对抗关系矩阵 $\boldsymbol{K}=|K(i,j)|$ 求得，元素 $K(i,j)$ 表示在瞄准攻击条件下，第 i 种干扰手段对敌第 j 个目标的固有压制品质因数，可用模糊模式分类方法确定。因此，运用运筹学原理，干扰效能用下式表示：

$$Q = \sum_{j=1}^{M_Y}\left(1-\prod_{i=1}^{M}(1-k(i,j))\right)/M_Y \tag{3.164}$$

式中　M_Y——被干扰的目标数；

M——干扰方式数量。

干扰作战效能为 F_2，作战效能模型为

$$E_2 = A_2 D_2 C_2 \tag{3.165}$$

$$F_2 = \prod_i^n E_i^{(2)} \tag{3.166}$$

式中，A_2 矢量的维数要根据干扰可能处于的各种状态来定，干扰作用不同，其构成也不同，可能会出现一部分干扰功能能正常工作，另外一部分干扰功能不能正常工作的状态。根据不同的状态可以定出 D_2。C_2 是一个矩阵，其中元素 $C_{i1}^{(2)}$ 表示第 i 种状态下系统的瞄准效能，$C_{i2}^{(2)}$ 表示第 i 种状态下系统的干扰效能，$C_{i3}^{(2)}$ 表示第 i 种状态下系统的响应效能。

实施雷达干扰时，需要雷达支援侦察实时、连续地提供雷达目标情报，以便引导雷达干扰设备实施有效雷达干扰。雷达干扰必须与雷达支援侦察共同组成雷达对抗系统，雷达对抗作战效能可用这两部分效能的乘积来表示，即

$$B_1 = F_1 F_2 \tag{3.167}$$

此即为该雷达对抗系统效能模型。

2) 硬摧毁

从雷达干扰方法角度讲,硬摧毁是指用杀伤武器(反辐射导弹、火炮等)击毁雷达目标。硬摧毁用跟踪能力、毁伤概率和系统响应能力这三项指标来考核硬摧毁即火力攻击的效能。

跟踪能力用跟踪系数和正确跟踪目标的概率之积来表示。

毁伤概率可以用以下方法推导得出:

设第 i 种杀伤武器一个火力单位在可毁伤条件下对第 j 个目标的毁伤概率为 P_{ij},则由军事运筹学原理,系统毁伤概率为

$$E_d = K_2 \sum_{j=1}^{M_j} (1 - \prod_{i=1}^{\omega}(1 - P_{ij})^{m_i})/M_j \tag{3.168}$$

式中 ω——武器种类数;

m_i——第 i 种武器的火力单位数;

M_j——攻击目标数。

系统响应能力用系统响应时间短于威胁暴露时间的概率表示。

反辐射武器作战效能用 F_3 来表示,反辐射武器系统作战效能模型为

$$E_3 = A_3 D_3 C_3 \tag{3.169}$$

$$F_3 = \prod_i^n E_i^{(3)} \tag{3.170}$$

反辐射武器一般都与雷达支援侦察配合使用。对这种类型的雷达对抗系统,也可以看成是由雷达支援侦察和反辐射摧毁两个部分串联组合而成,因此,该系统作战效能也可以用这两部分作战效能的乘积来表示,即

$$B_2 = F_1 F_3 \tag{3.171}$$

3) 战术回避

战术回避是基于雷达侦察提供的对威胁目标实施告警基础上实施的,是一种直接与告警支援侦察相联系的干扰措施。战术回避主要采取干扰措施,也称为自卫干扰(包括自身掩护干扰和协同干扰),其干扰作战效能即

$$E_4 = A_4 D_4 C_4 \tag{3.172}$$

$$F_4 = \prod_i^n E_i^{(4)} \tag{3.173}$$

战术回避雷达对抗可以看成是由威胁告警侦察与自卫干扰串联而形成的,这种雷达对抗作战效能可以表示为

$$B_3 = F_1 F_4 \tag{3.174}$$

综上所述,包含有雷达侦察和各种干扰的雷达对抗系统的综合作战效能模型为

$$G_B = \left(F_1 \sum_{i=2}^{4} \lambda F_i \right)$$

$$\sum_{i=2}^{4} \lambda_i = 1 \quad 0 \leqslant \lambda_i \leqslant 1 \tag{3.175}$$

3.4 能力评估内容和方法

3.4.1 Agent 模型建立

Agent 仿真模型是国外"网络中心战"的概念,该方法是进行复杂体系仿真的一种有效手段,其基本思想是:通过模拟现实世界,将复杂体系划分为与之相应的 Agent 个体(每个 Agent 具有各自的数据、模型以及接口等),然后,以自底向上的方式,通过对个体微观行为的仿真,获得系统宏观行为。Agent 是一个能够与外界自主交互并拥有一定知识和推理能力,能够独立完成一定任务的智能实体,图 3.16 所示为 Agent 基本结构。

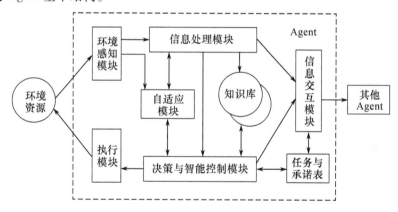

图 3.16 Agent 基本结构

Agent 的优点如下:

(1) 与传统方法相比,Agent 技术不仅提供了建模方法,给出问题的解,还可以用演示系统演化全部动力学特征,这是传统动力学方法或数值方法所无法达到的。

(2) 对于无法求解,或当没有合适方法求解,或许多参数无法计算的系统和问题,采用 Agent 技术可详尽地研究系统多种特征,并对问题进行求解。

对于无法采用形式描述和数学计算的问题,仍然可以通过 Agent 交互来解决。

Agent 技术从物理层、信息层和认知层 3 个层次建立模型,能根据不同功能,对其进行不同层次的仿真,如图 3.17 所示。

其中,物理层包括侦察传感、系统通信和干扰执行 3 类模型,仿真 Agent 物理功能的实现。

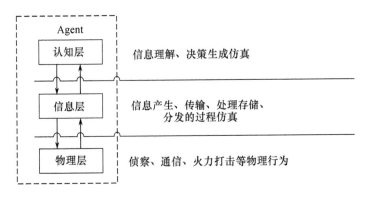

图 3.17 Agent 模型

信息层包括仿真信息产生、信息传输、信息存储、信息处理、信息分发的过程。把在 Agent 个体之间直接传输的信息定义为可用侦察信息,这类信息可以用来对目标信息进行分析,从而辅助决策。把不能在 Agent 个体间直接传输的信息定义为原始侦察信息,这类信息需要信息处理中心对其进行处理转化,才能在 Agent 个体之间共享。最后定义一种指挥控制信息,它是 Agent 个体在知识层生成的。

认知层包括仿真 Agent 的信息感知和决策生成。当 Agent 单元对信息列表中的内容进行处理时,如果发现信息内容和自身状态满足逻辑条件时,Agent 就会依据规范则自动生成指挥控制信息,对目标进行对抗干扰。在每个仿真内 Agent 都执行如图 3.18 所示流程。

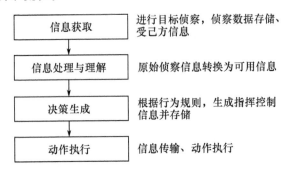

图 3.18 Agent 仿真执行流程

可以将多 Agent 方法引入到对抗能力评估应用中,利用一种基于多 Agent 方法的能力评估方法,在此基础上,构建雷达对抗作战效能度量指标。

3.4.2 评估内容

以电子对抗信息系统作战能力及效能评估为例,说明 Agent 评估方法在电子信息设备体系能力及效能评估中的具体应用。

典型的电子对抗信息系统由侦察传感、信号处理、显示控制、干扰执行和系统通信5部分组成,如图3.19所示。

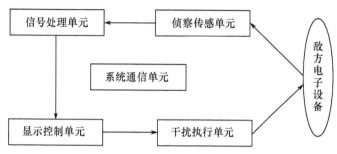

图3.19 电子对抗信息系统组成示意图

侦察传感单元:能够获得对方电子信息系统或设备的状态、参数、通信内容等情报信息及战场综合电磁态势,并且提供电子情报支援。

信号处理单元:对信号进行收集、分析、识别,进行辅助决策。

显示控制单元:进行人机交互。

干扰执行单元:采取干扰措施,降低对方各大系统的工作效能,摧毁或严重损坏敌人的整体战斗力,并且能够支援和掩护己作战部队等进行安全突防,并有效对抗对方的电子侦察和干扰,从而扰乱对方设备的正常工作。

系统通信单元:实现侦察传感单元、信号处理单元、显示控制单元和干扰执行单元之间的通信联络。

下面基于Agent方法,结合3.3节中介绍的专用技术模型,介绍雷达对抗能力评估内容。在电磁环境构建与量化方法研究的基础上,构建试验验证平台,并通过大量的试验数据,建立有效的能力评估模型,总结在电磁环境下,雷达对抗设备的对抗能力评估方法。

3.4.2.1 侦察能力评估内容

针对雷达侦察设备的侦察能力,其评估主要包括以下内容:

(1) 信号环境适应能力:
① 密集信号适应能力;
② 强信号适应能力;
③ 复杂信号适应能力。

(2) 侦收灵敏度。

(3) 信号分选识别能力。

(4) 信号截获能力。

（5）系统反应时间。

（6）对同时到达信号分辨能力。

（7）动态精度测试：

① 测频精度；

② 脉宽测量精度与范围；

③ 脉冲重复周期测量精度与范围；

④ 脉宽与脉冲重复周期调制特性测量；

⑤ 雷达天线扫描类型与天线扫描周期测量。

（8）脉间/脉内细微特征分析能力。

（9）侦收距离和空间覆盖范围。

（10）对信号侦收的准确率。

3.4.2.2 干扰能力评估内容

针对雷达干扰设备的干扰能力，其评估主要包括以下内容：

（1）干扰频率范围；

（2）干扰作用距离；

（3）空间干扰覆盖范围；

（4）反应时间；

（5）对多目标的干扰能力；

（6）各种干扰样式的干扰效果；

（7）干扰自适应能力。

3.4.2.3 雷达抗干扰能力评估内容

针对雷达抗干扰能力及效能评估，主要是以功率准则为基础，研究雷达检测概率、雷达作用距离、雷达接收机检测干信比等在采取抗干扰措施前后的变化，从而度量雷达抗干扰能力的优劣；以雷达视频显示质量为基础，通过测量雷达采用抗干扰措施前后显示画面被干扰湮没的程度和目标航迹质量指标的变化来度量雷达抗干扰能力的优劣。对雷达视频显示质量的评价更直观、更容易定量描述，且与雷达的信噪比和杂噪比有一定的对应关系。

（1）雷达视频显示质量评估：

① 雷达观察扇区损失度；

② 雷达航迹相关指标（虚假航迹、冗余航迹、丢失航迹；遗漏航迹数量）；

③ 检测率；

④ 虚警率；

⑤ 跟踪起始；

⑥ 维持和终结部分;
⑦ 有航迹起始时间;
⑧ 航迹维持时间。
（2）航迹相关与融合评估:
① 正确关联率;
② 漏相关率;
③ 错误关联率;
④ 正确分离率;
⑤ 航迹综合相关度;
⑥ 航迹精度;
⑦ 航迹状态估计偏差。
（3）跟踪滤波和预测部分评估:
① 滤波方差;
② 估计偏差等。
考核体系将采用蒙特卡罗方法,因此,重点评估以下评估指标:
（1）系统平均错误航迹数;
（2）系统平均遗漏航迹数;
（3）系统检测率;
（4）系统错误航迹率;
（5）平均航迹形成时间;
（6）平均航迹维持时间;
（7）误跟踪率;
（8）综合融合航迹精度。
表3.1列出了电子对抗系统效能度量指标。

表3.1 电子对抗系统效能度量指标

类别	度量内容	主要指标
作战效能	侦察效能	作战时间内侦察设备发现敌方信号、测量信号技术参数和到达方向覆盖率
	通信效能	作战时间内保障内部各设备之间的信息传递,以及与外部的信息交换,具体到传递信息的数据量,以及到达对抗单元的时间延迟
	信息处理效能	作战时间内信息处理数据量、信息处理延迟时间、信息处理速率和存储
	对抗效能	作战时间内对敌方设备的干扰程度
	显示控制效能	作战时间内做出反应动作的延迟、控制全系统工作的协调性、准确性

3.4.3 能力评估方法

自卫雷达对抗能力评估的目的是：通过雷达对抗能力保障，保证雷达对抗各项功能指标正常，确保雷达对抗作战使用性能，避免使用时反复出现问题。

在雷达对抗设备研制期间，对雷达对抗设备各组成部分的指标性能及相互之间的影响进行评估，根据评估结果，反馈至雷达对抗设备设计之中，实现设计、验证、评估到优化设计的反复迭代。

3.4.3.1 对抗末制导雷达自卫能力

除了从雷达指标能力和战术技术方面外，雷达对抗能力评估还可以从雷达对抗的干扰对象的能力的下降程度作为雷达对抗的能力评估途径。

下面以反舰导弹末制导雷达为例，进行阐述。

在干扰条件下，计算反舰导弹末制导雷达能力参数，为了考量末制导雷达的综合能力，还要计算在没有干扰时，反舰导弹末制导雷达的能力参数，这两种计算是同等重要的，是反舰导弹末制导雷达保障导弹武器系统能否圆满完成给定任务的基础。

在给定任务条件下，构建反舰导弹末制导雷达能力模型时，首先，要考虑到反舰导弹末制导雷达工作环境的复杂性，也就是说，在某些使用条件下，反舰导弹末制导雷达可能会受到来自多个不同方向的干扰。为了使反舰导弹末制导雷达获得最佳的工作效能，必须选择最佳的技术特性参数、最佳工作方式和制定最佳作战使用方案等。

其次，相对被干扰的反舰导弹末制导雷达来讲，干扰信号参数变化、干扰机位置参数变化，也会引起末制导雷达受干扰程度的变化。因此，在干扰条件下，定量评估反舰导弹末制导雷达的能力及效能，一般只能在并不复杂的有限干扰条件下进行，而且，还是在反舰导弹末制导雷达处于工作状态下，才能有效进行。

如果给定的任务是评估反舰导弹末制导雷达在所有可能干扰的变化范围内，且处于工作状态下的效能，就需要将总任务划分成若干个子任务；然后，再评估各子任务所完成的能力及效能；最后，定量评估总任务完成的能力及效能。对于每个子任务来讲，都将依据特定的反舰导弹末制导雷达工作状态、一定的干扰机数量以及特定的干扰机工作状态等假设条件，建立每个子任务的模型。

在具体能力评估过程中，当每个子任务能力及效能定量评估完成之后，该子任务能力及效能定量评估的结果可以作为建立上一级任务模型的原始数据，为上一级任务的定量研究提供基础。

在研究存在主动和被动综合干扰的条件下，采用复合制导的反舰导弹末制导雷达的能力及效能时,能力及效能评估一般按如下步骤进行。

第 1 步:研究反舰导弹末制导雷达在某种工作体制或工作状态下,其战术特性与主动或被动综合干扰之间的相互关系。一般情况下,在每种工作体制或状态下,反舰导弹末制导雷达的能力及效能都可以用反舰导弹末制导雷达的生存能力指数来表示。

第 2 步:研究干扰的动态特性以及反舰导弹末制导雷达的工作流程等。

第 3 步:将不同工作体制下,反舰导弹末制导雷达的生存能力指数作为反舰导弹末制导雷达完成作战任务的基础数据,对整部反舰导弹末制导雷达的能力及效能进行评估。

3.4.3.2 基于 ADC 模型的机载电子对抗设备能力评估

在使用 ADC 模型评估方法时,从可用性、可信性、系统能力三方面评估电子对抗设备能力及效能。以机载电子对抗设备能力及效能为例进行阐述。

1) 机载电子对抗设备评估指标体系

机载电子对抗设备评估指标体系如图 3.20 所示。

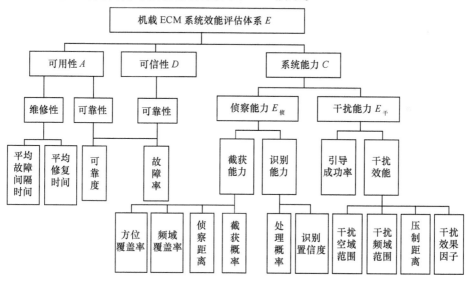

图 3.20 机载电子对抗设备评估指标体系

2) 可用性分析

由于在执行任务前系统可修复,因此,系统各部分的可用性和故障率可由平均故障间隔时间(MTBF)、平均修复性维修时间(MTTR)和平均后勤延误时间(MLDT)来表示。设 P_k 为分系统 k 的可用性,则可用性计算公式为

$$p_k = \text{MTBF}_k / (\text{MTBF}_k + \text{MTTR}_k + \text{MLDT}_k) \quad k = a, b, \cdots, f$$

$$\bar{p}_k = 1 - p_k \tag{3.176}$$

3）可靠性分析

由于在执行任务过程中,一旦电子对抗设备出现故障,通常无法修复,系统无法转移到更高的状态,因此,需考虑系统故障率。各个分系统的平均故障率可表示为

$$\lambda_k = 1/\mathrm{MTBF}_k \tag{3.177}$$

组成武器系统的各分系统故障分布一般服从指数分布,可用 $\exp(-\lambda_k t)$ 表示分系统 k 的可靠性 R_k,即系统正常工作的程度或概率。显然分系统故障的概率为 $1 - R_k$。

3.4.3.3 评估举例

下面以红、蓝双方对抗为例,介绍对抗能力评估方法。

首先,确定作战场景想定原则,内容如下:

以红、蓝双方攻防对抗作为仿真的作战背景,红方在远距离支援干扰飞机、地面分布式雷达干扰站和通信干扰站的掩护下,出动由随队掩护干扰飞机、带自卫干扰的歼击机和轰炸机组成的进攻编队,红方可以预先使用无源干扰方式,建立干扰走廊,沿预定航线向蓝方重点目标进发;当蓝方地面远程警戒雷达或空中预警机雷达发现红方进攻编队后,引导拦截飞机进行空中拦截;拦截过程中,红方随队干扰机对蓝方机载搜索、炮瞄和制导雷达体制实施干扰,或利用自卫干扰避免损失,而蓝方也用同样的方式对付红方。在红方编队飞机进入蓝方地空导弹和防空高炮拦截区后,将遭到蓝方地空导弹和高炮的拦截。突防后的红方攻击机在己方干扰机对蓝方地面雷达站压制的掩护下进行攻击,接着,红方轰炸机对蓝方地面目标进行攻击,蓝方则使用各种有源和无源的抗干扰技术以及精密制导武器保护系统进行防护。

在整个攻防对抗过程中,通过使用各种雷达对抗手段,使蓝方地面警戒雷达和空中预警雷达的合成探测区域收缩,发现目标概率降低,目标跟踪雷达测量误差增大,降低了蓝方空空和地空拦截能力。另外,也使用通信对抗措施,使蓝方预警机空空和空地通信受到破坏,降低了蓝方预警机对拦截飞机的引导成功概率,并影响预警机对地面搜索制导雷达的引导。通过使用光电对抗干扰,提高了红方进攻飞机在被空空红外制导导弹和地空红外制导导弹攻击下的生存概率。在蓝军重新部署增强了抗干扰技术应用后,红方的突防概率相应减小了。

在干扰作战使用时,把遮盖性干扰(包括瞄准式干扰、阻塞式干扰和扫频式干扰)和欺骗式干扰(包括角度欺骗、距离欺骗、速度欺骗和速度距离欺骗)这两类有源干扰类型集成到了有源干扰机模型上加以实现,而对无源干扰模型着重考虑了

箔条与箔条干扰模型、反射器及其干扰模型、假目标及其干扰模型、雷达诱饵及其干扰模型,无源干扰物的仿真主要研究其运动特性和雷达特性,按照无源干扰物的运动特性来确定其位置、速度及加速度等运动参数,对箔条干扰来说,还应包括它散开后的形状和体积;按其本身的雷达反射特性确定其对雷达波的有效反射面积、频谱特性等特征,在仿真过程中,根据收发的复杂电磁环境信息,实时处理并显示干扰效果。

对于压制性干扰,能力评估采用功率准则;对于欺骗性干扰,采用三类混合评估准则;概率准则适用于任务级电子对抗作战能力的评估,如突防概率的解算以及红、蓝双方损伤的变化趋势等;采用红蓝双方在对抗作战过程中的毁伤情况的统计数据和红方进攻编队的任务完成概率来定量描述任务级的电子对抗作战能力。

利用 AHP 确定不同目标在威胁等级评判中相对权重的方法,利用由威胁等级评判函数组成的评判矩阵,和由不同目标相对权重组成的加权矢量,实现对目标威胁等级最终的量化评判。也可以引入人工神经网络(ANN)的 Hopfield 模型,进行诸如电子对抗中的多干扰机应对多威胁雷达目标的混合策略的求解。

3.4.4 能力评估平台建设

3.4.4.1 评估条件

雷达对抗能力评估条件是:建设逼近实际安装条件的平台环境,以及周围介质条件,模拟实际的复杂电磁环境,根据实际安装条件复杂程度,因地制宜建设平台环境。对于大型安装平台而言,考虑到建设规模过于庞大,代价较高,可以通过具体分析影响外场试验效果的主要因素,并紧扣这些主要因素进行平台环境建设,同步建设内场实验室环境,实现系统能力评估条件。

3.4.4.2 建设方案

下面以构建仿真环境为基础,介绍雷达对抗能力评估仿真建设方案。

雷达对抗能力评估仿真环境构建主要有以下部分组成:

(1) 微波暗室;
(2) 雷达信号环境模拟器;
(3) 雷达模拟器;
(4) 射频信号生成系统;
(5) 能力评估系统;
(6) 仿真计算机网络及软件;
(7) 显示控制系统;

(8) 转台；

(9) 专用仪器仪表；

(10) 时统；

(11) 通信设备。

根据不同的具体试验对象，上述试验设备构成了雷达侦察仿真试验回路、雷达干扰仿真试验回路、导弹制导雷达仿真试验回路和电子对抗设备仿真试验回路，这些回路为能力评估系统提供有效的数据和判断信息等。

各种试验设备以仿真计算机网络为中心，形成若干可以分时复用的子系统。系统总体结构框图如图3.21所示。

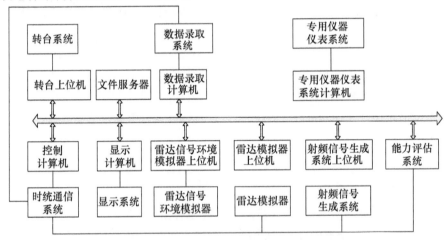

图3.21 雷达对抗能力评估总体结构框图

根据当前雷达对抗采用的通用电子对抗技术，通过网络和总线架构技术，连接各半实物设备，或数字样机仿真系统，采用多种环境模拟器，模拟实际工作环境，实现对各设备性能评估以及各设备之间相互影响对系统能力的影响。具体框图如图3.22所示。

通过建设导航模拟器、电磁环境模拟器、电磁兼容模拟器、上级系统模拟器、作战对象模拟器、雷达航迹模拟器等，用数字形式综合等方式，逼真模拟雷达对抗所面临的各种工作环境和电磁环境。如果需要设置模拟器参数，可以通过系统设计综合数据支持环境导入，也可以根据作战需求模拟典型作战对象信号，在内场环境下，综合验证系统设计合理性，使系统能力达到设计要求。

1) 导航模拟器

用于模拟导航信号，通过硬件接口直接发送至各个设备或模拟器，同时模拟安装平台在各种气象条件下的摇摆情况。

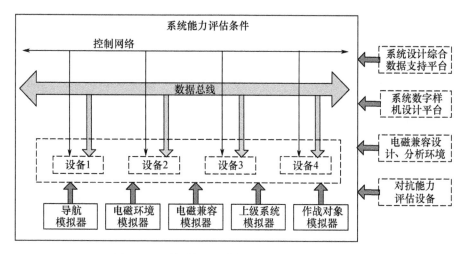

图 3.22　系统能力评估条件建设框图(见彩图)

2) 电磁环境模拟器

用于模拟平台周围电磁环境,包括平台自身产生的大功率信号,周边大功率信号以及多路径反射信号等。

3) 电磁兼容模拟器

用于模拟本平台电磁兼容管理设备送出的匿影信号和数字信号,真实评估匿影对电子对抗设备的影响。

4) 上级系统模拟器

用于模拟上级系统下发的各种指令。

5) 作战对象模拟器

用于模拟电子对抗设备各种典型作战对象。

6) 对抗能力评估设备

用于实时计算对抗能力及效能。

3.4.4.3　对抗能力评估设备

如前所述,对抗能力评估涉及侦察能力评估、干扰能力评估、抗干扰能力评估等许多方面,从技术角度讲,干扰/抗干扰能力评估技术主要是对雷达干扰能力、雷达抗干扰能力以及雷达侦察设备信号环境适应、识别能力等进行评估;评估手段主要有以下几种:

(1) 对抗过程态势再现;

(2) 对抗过程数据及音视频信息同步回放;

(3) 对抗数据多要素对比分析;

(4) 数据表格、图形、文字等多种方式显示。

下面结合某型号仿真系统研制技术,介绍对抗能力评估设备。

1)硬件组成

对抗能力及效能评估系统硬件组成如图 3.23 所示,主要有 4 台辅助评估操控台、1 套综合显示系统、1 台数据库服务器、1 台通信服务器、1 台网络交换机、1 套 UPS 电源、1 台网络打印机。

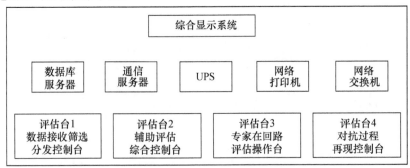

图 3.23　对抗能力及效能评估系统硬件组成示意图

数据库服务器配备一个超大容量硬盘,对用于能力评估的存储数据进行冗余保存,保证数据不丢失。系统安装数据库软件后,能按类存放从雷达侦察仿真试验回路、雷达干扰仿真试验回路、导弹制导雷达仿真试验回路和电子对抗设备仿真试验回路中获取的数据和控制网络得到的各种信息文件,以便试验回放时读取数据,具有速度快等特点。

通信服务器用来发送音视频文件和其他信息文件,保证与外部设备的网络通信质量。

UPS 提供不间断稳定电源,防止系统在断电时丢失数据。

网络打印机用来打印输出评估结果等信息。

评估台 1 用来接收试验回路中的各种数据文件,并将其按类存放到数据库服务器中,同时兼作综合显控台。

评估台 2、3、4 辅助专家对本次试验进行能力或效果综合评估。

2)软件组成

软件部分包括综合显控模块、能力评估分析模块、数据收集分发模块、评估模型与规则管理模块、评估过程再现模块等组成,如图 3.24 所示。

系统以过程再现、态势再现以及对抗能力"专家在回路"评估为设计对象,在已有的信息获取设备、软硬件环境和用户需求等基础上,采用模块化、瀑布型开发模型;通过增加配置信息文件、回放控制命令和时间同步命令等接口报文形式,以及借助于表格、图形、音视频、文字等一些辅助显示方式,实时给出雷达对抗情况、

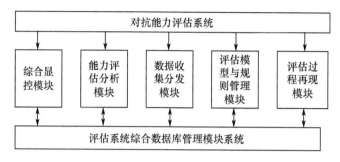

图 3.24　对抗能力评估系统软件组成示意图

能力评估结果等态势信息,并按时间轴同步多屏显示视频及态势等信息,为专家进行能力或效果评估提供多种评估依据;最后,根据专家在设置的评估表格模板上打分及输入的相关评估意见,形成能力或效果综合评估结果,送打印机输出,并同时将结果保存到数据库中,以便进一步研究、改进和探索新的评估方法。

3.5　干扰措施有效性分析

3.5.1　噪声干扰

噪声干扰信号的特点是:信号的频率、幅度和相位均在随机变化,类似于电子设备内部噪声。合适的噪声干扰信号叠加于目标回波,进入雷达接收机,将改变目标回波原有的信号特征,例如,若噪声干扰信号功率大于目标回波功率,则目标回波淹没在噪声干扰信号中,导致雷达接收机难以捕捉到目标回波特征,雷达将丧失测距、测方位、测俯仰、测速和测加速等能力。

噪声干扰对电子设备的干扰效果主要取决于以下因素:

(1) 干扰信号功率与目标回波功率比;

(2) 干扰波形;

(3) 干扰时序对准度;

(4) 干扰频率对准度;

(5) 干扰方位对准度[8]。

3.5.1.1　噪声干扰信号缺陷

噪声干扰信号存在以下缺陷或不足:

(1) 阻塞噪声干扰的干扰功率密度较低,能产生有效干扰时的干扰频谱宽度和干扰功率有限,如图 3.25 所示。

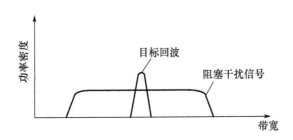

图 3.25　阻塞干扰缺陷示意

（2）瞄准式干扰带宽窄，同一时刻只能干扰一部定频雷达，由于频率引导会产生时间延迟，无法干扰频率捷变和频率同时分集雷达，如图 3.26 所示。

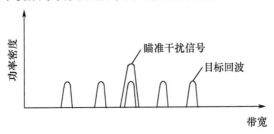

图 3.26　瞄准干扰缺陷示意

（3）扫频干扰有效的限制条件多，瞬时干扰带宽不小于雷达接收机带宽，扫描间隔必须小于雷达脉冲的重复间隔，如图 3.27 所示。

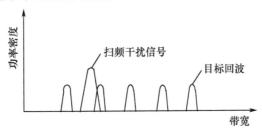

图 3.27　扫频干扰缺陷示意

3.5.1.2　噪声干扰能力

下面从抗噪声干扰效能的角度分析噪声干扰的干扰能力。

有效的雷达抗噪声干扰方法利用了噪声干扰的缺陷或不足。在雷达受到干扰时，可采用以下办法对抗噪声干扰：

（1）捷变频工作；

（2）相干；

(3) 跟踪杂波；
(4) 低旁瓣天线；
(5) 恒虚警率(CFAR)。

若雷达采用频率捷变方式工作,电子对抗能实时接收到雷达发射的每一个脉冲信号,并迅速测量其频率,将干扰频率引导到雷达工作频率上,由于干扰设备测量雷达工作频率、频率引导、干扰信号产生都需要一定时间开销,因此,干扰设备发射的干扰信号前沿始终滞后于目标回波前沿,造成时间域失准。因此,需要采取噪声阻塞干扰方式,而此时,由于被干扰雷达的载频捷变范围宽,噪声干扰信号需要至少覆盖雷达的载频捷变范围,导致干扰信号的功率谱密度下降,严重影响噪声干扰效果。

雷达通过对目标回波相干处理,能获得十几到30dB的处理增益,而对于噪声干扰信号,由于不相干,雷达接收机处理噪声干扰信号时,不会与处理目标回波一样获得处理增益,导致雷达接收机能从噪声信号中正确提取出目标回波。

雷达为了抗干扰,在受到噪声干扰条件下,可以采取两种方法抗干扰:一是取消跟踪目标回波;二是去跟踪接收到的干扰杂波,从而,在方位上跟踪目标,这样,进一步提高了雷达抗噪声干扰的能力。

雷达为了抗远距离旁瓣干扰,通常采用低旁瓣天线,即将雷达天线的旁瓣设计得很低,这样,既能降低侦察设备侦察雷达旁瓣辐射的信号的能力,又能阻止干扰设备从雷达旁瓣进行干扰。

雷达采用恒虚警技术,即在受到干扰时,将雷达的目标检测阈值抬高到噪声信号幅度以上,从而消除噪声干扰对目标回波检测的影响。

3.5.2 扫描控制

无论采用机械方式,还是电子控制方式,雷达都具有波束及扫描控制能力。为了抗干扰,雷达将被迫通过关闭发射机或减少扫描扇区的办法,使雷达接收机避免接收干扰信号,这是雷达采用的一种被动的抗干扰办法。

对于搜索雷达而言,一般不具备长时间搜索记忆功能,可以通过在干扰区内不发射来避免干扰,保证雷达在其他区域能正常工作。

当雷达在干扰机方位不发射时,雷达将失去干扰机平台方向上的目标探测能力,自卫干扰有效,但是,这种干扰不适宜于编队电子对抗,因为雷达在干扰机方向不发射,雷达侦察接收机也就无法截获和测量雷达的技术参数和方位值,也无法引导编队内其他干扰机,对雷达实施干扰;另外,雷达仅仅是在该干扰机方位上丧失探测能力,但是,在编队其他平台方向上,仍能具有正常的探测能力。

对于跟踪雷达,也可以采取上述抗干扰方法,但是,跟踪雷达一般具有记忆跟踪功能,因此,在此方位上,尽管跟踪雷达不发射信号,但是,仍然记忆该目标的方位,也可以要求雷达"跟杂",跟踪对方干扰机发出的干扰信号,即发射机照常发射,接收机检测杂波,从而实现目标方位跟踪[8,27]。

因此,需要雷达对抗研究新的有效对抗措施,同步开展对抗能力评估:

1) 记忆跟踪干扰

尽管雷达已经探测到干扰方位,在此方位停止发射,但是,要求雷达对抗具有记忆雷达技术参数和方位的能力,在接收不到雷达信号的时段内,仍能对雷达实施灵巧旁瓣噪声干扰或高重频假目标干扰,使雷达在旁瓣方向上产生假目标或无法进行探测;评估记忆跟踪干扰能力。

2) 多点源协同干扰

即在雷达周围部署多部干扰机,使雷达在较大的空间域内失去探测能力;评估协同干扰降低雷达有效探测空域能力。

3) 有源闪烁+无源箔条复合干扰

即有源干扰机采用闪烁干扰方式,无源干扰设备发射箔条,同时对威胁雷达进行干扰,使雷达在跟踪方位上出现摆动,最终失去"跟杂"能力;评估复合干扰成功率。

4) 转移干扰

由雷达有源干扰机对准箔条云方向转发放大了的雷达照射信号,以进一步增强箔条的有效反射面积,使"跟杂"雷达跟踪箔条云;评估转移干扰成功率。

3.5.3 记忆跟踪干扰分析

图 3.28 示出了雷达对抗对搜索雷达进行旁瓣侦收和记忆干扰的情况。

这里所说的记忆包含以下两层内容:

(1) 雷达侦察设备具有副瓣侦察能力。在这种情况下,即使雷达主波束不照射干扰机平台方向,而在雷达天线旋转或电子扫描时,旋转一周或完整一次电子扫描,就可能有 2 次天线的副瓣照射到干扰机平台。如果雷达侦察设备具有较高的侦察灵敏度,那么,可以实现副瓣侦收,记忆雷达技术参数,雷达旋转一周,尽管主瓣对准目标时不发射,但是,可以根据所记忆的雷达技术参数,生成干扰信号,对雷达实现一周内的有效干扰。从转第二周开始,重新更新雷达技术参数,开始下一轮的有效干扰。在这种情况下,记忆跟踪时间只需要雷达的一个扫描周期即可。

(2) 雷达侦察设备不具有副瓣侦察能力。在这种情况下,只有在雷达开始搜索目标过程中,利用主瓣照射目标时,对侦察到的雷达技术参数进行记忆,在侦收不到雷达信号时,采用记忆的雷达技术参数产生干扰信号,对雷达进行干扰。与上

第 3 章 雷达对抗能力评估

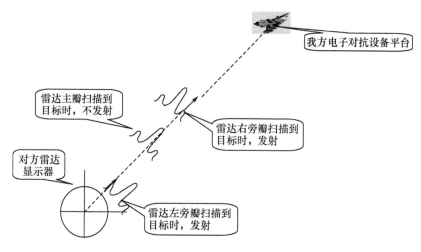

图 3.28 旁瓣侦收和记忆跟踪干扰示意图

一种情况相比,侦察到的雷达参数没有机会更新,因此,需要更精确的记忆精度。同时,可以采用连续的大功率的噪声干扰样式对雷达的旁瓣进行干扰。

3.5.4 协同干扰

设置多个干扰源的目的是:增大雷达停止照射的空间,同时增大旁瓣干扰有效区域。例如,如图 3.29 所示,某搜索雷达的主瓣宽度为 3°,旁瓣宽度为 5.5°,则 3 部干扰机只要在空间按 3° 间隔布局,则 3 部干扰机同时工作,使雷达在 9° 范围内不发射,同时,旁瓣干扰有效区为 $(2 \times 3° + 5.5°) \times 2 = 23°$。

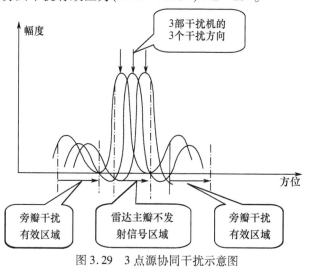

图 3.29 3 点源协同干扰示意图

3.5.5 有源、无源干扰配合

3.5.5.1 有源闪烁+无源箔条

当雷达具有"跟杂"功能时,自卫干扰机将成为雷达的"信标",尽管干扰机仍保持对雷达干扰状态,但是,此时的干扰信号已被雷达用于跟踪目标方位,因此,如何将具有"跟杂"功能的雷达的方位引偏,或引起雷达探测到的目标方位数据产生震荡,甚至无法获取目标方位,是干扰需要解决的关键问题。

有源闪烁+无源箔条复合干扰样式主要是利用箔条作为无源假目标,使雷达产生角度偏离,同时,雷达有源干扰机发射闪烁式的噪声干扰信号(方波调制),导致雷达一会儿跟踪箔条云,一会儿又跟踪干扰机,通过频繁切换,达到扰乱雷达跟踪电路正常工作的目的。

采用这种方法时,其有效性主要涉及以下因素:

(1) 根据威胁目标的来袭方向、干扰机平台位置,确定的箔条云的空间位置是否能满足质心干扰方式的使用要求;

(2) 在干扰开始阶段,干扰机平台位置、箔条云的空间位置是否都处于雷达主波束范围内,如果干扰机功率可控,则可以逐渐降低干扰机功率,引诱雷达去跟踪由箔条形成的"杂波",从而达到干扰的目的;

(3) 雷达干扰信号的闪烁频率值选择是否合理,建议比雷达的方位跟踪反应时间稍大些;

(4) 干扰功率是否远大于箔条云回波信号功率。

3.5.5.2 有源照射无源箔条

在这种情况下,平台雷达对抗系统侦收雷达照射信号,并实时转发,向已在空中形成的箔条云发射,企图增大箔条云的反射面积,如图3.30所示。

为了评估干扰能力,以增大箔条云的反射面积为主要因素,需要综合考虑以下几个方面:

(1) 箔条云布局、干扰信号照射方向和威胁方位之间的空间分布合理性,干扰信号照射方向是否使箔条云在威胁来袭方向上产生最大的反射杂波;

(2) 是否保持转发信号与雷达照射信号的相干性;

(3) 干扰信号是否在箔条云作用时间内发射,在其他时间内不发射;

(4) 干扰信号照射方位是否应随舰船运动、箔条云运动进行方位更新,即干扰信号照射方位实时对准箔条云的程度。

另外,对平台雷达对抗系统来讲,发射舷外有源诱饵,或将舷外有源诱饵与平台雷达干扰机组和使用,也是对抗具有"跟杂"功能的雷达有效方法。

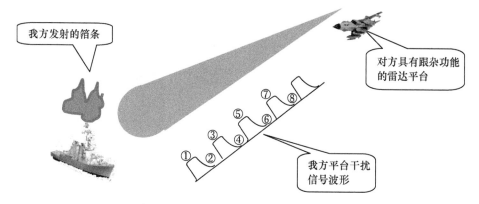

注：①、③、⑤、⑦阶段雷达跟踪干扰机产生的"杂波"；
②、④、⑥、⑧阶段雷达跟踪箔条产生的"杂波"

图 3.30 有源闪烁干扰 + 无源箔条复合干扰示意图

3.5.6 雷达副瓣消隐对电子干扰能力影响

雷达采用的副瓣消隐属于空间滤波的一种电子反对抗（ECCM）技术，在 4.1.2 节中，将详细表述雷达采用副瓣消隐的原理、目的、实现方法等。结合雷达对抗功能实现特点，可以分析得出：为了干扰具有副瓣消隐抗干扰措施的雷达，对干扰设备性能以及干扰样式选择提出了较高的要求。

在该条件下，对抗的重点是干扰雷达副瓣消隐电路。主要有两种干扰方式：

（1）"异常消隐"干扰。通过干扰，使雷达副瓣消隐电路产生错误动作，误将主瓣上的目标回波消隐掉，或在"消隐""正常"之间频繁切换，从而降低雷达的检测性能，该干扰方法适用于采用远距离噪声干扰机掩护攻击飞机。

（2）交叉极化干扰。通过干扰，使旁瓣消隐电路不起作用，导致雷达丧失了检测旁瓣干扰存在的能力。

3.5.6.1 "异常消隐"干扰能力分析

"异常消隐"干扰原理是：采用高重频脉冲干扰信号，干扰雷达旁瓣，使雷达不停地"消隐"主瓣方向上的目标回波。如果采用高功率噪声干扰信号，能使雷达长时间消隐主瓣方向上的目标回波，从而降低雷达探测概率。

由于雷达采用副瓣消隐技术主要用于阻止旁瓣干扰，但是，旁瓣干扰并不是完全不能用，因为，当干扰机通过旁瓣对雷达发射干扰信号时，如果干扰功率足够大，干扰波形为高重频假目标干扰信号，雷达同样会将位于主瓣内的我方目标回波消隐。同时，不停地产生消隐，会下降雷达探测时间，降低探测我方目标的概率，产生漏警。

下面以图 3.31 所表示的场景为例,具体分析、计算干扰功率、干扰波形与干扰效果之间的关系。

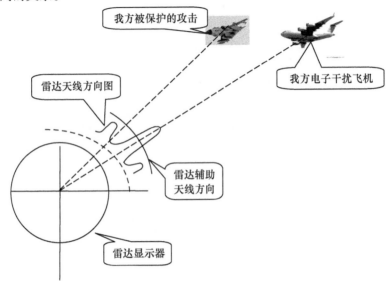

图 3.31 旁瓣干扰示意图

假设对方平台为地面对空搜索雷达,其技术参数和特征如下:
发射功率 $P_t = 10\text{kW}$;
雷达天线增益 $G_T = G_R = 30\text{dB}$;
雷达信号波长 $\lambda = 10\text{cm}$;
雷达接收机输入端之前各种损耗 $L_R = 5\text{dB}$;
雷达副瓣增益 $G_{sl} = 5\text{dB}$;
辅助天线增益 $G_f = 10\text{dB}$;
主瓣和旁瓣之间的夹角为 $\theta_r = 15°$;
天线波束宽度 $\theta_t = 3°$;
天线扫描周期 $T_t = 5\text{s}$。
我方电子干扰机的技术参数如下:
干扰有效发射功率 $P_t \cdot G_t = 10\text{kW}$;
干扰信号重复频率 $\text{PRF} = 100\text{kHz}$;
干扰信号脉冲宽度 $\text{PW} = 3\mu\text{s}$。
我方被保护目标的特征参数如下:
目标雷达反射面积 $\sigma = 10\text{m}^2$。
当雷达主瓣照射距雷达 100km 的我方被保护目标时,在雷达接收机输入端的

目标回波大小为

$$S_{r1} = \frac{P_T G_T G_R \sigma \lambda^2}{(4\pi)^3 R_t^4 L_R} = -118.5 \text{dBm} \tag{3.178}$$

此时,辅助天线信道接收机输入端的目标回波大小为

$$S_{f1} = \frac{P_T G_T G_f \sigma \lambda^2}{(4\pi)^3 R_t^4 L_R} = -138 \text{dBm} \tag{3.179}$$

雷达系统将上述值比较后,确认雷达发现目标存在。

如果雷达主瓣照射我方被保护目标时,我方干扰机对雷达副瓣进行干扰,那么,只要求雷达从辅助天线接收到的干扰信号大于从主瓣接收到的被保护目标的回波信号,则雷达就会产生消隐,从而不处理主瓣回波,位于主瓣内的我方目标就会得到保护,即

$$\text{雷达辅助天线接收机信号} > \text{雷达主天线接收机信号} \tag{3.180}$$

假设在雷达辅助天线处干扰信号功率为 P_j,则雷达辅助天线接收机输入端的信号为 $P_j \cdot G_f$,而雷达天线主瓣接收机输入端的信号为 S_{r1},代入式(3.180)可得

$$P_j G_f > S_{r1} = P_s \times G_t \tag{3.181}$$

图 3.32 说明了干扰功率与雷达主瓣增益、辅助天线增益之间的关系。

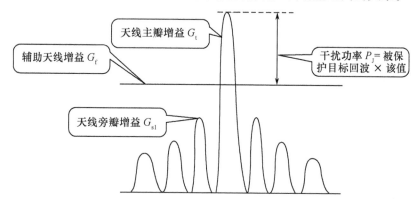

图 3.32 干扰功率、雷达天线主瓣增益与辅助天线增益之间的关系

从以上分析可以得出如下结论:

(1) 如果雷达采用副瓣消隐,则采用旁瓣干扰也能够掩护位于主瓣内的我方目标;

(2) 干扰功率与辅助天线增益有关,增益越大,则需要的干扰功率越高,所以,雷达设计人员一般将辅助天线增益设置为高于旁瓣天线增益几个分贝;

(3) 干扰功率大小与天线旁瓣增益无关;

(4) 由于雷达辅助天线采用宽角天线,因此,干扰方向性与主瓣、旁瓣角度无

关,只要对准雷达天线方位即可,无需对准雷达的主瓣或旁瓣。

3.5.6.2 交叉极化干扰有效性分析

交叉极化干扰原理是:采用交叉极化技术,向雷达主瓣发射极化方式与雷达信号正交的干扰信号,利用雷达辅助天线的交叉极化方向图的平均电平大大低于主天线交叉极化旁瓣电平这一条件,使雷达无法检测到旁瓣干扰的存在,利用雷达在瞄准在线交叉极化存在谷点这一条件,使雷达产生角度误差。

图3.33(a)示出了雷达主天线和辅助天线的共极化方向图,图3.33(b)示出了雷达主天线和辅助天线的交叉极化方向图。

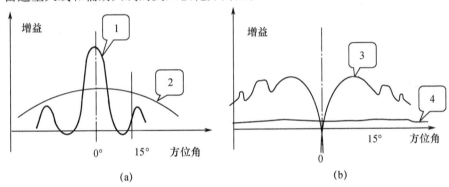

图3.33 主天线和辅助天线主极化、交叉极化方向图比较
1—雷达主天线共极化方向图;2—雷达辅助天线共极化方向图;
3—雷达主天线交叉极化方向图;4—雷达辅助天线交叉极化方向图。

假设干扰机在雷达主天线副瓣方向上发射与雷达信号极化相同的干扰信号,从图3.33(a)中可以看出:从辅助天线接收到的信号比从主天线接收到的信号大,满足"消隐"条件,因此,雷达将不检测干扰信号,不产生干扰效果。

如果干扰机采用旁瓣交叉极化干扰,即在雷达主天线副瓣方向上发射与雷达信号极化正交的干扰信号,从图3.33(b)中可以看出:从辅助天线接收到的信号比从主天线接收到的信号小,不满足"消隐"条件,因此,雷达将接收干扰信号,产生干扰效果。

假设干扰机在雷达主天线主瓣方向上发射与雷达信号极化正交的干扰信号,从图3.33(b)中可以看出:主瓣对交叉极化信号出现谷点,如果谷点深度超过了雷达辅助天线交叉极化电平,满足消隐条件,则雷达将消隐位于主瓣上的我方目标的回波信号,从而达到保护的目的。

综上所述,比较图3.33中的雷达主天线和雷达辅助天线之间的主极化和交叉极化方向图可知:无论干扰机处于雷达的主瓣,还是旁瓣,只要采用交叉极化干扰方式,都将会获得极好的干扰效果。

结合图3.33(b),设定以下参数:

(1) 雷达主瓣交叉极化谷点深度为 $G_g = -10\text{dB}$;
(2) 雷达辅助天线在旁瓣上的交叉极化增益为 $G_{fj} = 0\text{dB}$;
(3) 雷达主天线在副瓣方向上的交叉极化增益为 $G_{zj} = 13\text{dB}$。

考虑两种情况:

(1) 干扰机位于雷达的旁瓣,此时,干扰有效的条件是(同时满足):

① 雷达主天线从旁瓣接收到的交叉干扰信号电平 > 雷达从辅助天线接收到的交叉干扰信号电平;

② 雷达主天线从旁瓣接收到的交叉干扰信号电平 > 雷达主天线从旁瓣接收到的目标回波电平。

在一般情况下,条件①很容易得到满足,因为,在设计天线时,一般只考虑主天线和辅助天线在正常工作时的共极化特征,不考虑这两副天线的交叉极化特征,辅助天线接收到的旁瓣干扰信号可以比主天线从旁瓣接收到的干扰信号稍高3～5dB(不能太高),就能满足消隐条件,但是,主天线和辅助天线的交叉极化方向图不一定满足消隐条件,这为极化干扰提供了机遇。辅助天线对交叉极化具有很好的抑制性,而主天线对交叉极化的抑制性较差,因此,当干扰信号从旁瓣进入时,雷达正常接收干扰信号,不产生消隐现象,使雷达在目标方向上产生误差。

条件②也是很容易得到满足,因为,主天线可以设计得具有很低的旁瓣增益,通常比交叉极化电平增益低许多,而且,目标的雷达反射面积比较小,雷达探测目标,其回波信号电平与距离的4次方成反比,而雷达接收到的交叉极化干扰信号电平与距离的2次方成反比,可以充分利用距离上的优势,进行远距离噪声干扰。

(2) 干扰机位于雷达主瓣方向上,采用交叉极化干扰方式,此时,交叉极化干扰有效的条件是:

① 雷达主天线从主瓣接收到的交叉干扰信号电平 < 雷达从辅助天线接收到的交叉干扰信号电平;

② 雷达主天线从主瓣接收到的目标回波电平 < 雷达主天线从主瓣接收到的较差旁瓣信号电平。

当条件①满足时,雷达将产生消隐,消隐真实的目标回波;当条件②满足时,雷达接收到交叉干扰信号,抑制真实的目标回波。

3.6 雷达对抗能力指标

在雷达对抗系统考核体系方面,主要从以下几个方面反应雷达对抗能力。

3.6.1 综合电磁态势感知

考核综合处理、综合显控功能、对多传感器信息综合处理效果,评判满足电子对抗战术使用要求的综合电磁态势感知功能实现情况。

主要涉及的指标有:
(1) 综合态势生成能力;
(2) 综合信息处理能力;
(3) 侦察互引导能力;
(4) 综合识别能力;
(5) 无源定位能力;
(6) 对方下一步行动预测能力。

3.6.2 协同对抗

在雷达对抗总体框架下,电子对抗战术引导能力,在确保干扰效能最大化条件下,干扰引导方式及流程合理性。资源调度能力,综合显控能力、协同干扰能力,满足电子对抗战术使用要求的能力等。

主要涉及的指标有:
(1) 有源干扰最小延迟时间;
(2) 有源干扰反应时间;
(3) 协同干扰方式;
(4) 协同干扰目标数;
(5) 收发隔离控制方式;
(6) 支援干扰目标数量。

3.6.3 电子情报生成

考核雷达侦察传感器电子情报信息生成情况,包括技术情报和地理位置情报。电子情报库应用情况,雷达情报与通信、激光等电子情报综合收集能力。

主要涉及的指标有:
(1) 电子情报种类。
(2) 电子情报搜索能力。
(3) 电子情报截获能力。
(4) 电子目标识别能力。

(5) 电子目标定位能力。

(6) 电子目标技术特征分析能力。

① 雷达方面包括：射频测量精度；射频变化特征分析能力；信号幅度测量精度；信号幅度变化分析能力；脉冲间隔时间测量精度；脉冲间隔时间调制分析能力；脉冲宽度测量精度；脉冲宽度调制分析能力；脉冲内部频率或相位调制分析能力；天线扫描类型；天线扫描周期测量能力；天线方向图推算能力；天线极化测量能力。

② 通信方面包括：工作频率范围；载频频率测量精度；信号调制样式检测能力；信号持续时间测量精度；信号幅度测量精度；通信体制监测能力；发射机位置测量能力。

(7) 电子目标威胁程度分析能力。

(8) 敌方军事部署分析能力。

(9) 敌方军事行动企图分析能力。

(10) 敌方电子设备薄弱环节分析能力。

3.6.4 数据库管理能力

对雷达识别数据库、电子情报库、威胁库以及信号库等数据库管理能力，包括建立数据库模型、加载数据、日常维护数据库等。

主要涉及的指标有：

(1) 数据模式类型；

(2) 数据加载方式；

(3) 数据库内容调整时间；

(4) 数据库重组能力；

(5) 数据库安全性控制方式；

(6) 数据库完整性控制方式；

(7) 数据库故障恢复能力；

(8) 数据库监控能力。

3.6.5 模拟训练能力

模拟训练层次划分能力，模拟训练各种对抗场景设计和运行能力，模拟训练成绩评判能力。

主要涉及的指标有：

(1) 模拟训练项目类型；

（2）雷达、通信、光电目标静态模型逼真度；

（3）雷达、通信、光电目标动态模型逼真度；

（4）雷达、通信、光电多目标作战行动同步精度；

（5）雷达对抗模拟训练评判标准；

（6）通信对抗模拟训练评判标准；

（7）光电对抗模拟训练评判标准；

（8）雷达、通信、光电联合对抗模拟训练评判标准。

3.6.6 数据事后处理能力

数据事后处理内容和具体实现能力。
主要涉及的指标有：
（1）数据类型；

（2）数据事后下载容量和速度；

（3）数据事后存储控制方式；

（4）雷达对抗数据事后提取和处理方式；

（5）雷达对抗数据事后处理结果输出方式；

（6）通信对抗数据事后提取和处理方式；

（7）通信对抗数据事后处理结果输出方式；

（8）光电对抗数据事后提取和处理方式；

（9）光电对抗数据事后处理结果输出方式；

（10）雷达、通信、光电联合对抗数据事后提取和处理方式；

（11）雷达、通信、光电联合对抗数据事后处理结果输出方式。

3.6.7 功能弱化能力

结合设备各种功能配置,具有功能弱化能力。
主要涉及的指标有：
（1）对抗功能弱化种类；

（2）对抗功能弱化边界条件；

（3）侦察载频测量能力弱化度；

（4）侦察方位测量能力弱化度；

（5）雷达侦察重复频率测量能力弱化度；

（6）雷达侦察脉冲宽度测量能力弱化度；

3.7 关键技术

3.7.1 效能等效匹配外推

雷达对抗系统信号特性复杂，体制和组成多样，现代战场电磁环境复杂，雷达对抗设备对环境依赖性强，单纯依靠解析分析的方法已经不能满足这样一个大型复杂系统的测试和评估要求，因为需要依靠实物，进行外场试验，存在代价高昂且存在不够灵活、保密性差等缺点。应用建立的各种数学模型，采用数学仿真技术构造一个虚拟的电子对抗设备作战环境，并建立适当评估方法和模型，这种基于电子对抗数学仿真的电子对抗作战效能分析、评估方法，不仅可以节省经费，而且科学有效。

但是，这种基于模拟仿真的能力及效能评估方法，模型的逼真度对评估结果的准确性起到决定性作用。通常情况下，都无法获得期望的配试对象以及其准确的数学模型，有时连其确切的工作参数和工作过程都无法获得。这不仅会给模拟仿真本身带来困难与挑战，而且也会给对抗能力及效能评估结果带来许多不确定性。为此，可以从工程实际出发，采用效能等效匹配外推的理论和方法，利用性能与之近似的已知设备代替期望的配试对象，建立作战对象数学模型，通过设置典型应用作战场景，按照雷达对抗系统的典型作战模式及对方攻击模式，应用工程上常用的多因素分析工具：均匀试验和正交试验，根据期望信息系统信息和替代信息系统信息，获取优化配置的指标评估函数，并结合仿真结果，应用数学推理方法，获得与期望配试对象的能力及效能评估结果。

选取层次分析法、模糊综合评判法、灰色综合评判法和神经网络法作为研究对象，结合海上雷达对抗环境，进行深入研究，强调多层次仿真评估、跨层次有机联系，重点在于建立不同评估层之间的有机联系，寻找不同对抗条件下的最优能力及效能评估方法，并在此基础上，进行适当的改进，提出海上雷达对抗能力及效能评估的更有效的新方法。

3.7.2 开发高层体系结构分布式仿真平台

雷达对抗、通信对抗和光电对抗是综合电子对抗的主要组成部分。由于现代高技术条件下的战争，其作战空间设计岸、海、空、天、电等领域的多维一体化作战，为了获得电磁领域的主动权，通常战争双方均会综合采用有源/无源对抗、软杀伤和硬摧毁等多种技术手段，以实现雷达对抗领域的体系对抗模式。所以，面对现代战争条件下的复杂电磁环境,传统的解析分析和专家评估已难以有效和全面地解决系统对抗的作战能力及效能评估问题。为此,本书拟利用计算机仿真技术,采用分布式交互的 HLA 建立一套较为通用和逼真的虚拟战场试验环境,通过对海上雷达对抗、通信对抗和光电对抗的各种层次战法的能力分析、作战使用和对抗模拟演练全过程的信息分析和评估,实现对武器设备的作战能力及效能评估及战技指标进行论证等目的。

HLA 是 1996 年 9 月美国正式公布的高层体系结构,其目的就是解决各类仿真应用之间的互操作和仿真部件的可重用。HLA 系统框架的出现为虚拟仿真提供了方便、快捷的体系结构,使分布在各地的试验环境实现真正意义上的共享,能准实时地完成各类武器设备的试验。利用通用技术框架可建立高效率、高标准、高质量的仿真系统。

海上雷达对抗能力及效能评估系统采用 HLA 有以下依据:

1) 利于互联

海上是一个复杂的战场环境,各对抗实体之间是一种典型的分布式结构,而 HLA 是分布式交互式的最新技术,二者的体系结构一致。在 HLA 中,利用实时接口(RTI)提供的服务,将各雷达对抗设备以联邦成员的身份加入联邦中,很容易形成一个由雷达对抗成员组成的分布式环境,系统的互联变得十分简单。

2) 利于互通

HLA 的一个重要特征是将仿真应用与底层的通信和基本功能相分离,由 RTI 提供的服务来实现底层的通信和基本功能,联邦成员不必涉及底层的网络编程,因而可将精力放在应用领域有关的仿真应用开发上。所以说,在以 HLA 为体系结构的雷达对抗能力及效能评估仿真系统中,各雷达对抗联邦成员只需"专心"自己的工作,无需考虑其信息如何传给融合中心。它只需公布其想要发送的数据就可以了,系统的互通也变得非常便捷。

3) 利于互操作

在 HLA 中,RTI 按 HLA 接口规范提供一系列支持联邦成员互操作的服务函数,各个联邦成员之间通过公布/定购对象类和交互类就可以灵活地进行互操作。

4) 利于重用

在 HLA 中,采用成员框架和仿真模型分离的方法,不仅利于框架人员和模型成员集中精力进行各自领域的设计,而且利于模型和代码的重用。在现代信息系统的开发上,是否可重用是关系到一个产品是否有长期价值的重要标志。应用 HLA,能很好地解决了重用性问题。

5) 利于扩展

对雷达对抗能力及效能评估研究涉及许多雷达对抗设备和不确定因素,而且,根据作战任务,对抗设备也不尽相同。在基于HLA的体系结构中,系统下一步的扩展,只需要在现在系统的基础上,加入几类关心的联邦成员,而原有系统不需要做什么变化就可实现扩展。

6) 利于模型完善和升级

由于雷达对抗能力及效能评估涉及的模型比较复杂,因此要一步达到很高的仿真真实度是不现实的,需要不断地完善和升级。由于模型和成员也是分离的,因此对于模型的完善和升级不会触及整个系统的调整。

3.7.3 动态仿真实时评估

由于现代高科技战争是一种非线性、非对称的体系与体系的对抗,呈现出空间多维化、时间实时化、对象多元化、样式多样化等新特点,因此,高技术作战通常包含巨大的复杂性与许多不确定性,这给雷达对抗系统的体系对抗模拟与能力及效能评估提出了巨大的挑战。

传统的系统能力及效能评估,其基本过程是:首先根据研究目标确定体系边界;然后,对这一边界内的设备体系构造概念模型,建立仿真模型,编制作战想定;最后,针对整个体系进行试验设计,专项仿真试验,对试验结果进行统计分析,并在此基础上进行综合评估。一般地,在试验框架相同的条件下,分辨率较高的模型,其模型的有效度也相对较高。但模型分辨率越高,则试验的效率就越低。这种分辨率与效率的矛盾,集中体现了解决评估有效性的瓶颈在于模型的复杂度分辨率和试验的复杂度计算量。目前,人们为了有效地解决模型的复杂度和提高动态仿真过程的实时评估问题,引入了模型重用的思想和层次化、模块化的建模方法。但从工程应用上看,仍存在如下的不足:

(1) 支持跨层次多分辨率体系仿真的理论基础及其对应的方法不够成熟。因为传统的仿真评估方法虽能较好地解决单个系统的能力及效能评估,但是,如何根据单个或者较低层次运行的仿真结果支持体系论证,目前还缺乏有效手段。

(2) 无法克服体系建模与仿真中巨大的模型复杂度和试验复杂度所导致的低效率,从而难以开展跨层次多分辨率仿真。高层仿真依赖于低层仿真的数据支持。开展跨层次多分辨率仿真需要大量的、高质量的低层仿真试验数据。一方面,影响现代设备体系对抗效能的因素很多,战场情况复杂,不确定性的随机因素很多,为了得到可信度较高的能力及效能评估指标就需要进行大量的重复仿真试验,尽管现代计算机的运算速度提高很快,但为了进行方案空间的探索,其仿真试验的代价将会非常高;另一方面,在传统的仿真评估方法论中,不论是在评估层次,体系构成,还是在试验框架方面只要有一个方面发生变换,就必须重新进行全体系仿真,这就大大降低了评估的效率,增大了试验的复杂度。

(3) 按传统的方法,将许许多多的单个仿真系统组合在一起,针对不同的作战想定进行仿真,组织复杂、时间周期长,仿真试验所获得的样本有限。这种形式的仿真面向训练具有较大的优越性,但是不适合体系论证,因为体系评估论证中,随机因素多,想定变化大、要求获得较大的试验样本作为评估分析依据。

(4) 尚未形成一套适应跨层次多分辨率体系仿真的行之有效的试验设计与分析方法。目前的情况大多是追求对仿真输入的响应结果以及一些表面的统计分析,对仿真试验数据缺少深入的分析,没有了解这些数据所包含的知识,这就无法保障低层仿真模型的质量,从而不能满足高层仿真对低层仿真的数据及知识要求。

(5) 复杂的单个系统的高分辨率仿真系统通常由工程技术人员建立,一方面仿真模型的运行与维护成本高,计算时间长;另一方面,模型的复杂性使得高层次决策者难以理解其运行原理甚至输出结果,这就影响了仿真模型在军事决策中的应用效果。

为了解决上述问题,可以采用模型与元模型相结合的思想,对雷达对抗系统的能力及效能评估进行研究。因为元模型比模型的抽象程度高,可以重现原始模型的输入/输出映射关系,不仅能较好地解决模型继承中的问题,而且元模型是通过对仿真模型的数据进行拟合而得到的新的、简化的、近似的数学模型,可用它代替或部分代替仿真模型进行的仿真试验,能在满足精度要求的条件下,大幅降低模型的复杂度和计算量,提高动态仿真过程的实时性。

对不同的评估活动可采用元模型进行评估,不仅能降低仿真的计算量和仿真试验的复杂度,而且可提高动态仿真实时评估过程的效率。其中,对元模型的生产采用多项式回归、kriging 模型等拟合方法。

3.7.4 评估数据分类采集

在雷达对抗能力及效能评估中,随着仿真时间的增长,通常积累着大量的仿真数据,传统的数据分析方法是根据系统的指标体系对系统的行为进行统计分析和模型解释,没能从这些数据中抽取出感兴趣的知识或模式,存在"数据丰富而知识贫乏"的问题。为了解决该问题,在 HLA 架构的基础上,引入数据挖掘技术,把确定的评估指标体系转化为数据挖掘问题的定义,使开发的系统即具有指标统计分析功能,又具有获取数据中隐藏知识的能力,以充分发挥本书在成本、能力和使用范围等方面表现出的优越性。其思想方法,如图 3.34 所示。

从图 3.34 中可以看出,针对仿真过程积累的大量数据,先采用数据挖掘中的

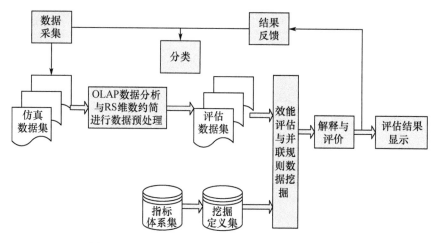

图 3.34 基于数据挖掘技术的能力及效能评估过程

联机分析处理(OLAP)与粗糙集约简技术对仿真数据集进行数据预处理,将无用数据和异常数据剔除,并用支持矢量机(SVM)分类方法生成待评估的数据集,然后结合评估指标体系,应用评估模型和关联数据挖掘技术相结合的思想,获得能力及效能评估结果和分类关联规则,并对其进一步解释与评价,将存在的偏差结果反馈给数据采集模块和分类模块,以修正和调整数据采集与分类的过程。显然,此方法既可提高能力及效能评估的准确率,又可提高能力及效能评估的效率,同时还可从仿真数据中挖掘出用户感兴趣的知识或模式。

第 4 章

雷达抗干扰能力评估

当矛与盾发生交战时,尖刃无比的矛可能刺穿盾,获得进攻的胜利,因为矛击中盾的薄弱部分。如果矛的攻击点位于盾的坚固部分,即使矛尖刃无比,也未必占上风,甚至可能被折断,盾获得防御的胜利。因此,要赢得交战的胜利,矛必须仔细分析盾的坚固和薄弱部分,攻击其薄弱点;同样,盾必须仔细分析矛的坚韧程度,结合自身的坚固程度,选择好适宜的防御点[9,10]。

在电子对抗领域,电子对抗(ECM)和电子反对抗(ECCM)就是一对矛盾,这种矛盾主要表现在以下几个方面。

1) 从定义上角度看

电子对抗是阻止敌方雷达使用电磁频谱,保护我方电子设备使用电磁频谱;电子反对抗是雷达采取的一系列措施,使我方雷达在敌方施放电子干扰时,仍然有效地使用电磁频谱。

2) 从交战过程看

第一步是侦察和反侦察的较量。要求电子对抗设备能全方位、全频段、近100%侦察到辐射源信号,进行处理、识别和定位,而电子反对抗要求雷达系统采取措施进行反侦察,阻止雷达信号被对方电子侦察设备截获;即使被截获,也会造成雷达侦察设备参数测量错误,分选困难;第二步是干扰和反干扰的较量。要求电子对抗设备充分调动和合理使用干扰资源,对威胁雷达进行电子干扰。而电子反对抗要求雷达系统采取措施进行反干扰,在干扰存在条件下,使雷达不受电子干扰的影响,对目标进行有效探测、跟踪,完成雷达使命。

由于矛盾双方既相互制约,又相互促进发展,因此,无论是雷达总体设计师,还是电子对抗设备设计人员,不但要熟悉本领域的技术设计原则,更重要的是要了解和掌握对方采取的一系列措施以及相应的设计原则,只有这样,才能立于不败之地。据此,从电子反干扰措施角度,分析电子对抗技术的有效性,从电子对抗角度,分析电子反干扰措施的有效性,其重要性不言而喻。

第 4 章 雷达抗干扰能力评估

目前,已经出现的电子反干扰措施有 150 种之多,而电子反干扰措施有 400 多种,每一种反干扰措施都存在设计用意、目的、具体要求,以及针对某些干扰措施的反干扰效能。从电子对抗角度来看,需要具体分析针对该类反干扰措施,电子对抗应该采取的干扰措施,并进行效能试验验证。

4.1 雷达抗干扰分类与机理

4.1.1 总体设计

在雷达抗干扰指标体系和能力及效能评估方法方面,国内已开展了大量研究工作,通过借鉴国外雷达抗干扰理论和研究结果,已经取得了部分研究成果。例如,在雷达抗有源噪声遮蔽干扰能力方面,研究的理论基础是将雷达信噪比理论应用于雷达信干比中,研究成果相对较为完善,但是,对噪声干扰以外的其他有源干扰模式下,有关雷达抗干扰指标体系和能力及效能评估方法研究较少,还没有建立更全面的成熟的雷达抗干扰能力及效能评估标准。

随着高新技术的发展越来越快,对雷达/电子对抗设备开发和研制的要求越来越高,从而大大增强了对雷达/电子对抗的战术技术指标评估能力的需求,不断研究建立实用的雷达抗干扰评估系统以及相关试验方法就显得十分必要[11-14]。

4.1.1.1 定义

雷达抗干扰是指:在军事对抗中,被干扰方在雷达辐射被侦察和被干扰条件下,仍能确保雷达能有效地运用电磁频谱所采用的一系列措施。

无论是战时,还是平时,雷达都必须在复杂多变的电磁环境下工作,电子对抗使用雷达侦察手段,在远处能测量出雷达辐射技术参数和方位,多站协同侦察时,还能使用三角定位方法,测量出雷达所处的位置,以便在实施干扰时,利用这些参数引导干扰机,向雷达方向发射干扰信号,干扰雷达的正常工作;另外,雷达需要采取各种措施,降低或消除外部干扰对雷达探测和跟踪目标性能的影响。

4.1.1.2 目的

为了执行目标探测、跟踪任务,不同雷达都需要具有各种各样的抗干扰能力。雷达抗干扰目的主要是降低干扰效能,提高雷达自身抗干扰能力。

通过应用多种抗干扰技术,能从提高雷达自身性能方面提高雷达抗干扰能力。例如,雷达采用脉冲压缩技术,在雷达接收机中获取压缩增益,如果雷达接收机接收到的干扰信号不具有雷达目标回波信号的脉冲压缩特征,则在雷达接收机中,干扰信号无法获取压缩增益,从而,提高了信噪比和信干比;同样,雷达采用相参积累处理技术,在雷达接收机中,对目标回波信号而言,能获得相参积累增益 N,采用非相参处理技术,获益只有 $\sqrt{N}$,N 为积累处理的脉冲数量。

雷达采用相参积累动目标处理技术,能提高雷达在噪声信号中对目标检测的能力,相对非相参积累处理而言,雷达将获得更好的抗噪声干扰能力。

为了对抗欺骗干扰信号,雷达可采用多普勒速度跟踪、重频抖动等抗异步电路等办法进行对抗。

雷达采用捷变频方式,能有效对抗遮蔽干扰,如果干扰机采用宽带噪声遮蔽干扰,与采用固定频点的噪声遮蔽干扰相比,由于扩大了干扰信号带宽,降低了干扰信号功率密度,而雷达接收处理后的信号干扰比约为 $2E/N_0$,E 为雷达接收到的目标回波能量,N_0 为雷达接收机输入端的干扰能量或单位带宽内的干扰功率,因此,雷达提高了信号干扰比,增强了目标回波的检测能力。

综上所述,为了达到降低对方干扰效能的目的,所采取的主要实现方法是:通过采用脉冲压缩、相参积累、多普率跟踪、载频捷变等方面,降低甚至消除对方干扰信号对雷达监测和跟踪目标的影响,相对提高了雷达自身抗干扰能力。

4.1.1.3　与雷达干扰对应关系

雷达干扰和抗干扰的关系是一对矛与盾的关系,矛与盾相互制约,又相互促进、发展。据此,在研究雷达抗干扰措施时,同样需要充分研究雷达干扰技术和其技术发展,才能为雷达当前和未来抗干扰提供技术支撑。研究的主要内容包括雷达干扰技术发展、雷达干扰技术分类、干扰技术特点、不同干扰作用途径等。这些内容也是雷达抗干扰指标体系及评估试验方法的基础之一。

4.1.1.4　抗干扰手段与能力的关系

不同的抗干扰手段对应相应的抗干扰能力,即使用的抗干扰手段与采用该手段后所获得的抗干扰能力相对应。这一点,从定性上讲,是比较容易理解的;若从定量角度研究抗干扰手段的抗干扰能力,则需要完成大量研究工作。第一,根据雷达的工作原理、作战用途、功能和不同的干扰样式等,进行雷达抗干扰机理分析,通过数学推导,建立雷达受干扰的理论模型;第二,根据理论模型,对雷达抗干扰能力进行分析评估,为雷达抗干扰体系建立提供关键技术支撑;第三,基于各种抗干扰能力评估结果,研究各种抗干扰技术手段运用;第四,通过不间断总结各种抗干扰技术手段运用结果,对抗干扰理论模型进行修改、完善,从宏观上对干扰分类、概念进行分析、处理,到微观上对抗干扰机理细致研究,只有这样多次循环,才能更全面细致地了解不同抗干扰措施给雷达带来的收益程度。

抗干扰手段与能力之间的关系如图 4.1 所示。

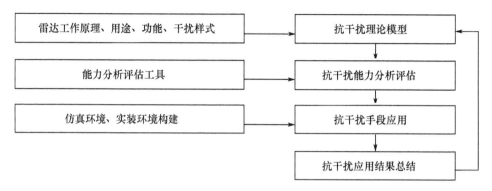

图 4.1 抗干扰手段与能力之间的关系

4.1.1.5 分类

为了使雷达在工作时回避干扰,雷达工程师采取了多种手段提高雷达的抗干扰能力,从自身设计提高雷达的性能和降低干扰效能上采取办法。从提高自身性能方面来讲,如采用动目标处理技术,提高改善因子,增加速度跟踪能力等;从降低干扰效能方面来讲,如增加频率捷变带宽,降低遮蔽干扰的功率谱密度。另外,还有新出现的以其人之道还治其人之身的方法,用于迷惑干扰机,如射频掩护、虚假雷达信号等。

下面从空间域、时间域和频率域三个方面,对雷达抗干扰措施进行分类。

1) 空间域

在空间域方面,雷达主要采取以下抗干扰措施:

降低雷达发射天线副瓣,降低雷达发射信号被雷达侦察设备侦察到的概率;

低/超低副瓣接收天线,降低由雷达接收天线副瓣接收到的自卫干扰、随行干扰与支援干扰等干扰信号的幅度;

窄波束、高增益天线,减少主瓣进入干扰(自卫干扰)的受影响角度范围;

自适应波束调零,减少副瓣干扰;

多发射站闪烁工作,降低被侦察到的概率;

发射、接收天线分开,单个天线发射,多个天线接收,增加接收信号能量;

多个接收站进行时差定位,或实施三角测量定位,用于抗距离欺骗干扰、角度欺骗干扰;

双/多基地雷达,用于抗主瓣干扰、副瓣干扰;

副瓣消隐、对消技术,用于抗副瓣干扰;

多波束形成技术,减少主瓣干扰影响范围;

单脉冲测角,用于抗角度欺骗干扰;

设置辅助发射天线与诱饵,降低雷达被精确定位的可能性。

在空间域方面，雷达主要采取的抗干扰措施及效能示意如表 4.1 所列。

表 4.1　空间域中雷达主要采取的抗干扰措施及效能示意

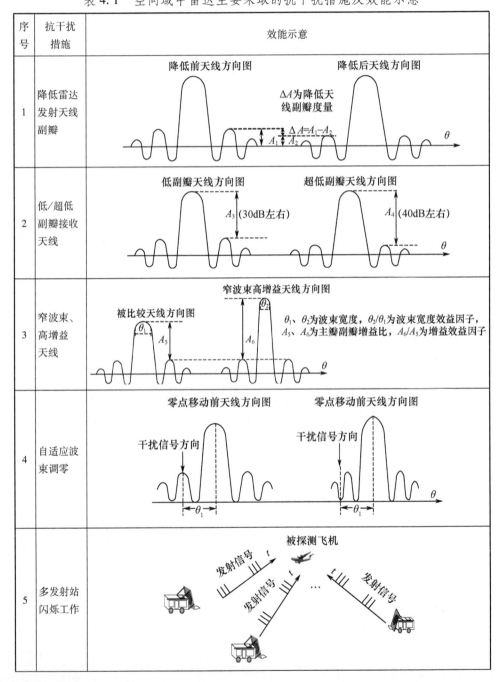

(续)

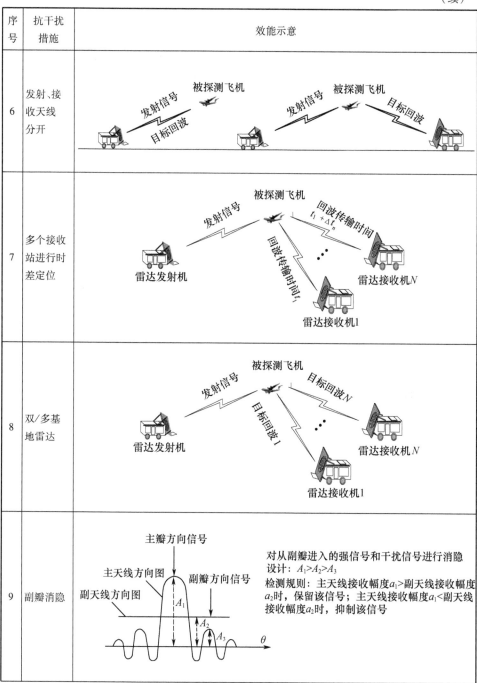

(续)

序号	抗干扰措施	效能示意
10	多波束形成技术	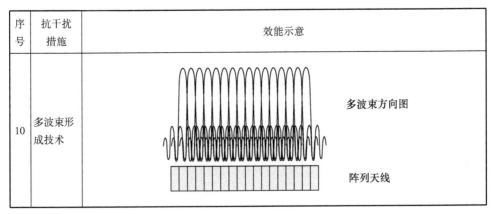多波束方向图 阵列天线

2）时间域

雷达在时间域方面主要采取以下抗干扰措施：

波形捷变，增加雷达侦察设备分选雷达信号的难度，降低雷达侦察设备中雷达信号数字储频的作用；

相干脉冲串信号，脉冲多普勒(PD)信号处理，增加频率分辨；

波形选用；

时间鉴别，增加瞬时测频难度，减少数字储频作用；

射频辐射管理(RFRM)，减少雷达发射时间。

雷达在时间域方面主要采取的抗干扰措施及效能示意如表 4.2 所列。

表 4.2 时间域中雷达主要采取的抗干扰措施及效能示意

序号	抗干扰措施	效能示意
1	波形捷变	幅度 捷变波形 被探测目标 雷达
2	相干脉冲串信号	幅度 脉冲相干波形 被探测目标 雷达

(续)

序号	抗干扰措施	效能示意
3	大时宽带宽信号	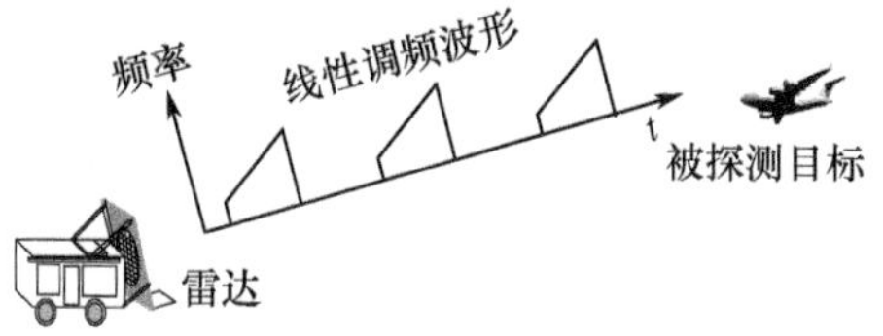
4	波形选用	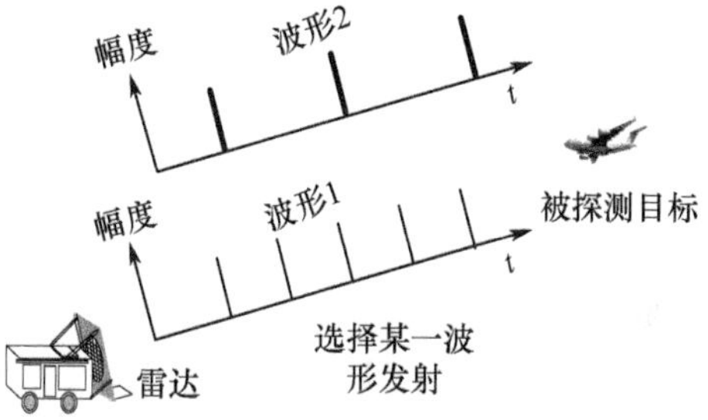
5	时间鉴别	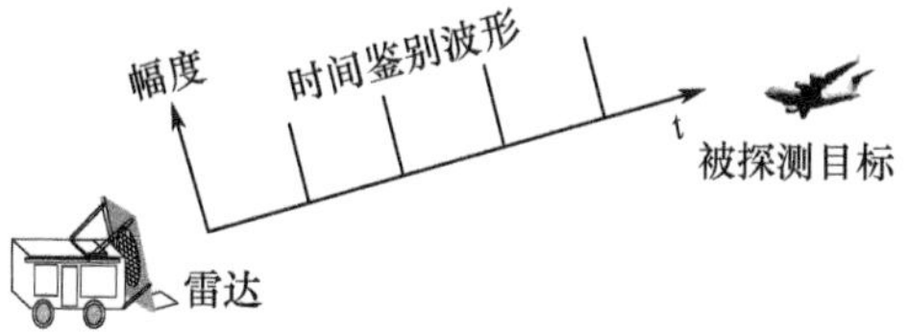
6	射频辐射管理	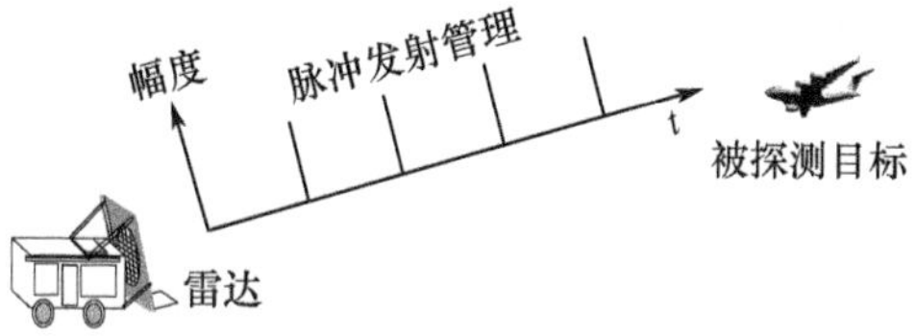

3）频率域

雷达在频率域方面主要采取以下抗干扰措施：

频率捷变、频率分集、瞬时宽带信号，迫使干扰机增大干扰信号带宽，降低干扰信号功率谱密度；增加瞬时测频难度，减少数字储频作用；

双频/多频接收站，增加信号/干扰比；

宽带/超宽带雷达技术，增加信号带宽；

活动目标指示器（MTI）、活动目标检测（MTD）、脉冲多普勒（PD）、反杂波，增加相参积累时间；

扩展雷达频谱，甚高频（VHF）底端及毫米波波段，增加接收难度。

雷达在频率域方面主要采取的抗干扰措施及效能示意如表4.3所列。

表4.3　频率域中雷达主要采取的抗干扰措施及效能示意

序号	抗干扰措施	效能示意
1	频率捷变	
2	频率分集	
3	瞬时宽带信号	
4	双频/多频接收站	
5	宽带/超宽带雷达技术	

(续)

序号	抗干扰措施	效能示意
6	MTI	
7	MTD	
8	PD	

下面再从天线、发射机、接收机、信号处理和雷达体制上分别介绍抗干扰技术。

4.1.2 天线抗干扰

天线是雷达与辐射空间之间的变换器,处于雷达抗干扰的初始阶段。

为了增强雷达发射与接收天线的方向性,雷达采用空间鉴别技术。空间鉴别包括以下技术和措施:天线覆盖范围和控制技术、随机式扫描、高增益、多波束接收、低副瓣、副瓣消隐、副瓣对消、极化、自适应阵列天线系统等。

4.1.2.1 天线覆盖范围和控制

当雷达进行方位扫描时,一旦发现扫描扇面中包含了干扰信号,可立即断开雷达接收机,能防止雷达接收机接收来自干扰机的干扰。

4.1.2.2 随机式扫描

对抗设备进行欺骗干扰时,干扰信号发出时机取决于测量获得的雷达脉冲到达时刻。若雷达采用固定周期进行空域扫描,则干扰机就很容易根据当前测量得到的雷达脉冲到达时刻,推算出雷达下一个脉冲到达时刻,这样,对抗设备就可以依据需要产生的干扰效果,根据雷达脉冲到达时刻,提前、同时或滞后发射干扰脉冲,从而达到干扰的目的;若雷达采用随机式电子扫描,能有效地阻止来自同步天线扫描速率的欺骗式干扰机的干扰,因而,能有效对抗这类欺骗式干扰。

4.1.2.3 高增益

雷达使用高增益天线以后,辐射出的信号方位、仰角宽度狭窄,例如,发射波束选用针状波束,从而在方向上,降低了雷达侦察设备侦察到雷达信号的概率;另外,雷达使用高增益天线,也使雷达接收到的目标回波得到放大,从而提高了雷达信干比,降低欺骗式干扰效果,甚至使干扰无效。

4.1.2.4 多波束接收

雷达应用多波束天线后,能产生多个锐波束,采用合成技术,将这些锐波束合成一个或多个能覆盖特定空间的成型波束。当干扰机对雷达进行干扰时,雷达的某一个或几个波束将会受到干扰,如图4.2所示,由于雷达每一个波束都具有接收外部信号的能力,当其中某些波束遭遇干扰后,其余的波束仍能保持着探测能力。

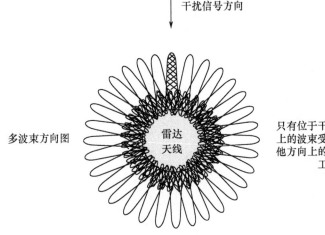

图4.2 雷达方向局部受到干扰示意图

4.1.2.5 低副瓣

随着干扰机干扰功率增加,干扰机逐步具备了对雷达副瓣进行干扰的能力,即干扰机对准雷达天线的副瓣方向发射信号,使干扰信号从雷达天线副瓣进入雷达接收机中,从抗干扰角度讲,要求雷达发射接收天线具有低副瓣是完全必要的。但是,在进行雷达天线技术设计时,一旦满足低副瓣,会导致雷达天线主瓣加宽,反过来,更有利于干扰机实施主瓣干扰,据此,必须在确定雷达天线方向图时全面考虑。通常规定副瓣信号值比主瓣信号值低 30dB,是较理想的状态。从理论上讲,应用开口喇叭式天线辐射器能够获得这种低副瓣的结果,但需要在天线增益、波束宽度和副瓣水平之间进行合理折中。为了获得一个主波束宽度较小且副瓣低的天线,造价较高且外形较大也是必然的。另外一种天线低副瓣设计方法,是启用雷达吸波材料作为天线结构材料,并应用极化屏蔽和反射器等技术。与普通天线相比,低副瓣天线成本高、尺寸大、加工误差要求严。

4.1.2.6 副瓣消隐

雷达采用副瓣消隐(SLB)和副瓣对消(SLC)这两种技术,可以防止干扰机通过雷达副瓣进行电子干扰。

副瓣消隐是抑制从雷达天线副瓣进入的有源干扰信号的有效技术之一,其目的是阻止强目标和干扰脉冲通过天线副瓣进入雷达接收机。为了实现这一目的,首先,要求雷达能分辨某一信号究竟是从主瓣进入的,还是从副瓣进入的。据此,需要采取必要的措施,设置相应的判别准则。

常用的措施是:在雷达组成中,增加一个全向天线(辅助天线),该天线增益介于雷达主天线主瓣增益和副瓣增益之间,天线为全向天线的目的是:无论该信号来自主瓣还是副瓣,该天线都能接收到。该辅助天线的增益比雷达主天线的主瓣增益低,比副瓣增益稍高,其原理如图 4.3 所示。在进行设计和加工时,雷达主天线一般选用窄波束、高增益、低副瓣天线,辅助天线一般选用宽波束低增益天线。辅助天线方向图基本上与主天线副瓣方向图相匹配,但是,增益要比主天线副瓣电平略高,如 6dB。通常情况下,辅助天线应靠近主天线或自成一起,例如,辅助天线可以用同一部雷达主天线阵中若干阵元形成。

相应的判别准则是:雷达天线接收到的信号 A_1 与从辅助天线接收到的信号 A_2 分别经过相同的平方律检波器,将输出后的信号进行幅度比较,在一次扫描和每一个距离单元的基础上,判定信号来源。如果 $A_1 > A_2$,则表明该信号来自主瓣方位;如果 $A_1 < A_2$,则表明该信号来自副瓣方位。根据使用判别准则得出的结果,驱动副瓣消隐电路,就可以消除从副瓣进入的目标回波和干扰信号。

通道设计:需要同步设计雷达主接收处理通道和辅助接收处理通道。主接收

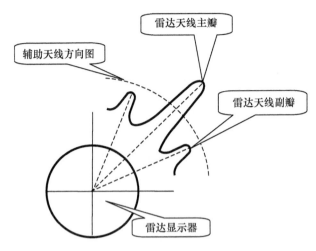

图 4.3　雷达副瓣消隐抗干扰原理

处理通道接收处理来自雷达主天线接收到的回波信号,辅助接收处理通道接收处理来自辅助天线接收到的各种信号。

4.1.2.7　副瓣对消

副瓣对消的目的是:抑制通过雷达副瓣进入的具有高占空比和类似噪声的干扰信号。其工作原理是:通过增加辅助天线,自适应估计干扰方向和功率,然后,调节雷达天线接收方向图,将零点置于干扰方向,从而抑制干扰信号。

抑制多少个干扰源就需要多少个辅助天线。

4.1.2.8　极化

电磁波辐射可以用电场矢量来表述,电场矢量方向一般按照旋转和线性两种方式变化,旋转变化时,将产生圆极化波,按照旋转方向,圆极化波可分为左旋圆极化波和右旋圆极化波,这两种波形极化之间的关系是正交极化关系;线性变化时,将产生线极化波,按照线性方向,线极化波可分为水平极化波和垂直圆极化波,这两种波形极化之间的关系也是正交极化关系。

从雷达发射信号和接收目标回波效能角度分析,雷达采用垂直极化方式发射信号时,也将采用垂直极化方式接收目标回波,只有这样,才能获得最佳接收效果。采用垂直极化方式接收水平极化信号,雷达接收机所接收到的幅度将严重下降,因此,若干扰信号采用水平极化方式,则对采用垂直极化方式接收目标回波的雷达接收机而言,干扰效果将下降,因此,极化也可作为雷达抗干扰的技术手段。

为了使雷达具有正交极化的抗干扰能力,雷达天线方向图应具备以下条件:首先,同极化主波束的雷达抗干扰技术分析增益与正交极化增益之比均应大于

25dB,这必然会增加雷达系统的成本;当雷达具有较低的正交极化的天线方向图后,能有效地对付正交极化的噪声或欺骗干扰机;其次,雷达天线系统利用极化特性有意地去接收雷达波的横向极化分量和另外的同向极化分量,两种正交极化分量可根据其不同极化的差异,将箔条干扰波中的真目标鉴别出来。然而,这一有限好处的获得是以复杂的天线系统为代价的,例如,一个相控阵天线用的辐射单元应分别接收和发射两种正交极化分量的雷达波,并且要用两套接收机和信号处理装置。

4.1.3 发射机抗干扰

在雷达发射机技术方面,采取的抗干扰措施主要有采用复杂、变化的发射波形,改变发射频率,如捷变频、频率分集、扩谱等。

4.1.3.1 捷变频

捷变频是指雷达在每一个发射脉冲之间或组合脉冲之间改变发射频率。

雷达采用组合脉冲之间改变发射频率时,容许雷达进行多普勒处理,它不同于脉间频率捷变的工作方式。在脉间频率捷变工作的波形中,每个发射脉冲的中心频率是可变的,或是随机式改变频率,或是按照固定程序改变频率,相邻两个脉冲之间的中心频率相差很大,下一脉冲的中心频率难以用普通方法从当前脉冲的中心频率预测出来。

图4.4示出了雷达采用捷变频方式所获得的抗干扰效能,图4.4上面表达的是单个脉冲干扰情况下,干扰信号频谱与雷达脉冲频谱之间的关系,当采用压制方式干扰雷达时,干扰信号频谱需要完全覆盖雷达信号频谱;图4.4下面表达的是雷达采用脉冲间频率捷变情况下,干扰信号频谱与雷达脉冲频谱之间的关系,当采用压制方式干扰雷达时,干扰信号频谱需要完全覆盖雷达信号频谱;由于雷达脉冲频率相差较远,迫使干扰信号的频谱覆盖宽,导致干扰信号频谱密度减小,降低干扰效果。

在进行抗噪声干扰有效性分析测试时,需要考虑到干扰设备采用的两种情况:

第一种情况,干扰设备采用干扰频率迅速设置为当前测到的雷达脉冲频率,机载雷达采用非相干频率捷变,在雷达处于噪声干扰环境下,通过测量雷达搜索比干扰信号辐射平台近、远目标和跟踪指定目标时的能力,检测雷达抗噪声干扰效果。

第二种情况,干扰设备采用阻塞干扰,此时,干扰接收机实时测量记录一组频率值,并确认该组频率值来自同一部雷达,则可以选择干扰带宽不小于该组频率值的阻塞干扰,通过测量雷达搜索比干扰信号辐射平台近、远目标和跟踪指定目标时的能力来检测雷达抗阻塞干扰效果。

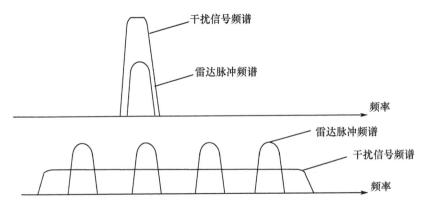

图 4.4 捷变频抗干扰措施示意图

4.1.3.2 频率分集

频率分集是指雷达为了完成同一任务,同时或近似同时发射多个脉冲,每一个脉冲或每一个脉冲组载频都不相同,或是一部雷达在仰角方向上具有的多波束使用了不同的频率,或是若干个雷达使用不同的发射频率。从抗干扰的角度分析,雷达使用捷变频或频率分集工作方式时,其主要目的是迫使干扰机为了覆盖宽的雷达工作带宽,在频域上分散干扰能量,造成干扰机降低干扰功率密度,改善雷达抗干扰性能。频率分集抗干扰措施示意如图 4.5 所示。

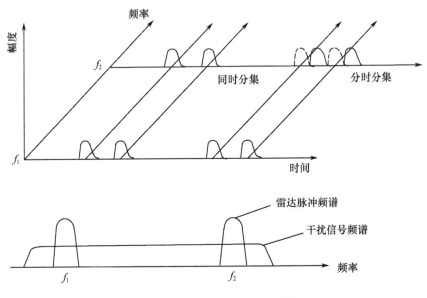

图 4.5 频率分集抗干扰措施示意图

4.1.3.3 扩谱

扩谱是指雷达在发射每个脉冲信号时,使信号的瞬时带宽呈现很大的频率变化,即变化范围能达到发射频率的 10% 以上,就能达到扩谱目的;另外,雷达也可以采用宽脉冲宽度技术,在发射波形上,表现为大的时宽带宽积,大时宽带宽信号也称为扩谱信号,占有很宽的瞬时带宽。

现代雷达发展的一个重要特点是应用扩谱技术。雷达信号带宽越来越宽,雷达性能得到提高,一方面,能提高雷达距离分辨率,因为雷达距离分辨率与其信号带宽成反比,雷达发射信号带宽越宽,雷达在距离上就越能分辨目标;另一方面,在雷达发射平均功率不变的条件下,发射信号带宽越宽,信号在单位频带内的功率越低,使得电子侦察设备难以检测这种信号,也就难以产生相应的干扰波形。

扩谱抗干扰措施示意如图 4.6 所示。

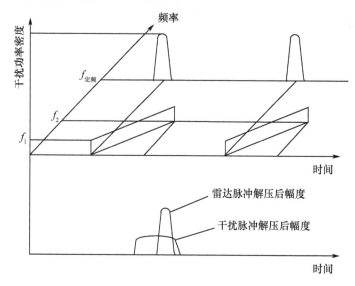

图 4.6 扩谱抗干扰措施示意图

4.1.4 接收机抗干扰

4.1.4.1 雷达接收机抗干扰方法

雷达接收机的抗干扰方法分为以下三大类:
(1)防止信号过载方法;
(2)对干扰信号选择和分离方法;
(3)干扰对消方法。

为了防止引起非线性效应,以及输入信号过载,雷达接收机使用对数或线性 –

对数接收方式，也可以采用一些专用的处理电路，如快时间常数装置、自动增益控制（AGC）电路以及恒虚警率（CFAR）装置等。

在干扰信号选择和分离方法上，雷达可以利用目标回波和干扰信号特征和参数的不同，从目标回波中分离出干扰信号，并剔除。

干扰对消常作为抗干扰的最后资源来使用，即当所有其他方法均未将进入到雷达接收主通道输入端的无线电干扰消除时，启用干扰对消方法。在空域上，也可以采用空间选择法来抵消干扰，如调整天线方向图，将天线波束零点指向干扰的辐射方向，可将干扰抑制在接收机输入端，也可在中频放大电路中采用专门的干扰对消器对干扰进行多次对消。

4.1.4.2 雷达接收机中的几种抗干扰电路

如前所述，为了避免接收信号饱和，几种特殊的信号处理在雷达中得到应用，常用的信号处理技术主要有快速时间常数（FTC）电路、AGC 电路、CFAR 电路和宽－限－窄电路（又称"迪克－菲克斯电路"）。

FTC 电路只容许比地物干扰更大的探测信号通过，防止地物干扰使雷达显示器饱和。

AGC 电路用来完成雷达接收机工作动态范围内，防止出现系统过载和提供归一化并适于雷达作用距离、速度、角跟踪处理电路的标准幅度信号。由于目标远近变化，会导致雷达接收机输入信号的强度也是变化的，当接收机增益恒定时，接收机输出信号的强度也是变化的。而对于跟踪雷达而言，为了保证对目标方向自动跟踪，要求雷达接收机输出的角误差信号强度只与目标偏离天线轴线的夹角有关，而与目标的远近、目标反射面积的大小等因素无关。为了得到这种归一化的角误差信号，使天线正确的跟踪运动目标，必须采用自动增益控制。实际上，AGC 是一个负反馈电路，它是利用负反馈来控制增益的。

CFAR 电路可以防止雷达接收机由于过载而出现降低雷达探测能力的现象。

宽－限－窄电路能限制大幅度的干扰信号，影响高扫频速率连续波（CW）干扰和扫频点噪声干扰的干扰效果，包括一个宽带中频放大器、一个窄带限幅器和一个窄带中频放大器。宽带中频放大器带宽取得足够宽，响应时间足够短，输入的噪声调频干扰信号经过宽带中频放大器后，输出离散的随机脉冲，这些脉冲再经过窄带限幅器进行限幅，降低干扰信号能量，然后，干扰信号与目标回波一起通过窄带中频放大器，由于窄带中频放大器的带宽与目标回波信号匹配，而与宽带干扰信号失配，因此，干扰信号在经过窄带中频放大器时，又将受到进一步削减，从而增加雷达接收机输出端的信噪比。宽－限－窄电路对于窄带目标信号没有明显影响。

宽－限－窄电路抗干扰原理如图 4.7 所示。

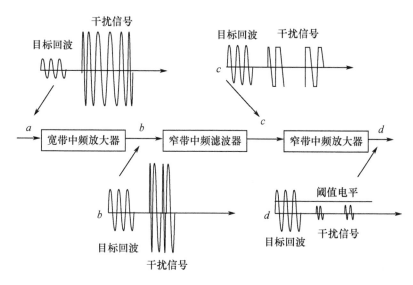

图 4.7 宽-限-窄电路抗干扰原理

4.1.5 信号处理抗干扰

数字相参信号处理能有效抑制目标回波中的杂波和干扰,但是,并不能完全抑制杂波和干扰,因此,在雷达信号处理中,除了采用相参信号处理技术外,还需要采取一些非相参信号处理方法,从而,能提高杂波和干扰抑制能力。这些非相参信号处理方法主要有脉冲宽度鉴别器、脉冲重复频率鉴别器[15]。

脉冲宽度鉴别器工作原理如下:首先,测量每一个雷达目标回波的宽度,并与发射信号脉冲宽度进行比较,当宽度差超过一定的阈值时,则判该信号为干扰信号,并消除该信号。由于箔条干扰产生的干扰杂波具有干扰脉冲宽度展宽特性,因此,脉冲宽度鉴别器能抗箔条干扰。

脉冲重复频率鉴别器工作原理与脉冲宽度鉴别器原理相似,首先,测量雷达目标回波的重复频率,并与发射信号的脉冲重复频率比较,若差值超过一定的阈值,则被判为干扰信号,并剔除,因此,脉冲重复频率鉴别器能抗同频异步干扰信号。

在雷达回波中,除了目标回波以外,还有地物杂波和气象杂波等回波信号,与有源干扰不同,这些杂波的回波信号具有压缩作用,因此,脉冲压缩对信杂比没有明显改善。

雷达探测运动目标时,可以利用杂波与目标在速度上的差别,能获得较好的探测效果,采用固定目标对消处理;再利用 MTI 以及 MTD 来抑制杂波。为了使雷达目标检测具有特定的系统虚警概率和检测概率,还需要进行恒虚警处理。具体办法如下：

1）用 FFT 方法实现 MTD 处理

噪声的特性主要表现为加性高斯白噪声，多普勒滤波器组可以采用在频率域上 FFT 方法加以实现。

用多普勒滤波器组输出动目标检测，是为了弥补 MTI 的缺陷，利用最佳滤波器理论，能实现动目标检测。由于 MTI 对地物杂波的抑制能力有限，因此，在 MTI 后串接一窄带滤波器组，并覆盖整个重复频率范围，以达到动目标检测的目的。其实质是对不同通道进行相参积累处理。可以根据多普勒滤波器组中具有最大响应的滤波器的中心频率得到动目标的多普勒频移。

2）对快、慢阈值恒虚警处理

采用快、慢阈值恒虚警处理的目的是：保持信号检测时，虚警概率保持不变，这样才能使雷达信号处理器不致因虚警太多而过载。有时，是为了经过恒虚警处理达到反饱和或损失一点检测能力而在强干扰下雷达仍能工作的目的。

在进行恒虚警处理时，根据处理对象的不同分为慢阈值恒虚警和快阈值恒虚警。

慢阈值恒虚警主要针对接收机内部噪声，快阈值恒虚警主要针对杂波环境下的雷达自动检测。可以看出，对有杂波的回波信号采用慢虚警进行处理，处理效果不理想，而采用快阈值虚警处理，则能达到较好的结果，回波经过恒虚警处理后，杂波和虚假目标与噪声差不多，这时便可以很容易地决定判决阈值，从而分辨出真实的目标。

4.1.6 体制抗干扰

雷达抗干扰的重要方面是综合利用体系上的资源，将各雷达和其他探测设备联合起来实施体系抗干扰。实现的技术措施主要有以下几个方面。

1）雷达自适应抗干扰

电磁干扰环境瞬息万变，就雷达而言，一般无法事先预知雷达在工作时遇到的具体干扰形式和参数。雷达必须在实际复杂电磁环境中，快速侦察复杂电磁环境现状和信号变化动态情况，有针对性地调用抗干扰资源，自动地与干扰环境中的目标信号相匹配，最佳滤除干扰，实现正确探测目标。为此，雷达站配置干扰侦察设备，对雷达工作区域（包括频率域、空间域、时间域等）的干扰信号进行监视，进行威胁判断、威胁信号性能参数检测，做出最佳抗干扰决策。

2）双/多基地雷达

双基地雷达的发射设备和接收设备相隔一定距离，其特点主要有收发分置、无源被动接收和侧向散射能量利用。

收发分置使双基地雷达具有的良好抗干扰、反隐身目标、抗低空突防和抗反辐射导弹的能力。从干扰设备的角度观察,雷达辐射源与雷达接收机不在同一个方位,而干扰机是要求对准雷达接收机发射干扰信号的,因此,双基地雷达具有在空间域上的抗干扰能力,但是,也带来该类型雷达系统在时间、空间和相位三大同步的难题。

无源被动接收是指雷达除了接收目标回波外,还能接收、处理目标上的辐射信号,这种接收功能是无源的,即无需雷达辐射信号。

多基地雷达由至少一个发射站(或接收/发射站)和两个或两个以上的接收站组成,这些接收站对公共覆盖区域内的同一目标进行合成处理。这一相关地综合处理公共覆盖区内的目标信息,可以改善目标数据的质量,如增大探测距离、提高角测量精度以及抗干扰性。

3) 雷达组网

将位于同一个区域内的多部、多种类雷达组网,使它们的情报能相互支援、相互补充,实现在空间域、时间域、频率域、调制域上的多重覆盖,从而形成一种具有极强抗干扰能力的雷达系统。

4) 无源雷达

无源雷达本身不发射信号,而是利用目标发射的信号、目标自身的辐射或目标对其他辐射源的散射能量来完成目标检测、分选和坐标参数的估计。无源雷达能够对带有辐射信号的目标进行定位、跟踪,并以一定的数据率显示目标点迹、航迹和目标特征,向其他系统提供目标位置和其他信息;与有源雷达互补协同工作,构成综合探测系统。由于无源雷达本身不辐射信号,处于隐蔽工作状态,使系统生存能力强、可靠性高。

4.1.7 抗干扰矩阵

确定了雷达相关的对抗元素和电子对抗设备的相关对抗元素,并将其分别作为对抗矩阵的两维,可以定义出一部雷达与雷达对抗设备的对抗矩阵,如图4.8所示。

通过分析雷达与雷达对抗技术原理,可以对矩阵中的每一个节点进行描述,获得雷达和雷达对抗各元素中包含的信息。图4.8中,存在有填充的节点和没有填充的节点,有填充的节点表示对应的两个元素之间有对抗,没有填充的节点表示没有对抗。填充的节点右上角表示雷达对抗元素对雷达元素有影响,左下角表示雷达对雷达对抗元素有影响。

从多个维度分类总结,表4.4列出了目前雷达采用的抗干扰措施和主要作用。

		侦察技术							自卫干扰								支援干扰	
		模拟瞬时测频	干涉仪	数字信道化	高灵敏度接收机	扫频接收	分选	重频跟踪	瞄准噪声	宽带噪声	梳状谱噪声	距离拖引	角度欺骗	方位距离假目标	密集假目标	组合干扰	瞄准噪声	宽带噪声
能量	峰值功率	●	●	●	●	●	●	●	☆	☆	☆	△	△	△	△	●	☆	☆
频域	固定射频	●	●	●	●	●	●	●	●	☆	△	●	●	●	●	●	●	●
	射频组捷变	●	●	△	☆	△	●	●	☆	●	☆	☆	☆	☆	☆	●	●	●
	射频脉间捷变	●	●	●	☆	☆	●	●	☆	☆	☆	☆	☆	☆	☆	●	●	●
	射频掩护	☆	●	●	△	△	●	●	☆	●	☆	●	●	●	●	●	●	●
时域	重频抖动	●	●	●	☆	☆	☆	●								●	●	●
频时域	频率捷变重频抖动	△	△	△	△	△	△	△	☆	☆	☆	☆	☆	☆	☆	☆	☆	☆
信号处理	动目标处理								☆	☆	☆	☆	☆	☆	☆	●	☆	☆
	数字脉压								☆	☆	☆					●	☆	☆
	波形分析欺骗脉冲剔除							●				☆	☆	☆	☆	●	●	●
数据处理	前沿跟踪								●			☆	☆			●	●	●
	距离速度联合跟踪								●			☆	☆			●	●	●
	空时自适应															●	☆	☆
天线空域	副瓣对消															●	☆	☆
	副瓣匿影															●	●	●
	低副瓣天线	●	△	●	△	●											☆	☆
	自适应置零				●	●	●										☆	☆
	波束捷变	△	△	△	△	●	△						●			●	☆	☆
低截获波形		☆	●	☆	●	☆	●	●								●	☆	☆

图 4.8 雷达抗干扰对抗矩阵

表4.4 雷达采用的抗干扰措施和主要作用

分类	抗干扰功能措施	主要作用	相关指标	试验测试方法
空间域类	副瓣对消、副瓣匿影	抑制从天线副瓣进入的干扰信号,反副瓣干扰、欺骗干扰	对消比	用相距一定距离的干扰源辐射定量的干扰信号,测试由干扰和无干扰情况下雷达接收机输出的干扰电平与接收机输入干扰电平比值
	方向图凹口	方向图凹口对准干扰方向,降低干扰信号能量	零陷深度	远场条件下测试天线方向图凹口零陷点电平
	低副瓣	降低副瓣受干扰的能量	副瓣电平	远场条件下测试天线方向图副瓣电平
时频率域	频率捷变	躲避干扰频率,降低干扰信号功率密度	捷变带宽,频点数,捷变速度	用频谱仪观测发射信号的捷变带宽和频点数。用示波器和检波器观测射频信号捷变时间
	码形捷变	抑制非匹配的干扰,提高信干比,同时增加被侦察识别的难度	码形数,正交度	用仿真计算方法检查码形间正交度
	脉冲周期抖动	破坏敌假目标欺骗干扰,同时增加被侦察识别雷达参数的难度	抖动周期范围	用示波器观测发射脉冲重复周期变化范围
	宽限窄电路	抑制强窄脉冲干扰	干扰抑制度	由接收机输入窄脉冲强干扰信号,测试接收机输出干扰脉冲幅度,并折算到输入端,计算与输入干扰脉冲幅度的比值
	抗过载电路	防止杂波干扰引起中频放大器过载	$-1dB$压缩点输入电平	用信号源和功率计测试雷达接收机的$-1dB$压缩点输入电平
	脉宽鉴别电路	消除比本雷达脉宽窄的窄脉冲干扰	识别率	输入不同宽度窄脉冲干扰信号,测试接收处理输出视频的干扰脉冲剩余
	多极化	利用极化失配降低干扰信号能量	失配度	输入不同极化干扰信号,测试接收机输出的干扰电平,计算干扰信号极化损失

(续)

分类	抗干扰功能措施	主要作用	相关指标	试验测试方法
功能	干扰源定位	确定威胁目标携带的干扰源方向,向武器系统提供目标方位指示	定位准确度	观测对远场辐射源的定位数据,计算与真实方位的偏差
	干扰样式识别与分析	通过对干扰样式识别与分析,自适应选择对应的抗干扰措施	干扰源分类等级	干扰机辐射不同干扰样式干扰信号,观测雷达识别输出信息的准确度
	抗同频同步干扰	消除同型雷达间同频同步脉冲干扰	干扰剩余、虚警率	在雷达屏幕观察采取抗同频同步干扰措施后干扰剩余和虚警率
	抗同频异步干扰	消除同频异步脉冲干扰	干扰剩余、虚警率	在雷达屏幕观察采取抗同频异步干扰措施后干扰剩余和虚警率
	抗杂波	对杂波信号进行抑制,提高杂波环境下的可见度	改善因子	测试对杂波的改善因子
	抗箔条干扰	对箔条干扰信号进行抑制	改善因子	测试对箔条的改善因子
	无源定位	利用多站协同无源侦察功能对目标进行定位,或通过运动基线单站无源侦察对目标进行定位	定位精度	测试无源定位数据与真值的偏差
	协同探测	多舰协同对目标探测,提高协同抗干扰能力	协同距离、融合精度	测试最大协同距离,多源融合精度

4.2 抗干扰指标体系

随着科技不断发展,新型雷达不断涌现,同时,对抗雷达手段也日益多样化。通过总结多年从事电子对抗和反对抗的研究经验表明:没有抗不了的干扰,也不存在干扰不了的雷达。这也充分说明了雷达与电子对抗之间的动态对抗关系。

雷达工作于复杂多变的电磁环境中,各种新型复合干扰的出现,使得早期定性的雷达抗干扰评价体系已不能满足需要,这就要求评价结果定量化、体系化。

在这种背景下,需要建立一个科学、合理的雷达抗干扰评价指标体系,用于指导雷达抗干扰性能评价,这也是试验评价抗干扰性能的核心与关键。同样,为了评估电子对抗设备的干扰性能,必须要有相应的考核指标,在考核指标的基础上,结合相应的考核背景,建立评估模型,为进行抗干扰以及电子对抗能力及效能评估提供评估标准。

在研究雷达抗干扰、雷达与电子对抗指标体系时,需要从动态对抗的角度出发,纵观对抗的全过程,不能只取对抗过程的某一环节,或静态情况进行评估。例如,不能只考虑雷达干扰机发射了某种干扰,雷达在这种干扰下的状态,而是要综合考虑以下因素:

(1)干扰机如何发这种干扰信号;
(2)发射指定干扰信号的条件(侦察机条件);
(3)干扰的目的;
(4)雷达应对措施;
(5)让雷达采用应对措施的条件;
(6)应对措施的反应时间。

雷达抗干扰指标体系具有通用性和特殊性,通用性表现在描述雷达抗干扰指标体系的结构框架上,而特殊性则表现在不同雷达、不同作战任务和不同作战对象,故指标体系将有所差别。

构建雷达抗干扰指标体系时,需要满足以下基本要求:

(1)能够反映雷达与雷达对抗的特点;
(2)能够描述雷达与雷达对抗的对抗过程;
(3)能够反映在对抗过程中的雷达使命任务、作战对象、使用条件;
(4)能够反映雷达在作战中将会面对的电子对抗设备集合;
(5)能够反应雷达具有的抗干扰手段;
(6)能够表述雷达与电子对抗的战术和技术指标;
(7)能够体现雷达与电子对抗对象的对抗矩阵内容;
(8)能够反映雷达与电子对抗对象的对抗推演能力。

总之,雷达抗干扰指标体系不仅应包含具体的雷达抗干扰指标,还应包含或反映雷达的使命任务、面对的作战对象及其能力、雷达自身抗干扰技术手段、雷达与电子对抗设备的典型对抗场景集、雷达与电子对抗设备在典型对抗场景中的典型对抗过程、雷达的技术指标、抗干扰手段的技术指标、雷达的战术指标以及雷达在干扰条件下的战术指标等。

4.2.1 体系内容

本节结合已有的准则指标,介绍雷达抗干扰性能指标体系内容及过程。

4.2.1.1 体系内容

雷达抗干扰能力考核体系主要包含以下几个方面：
(1) 定义雷达抗干扰指标体系相关专业术语及概念；
(2) 建立雷达抗干扰指标体系；
(3) 提出雷达抗干扰性能理论评估方法；
(4) 提出雷达抗干扰性能评估试验方法。

雷达抗干扰指标考核体系主要包含以下几个方面：
(1) 确定约束条件；
(2) 选取评价指标；
(3) 建立指标体系；
(4) 筛选和优化指标体系。

雷达抗干扰指标体系建立主要从以下几个方面进行表述：
(1) 能力需求；
(2) 试验规程；
(3) 功能分解；
(4) 应用阶段；
(5) 试验评估。

雷达抗干扰评估指标选取原则主要有以下几个方面：
(1) 完备性；
(2) 明确性；
(3) 独立性；
(4) 可测性；
(5) 可用性；
(6) 简化性；
(7) 层次性。

4.2.1.2 常用指标

常用指标选取如下：
(1) 抗干扰改善因子；
(2) 雷达抗干扰品质因子；
(3) 压制系数；
(4) 相对自卫距离；
(5) 跟踪误差等。

指标体系的筛选和优化方法主要有：

(1) 主客观相结合方法;
(2) 知识挖掘型筛选方法;
(3) 数理统计方法。

4.2.1.3 雷达抗干扰指标体系构建

1) 指标体系分层

利用层次分析法,可以建立雷达抗干扰能力及效能评估指标体系层次结构,如图 4.9 所示。

雷达抗干扰指标体系由 3 个一级指标构成,即雷达固有抗干扰能力、主动抗干扰能力以及被动抗干扰能力。其中:固有抗干扰能力包括 2 个二级指标,即发射信号和天线;主动抗干扰能力也包括 2 个二级指标,即反侦察能力和干扰规避能力;被动抗干扰能力包括 3 个二级指标,即目标检测能力、目标识别能力以及数据处理能力。每个二级指标下又有若干条三级指标。该指标体系共包含雷达系统以及信息处理阶段所涉及的 26 个指标,这些指标涵盖了与雷达抗干扰能力有关的多种要素。

2) 指标体系分类

(1) 按能力需求分类。"能力需求"指标体系是基于雷达作战能力分析、功能需求分析,建立评估指标体系。其指标分解最为全面,能够综合体现雷达对抗未知威胁的抗干扰能力。

能力需求指标体系内容如图 4.10 所示。

(2) 按试验规程分类。基于"试验规程"思想的指标体系比较符合设备综合测试人员的习惯,容易被人接受使用。试验规程指标体系内容如图 4.11 所示。

(3) 按功能分解分类。将"功能分解"的思想应用到雷达系统抗干扰性能评价指标体系的建立上,分解得出的子系统都是雷达系统的重要组成部分,减少了遗漏重要指标的可能性,可以更充分地反映雷达系统的性能。然而,雷达系统中有些性能指标往往涉及多个子系统,使得划分归类不是很明显,增大了指标体系构建的困难度。功能分解指标体系内容如图 4.12 所示。

(4) 按作战阶段分类。基于"作战阶段"思想建立指标体系能够抓住作战任务的重点,比较全面地反映作战过程。作战阶段分解指标体系内容如图 4.13 所示。

4.2.2 准则分类及应用场合

雷达抗干扰准则主要分为功率准则、概率准则、战术应用准则(效率准则)和信息准则四类。每个准则有不同的表现形式和具体的应用场合或对象。

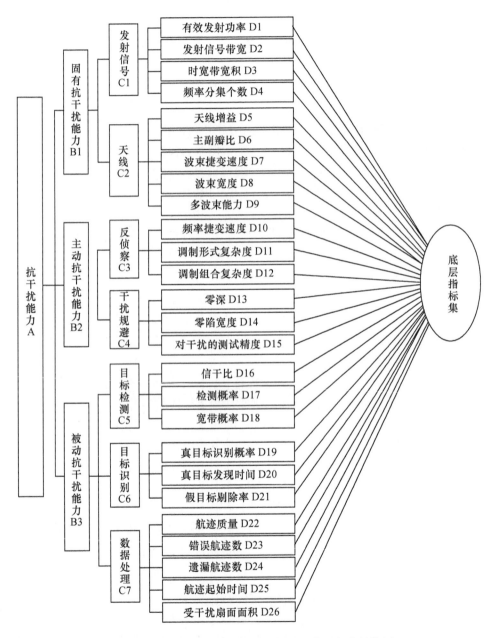

图 4.9 雷达抗干扰能力及效能评估指标体系层次结构图

第4章 雷达抗干扰能力评估

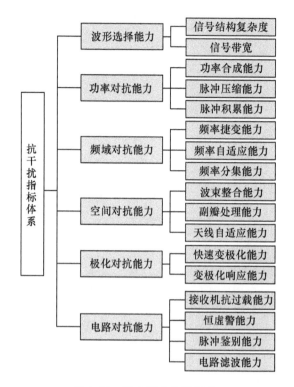

图 4.10　能力需求指标体系

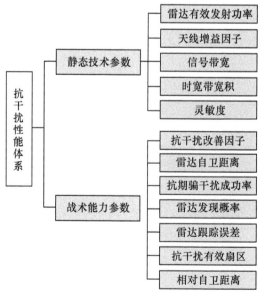

图 4.11　试验规程指标体系

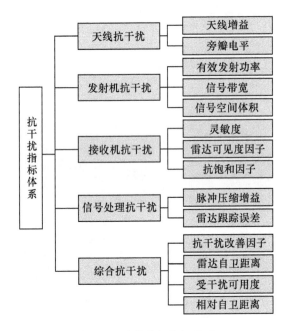

图 4.12　功能分解指标体系

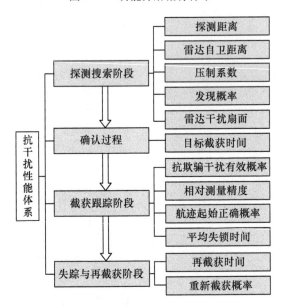

图 4.13　作战阶段分解指标体系

4.2.2.1 功率准则及其应用场合

功率准则,是基于雷达-电子对抗的干扰方程,表示电磁干扰环境中雷达接收机干信比的变化。雷达被干扰时,干扰方使用压制噪声干扰。主要指标有:

(1) 抗干扰改善因子(EIF);
(2) 有效抗干扰改善因子(EEIF);
(3) 干扰压制系数。

该准则在使用时,计算、测量比较方便;功率准则通常用解析法来研究,评估结果可用于雷达电子对抗功能仿真。

在同一干扰条件下,比较雷达在采取某项或某几项抗干扰措施前后的抗干扰性能改善程度,也可以作为关联准则下的抗干扰指标。

4.2.2.2 概率准则及其应用场合

概率准则,从雷达在复杂电磁环境中完成给定任务的概率出发,评价雷达的抗干扰性能。该准则的提出是在不考虑具体干扰措施的前提下,比较雷达在有无干扰条件下,完成同一性能指标的概率,其基准是在有干扰和无干扰条件下完成同一任务的概率。通常采用以下指标进行判定:

(1) 杀伤概率;
(2) 引导概率;
(3) 虚警概率;
(4) 发现概率;
(5) 雷达受欺骗概率。

该准则适用于评估雷达抗欺骗式干扰的效能。

4.2.2.3 战术运用准则及其应用场合

战术运用准则着眼于比较武器系统在有无干扰条件下,同一个性能指标的比值 η,通常用下式来描述:

$$\eta = \frac{w_{ij}}{w_{i0}} \quad i=1,2,\cdots,n \tag{4.1}$$

式中 w_{ij}——有干扰条件下,雷达第 i 项性能指标;

w_{i0}——无干扰条件下,雷达第 i 项性能指标;

n——该雷达具有的抗干扰性能指标项目数。

战术运用准则能直观地反映雷达的抗干扰能力,在拥有大样本实战统计数据的前提下,该准则是最直观、最具有说服力的评估指标。

4.2.2.4 信息准则及其应用场合

雷达工作的目的是获取战场环境中的有用信息,据此,提出了信息准则。信息准则是用雷达在受干扰后获取信息量的损失程度来衡量抗干扰效能。信息准则主要是用熵的概念来描述雷达抗干扰能力或反映干扰信号的不确定性。

随着干扰形式的不断发展,对这些准则的应用需要进一步拓展。

4.2.3 指标

4.2.3.1 功率准则指标

1)抗干扰改善因子

抗干扰改善因子(EIF)是美国学者 Johnston 于 1974 年首次提出的,用来衡量雷达抗干扰能力。其定义为:雷达接收机在使用和不使用抗干扰措施两种情况下,保持输出信噪比相同所需的输入干扰功率的比值。它反映抗干扰措施改善输出信噪比的程度,可以用来对不同类型的抗干扰的效果进行比较。

但是,它不能适用于度量整个雷达系统的抗干扰能力,因为整个雷达系统的抗干扰能力不仅与抗干扰措施有关,而且还与雷达的固有特性密切相关,如发射功率、天线增益等。

另外,抗干扰改善因子是一种技术参数,它不能直接说明雷达在干扰条件下的作战能力。

2)有效抗干扰改善因子

考虑到引入抗干扰措施使系统性能指标有可能受到损失,我国学者在此基础上,提出了有效抗干扰改善因子(EEIF)。

$$\text{EEIF} = L \cdot \text{EIF} = L \cdot \frac{(S/J)_k}{(S/J)_0} \tag{4.2}$$

式中　EEIF——有效抗干扰改善因子;

　　　EIF——抗干扰改善因子;

　　　L——引入抗干扰措施后,系统性能指标的损失系数,通常 $L \leqslant 1$。

损失系数的物理意义是表明系统引入抗干扰措施后,在最终性能指标上所蒙受的附加损失。在大多数近似计算的情况下,可以预料 L 是一个常数,这可以通过雷达诸多技战性能的变化进行修正。

3)干扰压制系数

干扰压制系数是衡量雷达对某一种遮蔽干扰对抗能力的通用标准。当某种遮蔽干扰作用于雷达接收机时,会使雷达的发现概率下降。进入雷达接收机输入端通带内的最小干扰 – 信号功率比称为压制系数。

$$K_A = \left[P_J / P_s \right]_{\text{IF,min}, P_s = 0.1} \tag{4.3}$$

在功率准则下,干扰压制系数 K_A 是衡量干扰/抗干扰效果的参数。用同一种干扰样式对不同雷达进行干扰时,雷达抗干扰性能越强,压制系数就越大,所以,K_A 可以用做衡量雷达抗干扰性能的指标。例如,对相位编码的脉冲压缩雷达进行干扰时的压制系数将为对普通雷达进行干扰的压制系数的 N 倍,N 为压缩比。

雷达的其他抗干扰技术也会影响压制系数,如中频、视频脉冲积累等都会改善信干比。但是,该指标不能反映不同雷达体制以及不同的抗干扰技术在抗噪声干扰方面的效果,它只反映了雷达接收机输入端的干信比情况,在使用中有一定局限。

4.2.3.2 战术应用准则指标

雷达的威力和精度是雷达最主要的总体技术指标。一般情况下,抗干扰效果的定量评估,不能仅仅依赖荧光屏上的目标回波与干扰杂波图像的视觉效应,因为这种视觉效应具有客观性,也不能直接使用其终端数字显示来衡量抗干扰效果,因为干扰和目标的参数是随时变化的,抗干扰效果只有干扰和雷达之间相互作用才能产生。

因此,要根据雷达接收机输出端的量化结果,进行滤波、转换、分离、归一、统计等计算,最终给出抗干扰效果评估的定量数据。

战术应用准则指标的确定必须满足上述定量评估过程的要求。

现有的雷达抗干扰能力及效能评估指标中,与雷达威力和精度有关的评估指标如下:

1) 雷达在有源遮蔽干扰下的自卫距离

雷达的自卫距离是指雷达在有干扰情况下的最大作用距离。

当目标距离大于自卫距离时,雷达不能检测目标,当目标距离等于或小于自卫距离时,雷达能检测目标。设某干扰机的干扰功率为 P_J,干扰机与雷达之间的距离为 R_J,干扰机天线的增益为 G_J,则雷达接收到的干扰功率为

$$J = \frac{\rho_J B_s G_J A_{rJ}}{4\pi R_J^2 L_r} F'(\alpha) r_J \tag{4.4}$$

式中　A_{rJ}——雷达天线在干扰方向的有效接收面积;

$F'(\alpha)$——干扰信号在空间传播时的传播损失;

r_J——干扰信号极化形式与雷达信号极化形式不一致的损失系数;

$\rho_J = P_J/B_J$——干扰信号功率谱密度。

雷达接收机接收到的干扰功率和内部噪声功率之和为

$$J + N = \frac{\rho_J B_s G_J A_{rJ} F'(\alpha) r_J}{4\pi R_J^2 L_r} + FKTB_s \tag{4.5}$$

S 与 $(J+N)$ 之比为

$$\frac{S}{J+N} = \frac{P_t G_t A_r \sigma F^2(\alpha)}{(4\pi)^2 R_t^4 L_t L_r \left[\dfrac{\rho_J B_s G_J A_{rJ} F'(\alpha) r_J}{4\pi R_J^2 L_r} + \text{FKTB}_s\right]} \tag{4.6}$$

当 J 远大于 N 时（压制式干扰一般满足此条件），式（4.6）可以写成

$$\frac{S}{J} = \frac{P_t G_t R_J^2 A_r \sigma F^2(\alpha)}{4\pi \rho_J G_J B_s L_t R_t^4 A_{rJ} r_J F'(\alpha)} \tag{4.7}$$

设雷达检测单个目标所需最小的信干比为 $K_{J\min} = [S/J]_{\min}$ 时，雷达与目标之间的距离就是自卫距离 R_{J0} 用 $K_{J\min}$ 代替 S/J，令

$$g = \frac{A_r}{A_{rJ}} \tag{4.8}$$

$$R_{J0}^4 = \frac{P_t G_t R_J^2 \sigma g F^2(\alpha)}{4\pi \rho_J G_J B_s L_t r_J K_{J\min} F'(\alpha)} \tag{4.9}$$

当雷达积累 n 个脉冲信号时，其自卫距离可由下式求得

$$R_{J0}^4 = \frac{P_{av} T_0 G_t R_J^2 \sigma g F^2(\alpha)}{4\pi \rho_J G_J L_t L_i r_J K_{J\min} F'(\alpha)} = \frac{E_e G_t R_J^2 \sigma g F^2(\alpha)}{4\pi \rho_J G_J r_J K_{J\min} F'(\alpha)} \tag{4.10}$$

当目标与干扰在同一位置时，式（4.10）变为

$$R_{J0}^2 = \frac{E_e G_t \sigma g F^2(\alpha)}{4\pi \rho_J G_J r_J K_{J\min} F'(\alpha)} \tag{4.11}$$

进一步分析可以发现，当干扰为自卫干扰时，雷达的自卫距离的平方 R_{J0}^2 与雷达的有效照射目标能量成正比，与雷达的角度单元大小成反比，即与雷达的空间能量密度成正比。

2）压制性干扰下的相对自卫距离

雷达的相对自卫距离 R_{Jm0}，是指雷达的自卫距离 R_{J0} 与雷达所要求的作用距离 R_{m0} 的比值，它与干扰机的干扰水平有关，是比较全面反映雷达抗遮蔽干扰的标准。

雷达采取了抗干扰措施时，雷达的相对自卫距离为

$$R_{Jm0}^2 = \left[\frac{R_{J0}}{R_{m0}}\right]^2 = \frac{E_e G_t \sigma g F^2(\alpha)}{4\pi \rho_J G_J r_J R_{m0}^2 K_{J\min} F'(\alpha)} F_r \tag{4.12}$$

从以上分析可以看出，影响雷达抗干扰能力的主要因素如下：

(1) 有效发射能量 E_e 和天线的增益 G_t。这两个参数都反映雷达的空间能量密度，能量密度越大则相对自卫距离越远。

(2) 雷达采取各种抗干扰措施的改善因子 F_r 越大，雷达的相对自卫距离越大。

(3) 雷达的变频范围和变频速度。变频范围和变频速度决定干扰机发射干扰信号的带宽 B_J，变频范围越大，变频速度越快，迫使干扰机的带宽也要相应地增

加,则单位频带内的干扰功率 ρ_J 越小,于是,雷达的相对自卫距离也越大。

副瓣的自卫距离决定于雷达天线的副瓣电平。

为了便于比较各种雷达的相对自卫距离,规定干扰机单位频带内的有效辐射功率($\rho_J G_J$)以 10W/MHz 为标准,此时雷达的相对自卫距离称为标准相对自卫距离,为

$$R_{Jm0} = \left[\frac{10}{\rho_J G_J}\right]^{1/2} R_{Sr} \quad (4.13)$$

3）遮蔽干扰下的相对测量精度

考虑跟踪雷达测量距离、方位和速度情况,由热噪声引起的某一测量误差与信噪比具有如下关系:

$$\Delta X_0 \approx \frac{1}{\sqrt{2 P_{Sr}/P_N}} \quad (4.14)$$

当干扰功率远大于噪声功率,即 $P_{Jr} \gg P_N$ 时,雷达测量误差变为

$$\Delta X_{AJ} \approx \frac{1}{\sqrt{2 F_{AJ} P_{Sr}/P_{Jr}}} \quad (4.15)$$

式中　F_{AJ}——干扰信号损失因子。

以误差增大倍数来衡量干扰效果:

$$\mu = \frac{\Delta X_{AJ}}{\Delta X_0} = \left[F_{AJ} \frac{P_N}{P_{Jr}}\right]^{\frac{1}{2}} \quad (4.16)$$

跟踪雷达的测量精度下降系数可证明与跟踪雷达干扰压制区域是等价的。

4）雷达抗干扰效率 ρ

雷达抗干扰效率 ρ 是以各种干扰条件下探测距离为参数的函数,作归一化处理后其大小可反映搜索雷达的抗干扰能力

$$\rho = \begin{cases} \dfrac{R_{jam} - \max(R_{ss}, R_{fmin})}{R_{max} - \max(R_{ss}, R_{fmin})} & R_{jam} > \max(R_{ss}, R_{fmin}) \\ 0 & R_{jam} \leq \max(R_{ss}, R_{fmin}) \end{cases} \quad (4.17)$$

式中　R_{max}——搜索雷达最大作用距离;

　　　R_{fmin}——战术要求的最小探测距离;

　　　R_{jam}——干扰环境中雷达的最大探测距离;

　　　R_{ss}——搜索雷达整机的自卫距离。

5）雷达受干扰可用度

雷达受干扰可用度可以衡量雷达的抗遮蔽干扰能力。其定义为:雷达在遭受干扰时,尚能保持原有功能的程度。

$$\mu_{JA} = \frac{A_J}{A_o} \tag{4.18}$$

式中　A_J——雷达遭受干扰时的功能；

　　　A_o——雷达原有功能。

式(4.18)可细化为

$$\mu_{JA} = \frac{R_J}{R_0} \cdot \frac{\Delta\theta_0}{\Delta\theta_J} \cdot \frac{\Delta R_0}{\Delta R_J} \cdot \frac{\Delta V_0}{\Delta V_J} \tag{4.19}$$

式中　$\Delta\theta_0 \backslash \Delta R_0 \backslash \Delta V_0$——雷达未受干扰时的角度、距离和速度误差；

　　　$\Delta\theta_J \backslash \Delta R_J \backslash \Delta V_J$——雷达受干扰时的角度、距离和速度误差；

　　　$R_0 \backslash R_J$——雷达未受干扰时与受干扰时的作用距离。

4.2.3.3　概率准则指标

1) 有效截获时间(发现时间)的统计分布

可以认为"有效截获时间"是一个随机变量。设雷达开始工作的时刻为零，到真实目标被雷达系统发现的时间间隔为 T_0，进行 N 次测试，设 $T_1, T_2, \cdots, T_n$ 是总时间 T 的一个样本，可以得到样本均值和样本方差，并且可以应用直方图或者经验函数来得到发现时间的统计分布。

通过比较雷达采用抗干扰措施前和采用抗干扰措施后，截获某个目标所占用的时间变化，可以得到抗干扰效果的一种评估，公式如下：

$$\Delta T = \frac{T - T'}{T'} \tag{4.20}$$

式中　T——实施抗干扰措施前雷达系统截获目标的时间(s)；

　　　T'——实施抗干扰措施后雷达系统截获目标的时间(s)。

从式(4.20)可以看出，这种评估指标不仅对抗压制式干扰有效，而且对抗欺骗式干扰的效果评估也适用。

2) 目标航迹变化程度

(1) 航迹起始正确概率。雷达截获目标，常用目标航迹表示截获情况，当某一目标的航迹起始后，记录下来，经过10个扫描周期后，检验该航迹是否丢失。若丢失，则该航迹起始错误；反之，则航迹起始正确，计算其概率，即为航迹起始的正确概率。其计算表达式为

$$航迹起始正确概率 = \frac{起始正确总次数}{蒙特卡罗次数} \tag{4.21}$$

(2) 航迹起始平均时间。记录每条航迹从程序开始到建立可靠航迹的平均时间。其计算表达式为

$$航迹起始时间 = \frac{每次实验起始时间总和}{蒙特卡罗次数} \tag{4.22}$$

(3) 总系统误差(TSE)。采用理论航迹和实际航迹直接比较的二维求差法求解总系统误差,$\Delta\varphi$、$\Delta\lambda$ 分别为航迹的经度差和纬度差,ΔN、ΔE 分别为南北和东西方向上的距离误差分量。

$$\text{TSE} = |理论航迹 - 实际所测航迹| = (\Delta\varphi, \Delta\lambda) = (\Delta N, \Delta E) \quad (4.23)$$

(4) 距离均方根误差(DRMS)。ΔN、ΔE 分别为南北和东西方向上的距离误差分量,i 为选取航迹抽样点数。

$$\text{DRMS} = \sqrt{\sum_{i=1}^{n}(\Delta N_i^2 + \Delta E_i^2)/n} \quad i = 1,2,\cdots,n \quad (4.24)$$

3) 雷达抗欺骗式干扰能力评估指标

欺骗干扰的主要目的是:使雷达跟踪系统失锁或产生较大的跟踪误差。跟踪误差将使雷达引导的武器命中率降低。据此,评估抗欺骗式干扰的指标如下:

(1) 跟踪误差。欺骗式干扰的主要对象是跟踪雷达。因此,用跟踪雷达的主要性能指标(如跟踪误差)的变化来衡量抗干扰效果是最为直接的,跟踪误差越小,表明抗干扰效果越好。要测量跟踪误差有一定难度。

(2) 雷达抗欺骗式干扰有效概率。在欺骗式干扰条件下,无论采用何种欺骗样式,反映雷达抗干扰效果的只有两种状态:受欺骗和不受欺骗。在某种干扰的作用下,雷达受欺骗的概率,称为抗干扰无效的概率 p_j,和不受欺骗的概率,称为抗干扰有效的概率 q_j,显然有

$$p_j + q_j = 1 \quad (4.25)$$

在某种欺骗性干扰的作用下,在建立欺骗式干扰电子对抗模型时,设 P_{j1}、P_{j2}、P_{j3}、P_{j4} 分别为干扰方截获、分选、识别和模拟雷达信号成功概率;P_{r1}、P_{r2}、P_{r3} 分别为雷达在空间域、时间域和频率域对干扰识别成功概率以及采用抗欺骗措施对干扰的抗干扰成功概率。则雷达抗欺骗式干扰有效概率为

$$q_j = 1 - P_{j1}P_{j2}P_{j3}P_{j4}(1 - P_{r1})(1 - P_{r2})(1 - P_{r3}) \quad (4.26)$$

(3) 拖引成功率。拖引成功率表达式为

$$拖引成功率 = \frac{干扰将波门拖离开目标的次数}{干扰拖引次数} \quad (4.27)$$

(4) 抗欺骗干扰成功率。对于雷达抗欺骗式干扰效果的评估,通常还可采用概率论方法,通过统计试验得出统计指标——"抗欺骗干扰成功率"。

在某种典型战情下,进行 N 次仿真,N 必须满足大样本的条件,如果雷达抗欺骗式干扰成功的次数为 M,则可以得到此种战情下,雷达抗欺骗式干扰成功率按下式计算:

$$P_{\text{deceptV}} = \frac{M}{N} \quad (4.28)$$

4）视频显示雷达抗干扰指标

根据完成的任务内容,雷达终端显示器可分为距离显示器、平面位置显示器、高度显示器、情况显示器、综合显示器、光栅扫描显示器等。

随着数字技术的飞速发展,雷达系统功能不断提高,现代雷达终端显示器除了显示雷达的原始图像之外,还要显示经过计算机处理的雷达数据,例如,目标的高度、航向、速度、轨迹、架数、机型、批号、敌我属性等,以及显示人工对雷达进行操作和控制的标志或数据,进行人机对话等,据此,可以通过测量雷达采用抗干扰措施前后显示画面被干扰淹没的程度和目标航迹质量指标的变化来度量雷达抗干扰能力的优劣。

由于对雷达视频显示质量的评价更直观,更容易量化,且与雷达信噪比和杂噪比有一定的对应关系,因此,将雷达采用抗干扰措施前后雷达视频显示质量的评估作为对雷达抗干扰效果的评估方法是可行的。相关的指标如下:

(1) 雷达观察扇区损失度。采用遮盖性干扰方式对搜索型雷达进行干扰时,在雷达终端显示画面上会出现密集亮点,即形成干扰扇区,淹没雷达回波信号亮点,减小雷达有效观察目标区域。减小的程度既可度量干扰效果,也可度量雷达的抗干扰效果。

下式表示了雷达观察扇区损失的程度:

$$E_{Js} = S_J / S_0 \tag{4.29}$$

式中 S_0——雷达设计确定的正常观察扇区面积;

S_J——干扰扇区面积。

若雷达采用 P 显画面,则可以通过简单的灰度检测,计算出干扰扇面,可以使用式(4.29)计算出雷达观察扇区损失。

(2) 与雷达航迹相关的指标。雷达目标航迹中,包含了对目标位置和速度估计,以及对某一目标航迹的分类假设,一般使用雷达融合跟踪所输出的目标航迹正确度和完整性来描述该雷达的性能。

目标航迹正确度,由去除错误航迹后的有效航迹的数量表现。其中,错误航迹(FT)包括虚假航迹(ST)、冗余航迹(RT)和丢失航迹(LT)三种情况。

航迹完整性通过遗漏航迹(MT)的数量来表现。各种航迹的定义如下:

虚假航迹:没有和真实目标关联上的融合输出航迹,一般由杂波产生。

冗余航迹:指一个真实目标对应多条有效的融合输出航迹,其中只能有一条作为有效航迹关联,其他是冗余航迹。

丢失航迹:指一条有效的融合输出航迹被错误判定为虚假航迹。

遗漏航迹:指合法的真实目标没有对应的融合输出航迹。

对于一部雷达系统而言,检测率(Detection Probability)和虚警率(False Alarm

Rate)是评估其性能的重要指标。另外,对于跟踪起始、维持和终结部分,有航迹起始时间、航迹维持时间等指标;对于航迹相关与融合,有正确关联率(Correct Correlation Rate)、漏相关率(Missed Correlation Rate)、错误关联率(False Correlation Rate)、正确分离率(Correct Partition Rate)、航迹综合相关度、航迹精度和航迹状态估计偏差等指标;对于跟踪滤波和预测部分,有滤波方差、估计偏差等指标。考虑评估中将使用到的数据信息是目标航迹和真实目标轨迹,且进行计算机仿真时,采用蒙特卡罗仿真方法,因此,选取以下评估指标:

① 系统平均错误航迹数;
② 系统平均遗漏航迹数;
③ 系统检测率;
④ 系统错误航迹率;
⑤ 平均航迹形成时间;
⑥ 平均航迹维持时间;
⑦ 误跟踪率;
⑧ 综合融合航迹精度。

5) 雷达对干扰感知能力的评估指标

雷达对干扰信号的感知是雷达与电子对抗动态对抗的重要手段,所以,雷达对电子干扰信号的感知能力非常重要,指标主要包括:

① 干扰种类识别能力;
② 干扰识别反应时间;
③ 干扰定位定向能力等。

6) 合并、归纳分类评估指标

合并、归纳分类评估指标可以用对抗矩阵表示,雷达抗干扰指标反映在对抗矩阵中,即对抗矩阵空间与雷达抗干扰指标体系之间存在映射关系。

对抗矩阵描述雷达与雷达对抗设备的对抗过程,给出雷达元素和电子对抗元素对抗关系的全集描述,定义雷达抗干扰的指标体系所要描述的静态原始空间。该对抗矩阵的每一个节点可以用不同的量化指标进行衡量,通过总结归纳,根据采用的对抗/反对抗技术特点,生成能够代表雷达抗干扰能力的指标,如图4.14所示。

雷达对抗矩阵节点多,各节点元素之间的关系复杂,如何找到合适的对抗矩阵到抗干扰指标之间的映射是关键。对于复杂的矩阵,要进行简化,便于分析研究。

具体到雷达和与之对抗的具体电子对抗设备,又会出现对抗矩阵中的电子对抗维度和雷达维度的减少。

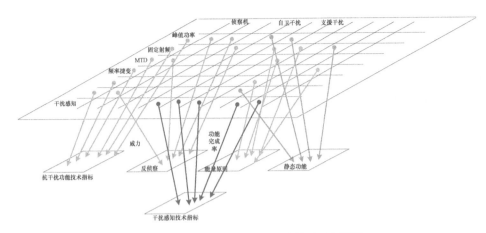

图 4.14　雷达抗干扰指标归纳总结图(见彩图)

电子对抗与雷达对抗总是在一定的战术场景下进行,战术场景的设置又能进一步减少对抗矩阵中的节点。

雷达不可能只面对一种电子对抗设备,针对不同国家,电子对抗设备种类比较多。合理的推断是设置不同的典型作战场景,针对典型国家的典型电子对抗设备,对抗矩阵又能进行简化。

表征对抗矩阵节点的评估指标如下。

对于跟踪雷达:方位精度、仰角精度、距离精度、多普勒速度精度、雷达捕获目标时间、雷达目标丢失概率、雷达信息丢失率。

对于搜索雷达:航迹精度、点迹精度、雷达发现目标概率、正确起批建航时间、雷达丢失目标概率、雷达信息损失率、雷达威力空域损失率、雷达画面损失率。

雷达采用特殊对抗手段:干扰源跟踪定向精度。

4.2.3.4　雷达抗干扰技术能力指标

雷达运用了多种抗干扰技术,用该项抗干扰技术的具体技术指标可以表征该项抗干扰技术的水平。所以,表征抗干扰技术水平的具体技术指标应当属于雷达抗干扰指标体系。例如:MTD 点数、改善因子、频率捷变、带宽、调频频率点数、编码周期性、副瓣抑制天线抑制度、自适应置零的零点深度、自由度(抑制干扰源的个数)、重频抖动的抖动范围、编码的重复性、射频掩护的频率范围、随机性、种类、脉冲间隔。

雷达采用单脉冲及线性调频发射波形,具有频率捷变、动目标处理、射频掩护等抗干扰手段。其技术指标包括雷达脉冲宽度、雷达波形、雷达发射峰值功率、雷达天线增益、雷达天线副瓣、雷达捷变频时间、捷变频带宽、雷达工作带宽、射频掩护波形、射频掩护带宽、射频掩护时间、动目标处理改善因子。

4.2.3.5 雷达抗干扰战术能力指标

雷达威力范围;对飞机、导弹自卫距离;对飞机、导弹支援距离;窄带宽带下自卫距离;窄带、宽带下支援距离;方位精度;距离精度;在密集假目标条件下(在自卫干扰条件下)雷达建航时间;稳定跟踪目标后,在受到密集假目标干扰时,目标丢失概率;射频掩护成功率等。

上述指标中,雷达威力范围主要描述在噪声压制条件下雷达的抗干扰指标;雷达建航时间,目标丢失率为在欺骗干扰条件下的雷达抗干扰指标;对于方位精度和距离精度,由于没有方位精度和距离精度进行欺骗的干扰样式,这里是在噪声干扰条件下的雷达抗干扰指标;射频掩护成功率是雷达的反侦察特殊手段的抗干扰指标。以上这些指标都与雷达的战术指标有密切的联系,属于战术指标范畴。

4.2.3.6 雷达战术技术指标

包括对飞机 RCS 值 $2m^2$ 作用距离;对导弹 RCS 值 $0.1m^2$ 作用距离;方位精度;距离精度;雷达覆盖空域;雷达建航时间;雷达的抗干扰性能等。

雷达的抗干扰性能是雷达在雷达与电子对抗设备的对抗过程中表现出来的能力,雷达抗干扰指标体系是反映该过程中雷达抗干扰能力。

4.2.3.7 雷达使命任务、作战对象、使用条件

雷达的使命任务定义了雷达的作战用途、使用范围,同时,使命任务规定了雷达的作战场景的基本特征,以及雷达使用环境的典型场景。

雷达使用时,一般不应超出使用范围,雷达抗干扰设定在雷达使命任务所规定的场景中是合理的,因此,使命任务是雷达抗干扰指标体系的基本条件之一。

例如,某型雷达的使命任务是:在复杂的电磁环境条件下,对空中飞机、掠海飞行导弹进行探测,向武器系统提供目标指示信息。

根据雷达的使命任务、安装平台,以及面对的威胁,可以初步确定与雷达对抗的典型电子对抗平台以及典型作战场景。

例如,就典型电子对抗平台而言,确定空中某一飞机为战斗机,可为 A 型战斗机,或为 B 型电子对抗飞机,配备导弹为 C 型反舰导弹。对于 A 型战斗机而言,能够进行突防,采用自卫干扰机对雷达进行干扰。对于 B 型电子对抗飞机而言,能够进行突防、自卫(随队)干扰、远距离支援干扰。对于 C 型反舰导弹而言,没有电子对抗设备。

基于电子对抗平台信息,就可以确定典型作战场景:

A 飞机进行突防,突防过程中,用自卫式干扰机对雷达进行干扰。

B 型电子对抗飞机采用远距离支援干扰作战样式,对雷达进行干扰。

C 型反舰导弹对舰艇进行攻击。

需要设定典型电子对抗设备平台和能力,例如,A 型战斗机 RCS 值为 $2m^2$,其携带自卫吊舱。干扰机峰值功率为 2kW,具有压制干扰能力,采用瞬时测频体制侦察机。压制干扰可以实现窄带压制和宽带压制。B 型电子对抗飞机 RCS 值为 $2m^2$,装备 ECM 系统。干扰机连续波 500W,脉冲波峰值功率 4kW,采用数字信道化接收机,能够进行随队和支援式干扰,有压制干扰和欺骗干扰样式。压制干扰可以实现窄带压制和宽带压制。C 型反舰导弹 RCS 值为 $0.1m^2$。

总结抗干扰指标体系,主要包括以下几个方面:

1)噪声类型干扰

对雷达性能的影响主要为雷达的威力、跟踪精度、发现目标能力、检测到虚假目标的概率等。

可以用能量、功率、信噪比等技术指标衡量,最终反映到雷达的主要战术指标。用不同的抗干扰模式降低雷达接收机接收到的干扰功率,可以用与能量信噪比相关的战术指标对抗干扰效果进行评估,如雷达威力的绝对值和相对值。同等条件下,雷达测量精度绝对值和相对值的变化也能反映雷达抗干扰能力。

雷达采用抗干扰措施的目的主要是减少噪声对雷达接收系统的干扰,降低噪声功率密度、提高信号能量、提高信干比。

能量对抗严重影响干扰机的多任务、多目标能力,以欺骗干扰为代表的灵巧干扰可以更好地满足干扰机多任务、多目标作战需求,同时又可能做到用少量资源直接瘫痪雷达。

2)欺骗性干扰

基本不直接采用能量压制的方法,采用虚假的信息影响雷达对目标的检测,使信号处理过载、数据处理过载,导致目标丢失、增加虚警率、增加虚假航迹、导致任务中断、任务拖延、资源严重被占用、出现虚假动作。

针对灵巧型欺骗干扰的作用途径,雷达采用的抗干扰措施主要有:①信号处理、数据处理、天线系统、对假目标的抑制;②同时通过空间、时间、频率变化、工作模式变化、组网等对侦察机进行攻击欺骗,诱导其获取错误的工作参数,如频率、雷达类型、诱偏干扰机、欺骗其对干扰效果的评估。

3)雷达对干扰感知识别能力指标

用干扰种类识别、反应时间以及干扰定位定向能力等作为指标。

4)关键抗干扰手段技术指标

用天线自适应置零能力,零点个数、零点深度、信号处理能力、数据处理能力、反侦察能力等作为指标内容。

4.3 能力评估场景

战场战术场景综合模拟与构建是电子对抗与反对抗能力评估的重要组成部分,用于对作战双方的战场对抗兵力部署情况、作战平台机动情况、电子对抗措施/抗干扰措施使用情况等进行设定和推演,得出不同战术条件下对应的试验验证结果,为研究寻找最合理的干扰/抗干扰战术运用提供依据。

研究能力评估场景,需要对雷达与电子对抗之间的对抗进行分类,可以从雷达角度分类,如不同体制的雷达、不同的抗干扰手段等;也可从对抗角度分类,如噪声干扰、欺骗干扰等。

雷达对抗场景也可以用于雷达抗干扰能力评估。雷达对抗场景可分为自卫式干扰和支援式干扰两大基本场景,针对不同体制及不同安装平台的雷达(舰载、机载、岸基)等装备的使命任务,平台受到攻击的形式、雷达面临的干扰基本形式、面对的作战对象等,在两大基本场景的基础上进行下一层细化。

4.3.1 典型对抗场景

以舰载雷达为例,舰载雷达面对的干扰主要来源于空中和水面,舰载雷达的使命任务大多为防空反导及海面监视,舰艇及雷达面对的威胁目标为导弹、飞机、舰船等。对方飞机、舰船能够发射导弹对舰艇进行攻击,飞机自身能够对舰艇攻击,对方舰艇、飞机能够对本舰雷达进行干扰,干扰样式可以是自卫干扰样式,也可以是支援干扰样式。

1)自卫式干扰基本场景

(1)对方飞机突防,我方雷达对其进行探测,准备对其进行攻击,对方飞机采用自卫方式对我方雷达进行干扰。对抗场景如图 4.15 所示。

图 4.15 飞机突防自卫干扰下的对抗场景(见彩图)

(2) 对方导弹突防,对我方舰艇进行攻击,我方雷达对其进行探测,对方导弹携带自卫式干扰机对我方雷达进行干扰。对抗场景如图 4.16 所示。

图 4.16　导弹攻击自卫干扰下的对抗场景(见彩图)

(3) 我方雷达对对方舰船进行探测,对方舰船舰载干扰机对我方舰载雷达进行自卫式干扰。对抗场景如图 4.17 所示。

图 4.17　舰船自卫干扰下的对抗场景(见彩图)

2) 支援式干扰场景

(1) 对方飞机突防,我方雷达对突防飞机进行探测,对方电子对抗飞机远距离进行支援式干扰,掩护飞机突防。对抗场景如图 4.18 所示。

图 4.18　飞机突防电子对抗飞机支援干扰下的对抗场景(见彩图)

(2) 对方飞机突防,我方雷达对突防飞机进行探测,对方舰船远距离进行支援式干扰,掩护飞机突防。对抗场景如图4.19所示。

图4.19　飞机突防舰船支援干扰下的对抗场景(见彩图)

(3) 对方导弹对我舰船进行攻击,我方舰载雷达对其进行探测,对方电子对抗飞机远距离进行支援式干扰,掩护导弹攻击。对抗场景如图4.20所示。

图4.20　导弹攻击电子对抗飞机支援干扰下的对抗场景(见彩图)

(4) 对方导弹对我舰船进行攻击,我方舰载雷达对其进行探测,对方舰船远距离进行支援式干扰,掩护导弹攻击。对抗场景如图4.21所示。

图4.21　导弹攻击舰船支援干扰下的对抗场景(见彩图)

对于电子对抗飞机以及弹载干扰机突前掩护,可归结到自卫式干扰场景中。

以上为比较典型的对抗场景,包含了舰载雷达的主要对抗形式。当然根据作战使命任务的不同,根据实际情况,可以定义出适应于雷达的典型对抗场景。

4.3.2 典型角色选择及参数

典型角色选择及参数需要参考对方主要电子武器装备以及有代表性的电子武器装备。如表4.5所列,主要涉及以下内容:

(1)确定作战对象国家,如××、××、××等。

例如,雷达的使命任务主要为防空反导,可定义对方设备的具体参数。主要对方为M国现役作战设备,选择作战对象为××反舰导弹、×××电子对抗飞机、×××飞机、××××级舰艇。

表4.5 某军主要电子对抗飞机技术性能表

序号	平台	隐身性能	作战半径/km	最大马赫数	电子设备
1	F/A-xx	2~6m²	537~1020	>1.8	AN/APG-65火控雷达(A型),AN/APG-73多功能雷达(C型)
					AN/ALR-50雷达告警接收机(RWR)
					AN/ALQ-126B干扰机,AN/ALQ-165机载自卫干扰机(ASPJ)
					AN/ALE-39B干扰物投放器;AN/ALE-49干扰物投放器
2	F/A-18E/F "超级大黄蜂"	机翼总面积46.45m²	1750	1.6	AN/APG-73多功能雷达(多模数字式空对空与空对地雷达)
					AN/APG-79有源电扫描阵列(AESA)雷达(从2006年起开始列装)
					AN/ALQ-214(V)2综合防御电子对抗(IDECM)系统;AN/ALR-67(V)3雷达告警接收机
					AN/ALQ-165机载自卫干扰机
					AN/ALE-55光纤拖曳式雷达诱饵或AN/ALE-50拖曳式诱饵
3	F-35C "闪电"战斗机	机翼总面积62.06m²	1111	1.6	AN/APG-81多功能雷达
					"梭子鱼"(Barracuda)电子对抗设备,含雷达告警接收机

(续)

序号	平台	隐身性能	作战半径/km	最大马赫数	电子设备
4	E-2C"鹰眼"(Hawkeye)	机翼总面积 65.03m²	322	0.37	AN/APS-120 雷达或 AN/APS-125 雷达；AN/APS-138 雷达；AN/APS-139 雷达；AN/APS-145 雷达
					AN/ALR-73 无源探测系统或 AN/ALQ-217 电子支援措施(ESM)
5	EA-6B"徘徊者"(EA-6B Prowler)	翼展 16.15m	1200	0.99	AN/APN-153 多普勒导航雷达；AN/APS-130 地形测绘与导航雷达
					AN/ALQ-99 战术干扰系统(TJS)；AN/ALQ-126B 欺骗式电子干扰(DECM)系统；AN/ALQ-218 电子对抗(EW)系统,99 战术干扰系统
6	EA-18G"咆哮者"(EA-18G Growler)	机翼总面积 46.45m²	537~1020	1.8	AN/APG-79 有源电扫描阵列雷达(从 2006 年起开始列装)
					AN/ALQ-99 战术干扰系统；AN/ALQ-218(V)2 电子支援(ES)系统；AN/ALQ-227 通信对抗设备；AN/ALE-47 箔条/曳光弹投放器
					NGJ 新一代干扰机(在研,拟取代 AN/ALQ-99 干扰系统)

（2）确定对抗中的敌我双方参数。

AN/ALQ1XXB：频率范围、波束宽度、输出功率、反应时间、干扰样式、重量、电源等。

AN/ALQ2XX(V)：AN/ALQ2XX(V)综合防御性电子干扰射频干扰系统是一种机载欺骗干扰系统。频率范围、测频精度、频率分辨率、瞬时带宽、最小脉宽、反应时间、干扰样式等。

AN/ALQ-XX 战术干扰系统：AN/ALQ-XX(V)战术干扰系统是 M 国海军和海军陆战队 EA-XX"徘徊者"(Prowler)电子对抗飞机的主战装备,用来对作战目标进行电子攻击。该系统于 1965 年年底开始研制,后于 1971 年开始服役。迄今为止,AN/ALQ-XX(V)系统仍在使用,且经历过四次重大的性能改进。装备了 M 国海军新一代舰载电子对抗飞机 EA-18G"咆哮者"：频率范围、干扰天线增益、干扰天线波束宽度、干扰功率密度、每部发射机的发射功率等。

AN/ALQ-2XX 接收机:频率范围、天线单元数目、方位覆盖、测向精度、测距精度、功率要求等。

4.3.3 试验平台建设

4.3.3.1 建设目的

试验平台建设的目的是:利用电子干扰/雷达抗干扰指标体系、评估及试验方法理论研究成果,搭建可验证的面对实际电子对抗以及雷达装备的试验平台,进行相关的能力试验验证,对原有理论进行进一步验证和完善,对完善后的理论成果进行实装的示范推广,对具体的试验平台建设方案进行示范推广。

目前,在试验研究方面存在以下缺陷和不足:

（1）场景单一,只能用于静态指标检验验证;
（2）不能将雷达侦察和雷达干扰有机结合后,再进行系统性试验;
（3）不能模拟三维真实的动态战术;
（4）试验场景不具有可重复性、可重构、可扩展性;
（5）蓝军模拟不真实;
（6）验证数据记录不全、数据利用率低。

因此,需要在试验平台建设设计时,关注以上缺陷和不足,积极采取有效改进和增加新研设备等措施。在具体试验中,根据试验结果对相关理论和试验条件进行修改完善,实现理论研究、装备成果的验证及推广,为国内试验场建设提供示范性范本。

4.3.3.2 试验平台功能

通过总结多年从事电子战试验方面的经验,电子对抗试验平台功能主要有以下几方面:

（1）具有多场景、多战术特征实现可重构试验平台;
（2）具有场景实现的脚本化功能和多元素可控功能;
（3）具有蓝军多种目标辐射特性模拟功能,并具有技术升级能力;
（4）具有三维运动特性目标模拟功能;
（5）具有雷达、电子侦察、电子干扰系统动态对抗过程模拟功能;
（6）具有模块化可复用功能,频段可扩展;
（7）具有干扰种类可添加、干扰样式可编程拓展功能;
（8）具有场景同步、逼真重现、数据记录功能;
（9）具有基于真实电子侦察干扰设备的超强电子对抗功能实现能力。

第4章 雷达抗干扰能力评估

4.3.3.3 建设思路

依托雷达、电子对抗综合对抗试验硬件基础条件,根据试验项目对试验平台的需求和功能要求,构建试验项目需要的关键的多场景、动态、多战术、可重构、可复现的试验研究平台。

为了满足现代化信息战争的需求,借鉴先进的试验场建设的思路,建设满足真实装备的对抗试验能力、典型对抗场景装备静态指标测试能力、外场动态多场景复杂战术动态目标对抗能力、内场半实物全数字雷达测试、对抗仿真能力测试的综合性试验场。

4.3.3.4 建设和应用

下面以某试验场为例,介绍试验平台建设和应用情况。

如图4.22所示,试验场建有试验楼、测试塔台、试验协调中心及部分配套设施。拥有电子对抗设备与雷达功能调试与性能指标测试系统、干扰与抗干扰能力试验验证平台、大功率多体制电磁环境模拟系统、对抗仿真系统等重大试验设施。可以模拟水面运动目标和空中运动目标,能够模拟舰载电子对抗设备和雷达作战电磁脉冲环境,如图4.23所示,检验验证雷达与电子对抗设备的功能和指标,具备复杂环境电子对抗设备干扰和雷达抗干扰试验能力。频率范围×××~×××GHz,可同时模拟约×××部雷达信号,脉冲密度达××万脉冲/s。

1)试验平台建设需求分析及实现方案

建设内容是对试验平台建设目的需求的解读,并能实现具体平台功能要求。

平台建设满足三维运动平台目标模拟,包括运动轨迹、具体的战术机动,自卫式、支援式或复合式战术场景。同时,要适应不同体制的雷达系统试验,如参试雷达,既能适应两坐标体制、三坐标体制、相控阵体制、频相扫体制等,又能模拟真实的雷达电子侦察、干扰的系统性对抗过程。

采用构建远场条件下辐射式可运动雷达信号和干扰信号模拟系统来实现运动平台的雷达回波信号、干扰信号辐射模拟;

采用独立的固定塔架平台布置和摇臂移动平台布置相结合的方式满足不同频段、不同体制、不同雷达的远场试验需求,提供更多的场景资源需求;

采用数字射频存储(DRFM)技术,为产生真实目标的射频回波信号以及干扰信号提供信息源输入;

采用近距离远场条件的优势,可为相对较远距离的真实对抗场景实现提供实现基础;

用近距离的优势,控制目标产生和干扰产生的时间等参数,实现对现实和超强

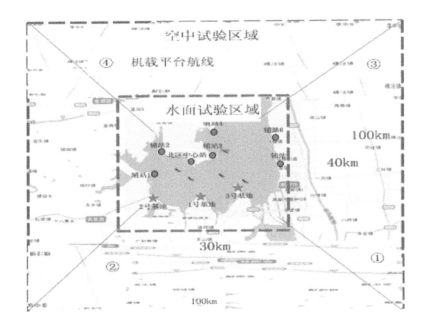

图 4.22　某试验场示意图(见彩图)

图 4.23　某试验场站点布置(见彩图)

电子对抗设备的模拟；

采用综合场景脚本编排和分布式实时控制处理实现监控协调；

采用基于雷达发射脉冲的全局驱动同步，实现场景的行为同步执行、底层数据的录取监控；

建立试验平台辐射特性的检验标定系统，保证试验平台电磁量化模型的准确度。

2）试验平台主要技术指标

（1）适应试验对象雷达体制：两坐标雷达、三坐标雷达和机械扫描雷达、相控阵雷达、机相扫雷达可扩展。

（2）频率覆盖范围：米波到 X 波段，包含 P 波段、L 波段、S 波段、C 波段，可扩展。

（3）满足对试验雷达抗干扰样式试验的覆盖率。

（4）目标种类。

可模拟典型的飞机、导弹、舰艇等目标。

参数包括：RCS 值；目标类型（非起伏、起伏模型）；模拟目标距离；径向机动；目标速度；方位机动范围（与固定布置动目标/干扰运动模拟支撑设备、移动布置动目标/干扰运动模拟支撑设备联合使用）；俯仰机动范围（与固定布置动目标/干扰运动模拟支撑设备、移动布置动目标/干扰运动模拟支撑设备联合使用）。

（5）模拟背景目标数。

（6）杂波模拟。

模拟对数正态、韦布尔、瑞利分布、K 分布等分布的杂波。

（7）干扰模拟种类。

压制干扰：宽带压制干扰、窄带瞄频干扰、梳状谱干扰、相参噪声干扰等。

欺骗干扰：距离欺骗干扰、速度欺骗、距离拖引干扰、速度拖引干扰、距离速度双拖干扰、方向图调制角度欺骗干扰、窄脉冲干扰、密集假目标干扰等。

组合干扰：压制干扰与欺骗干扰组合协同干扰。

3）试验平台特点

主要有以下特点：

(1) 能够满足单一对抗到多模式对抗的综合测试；

(2) 可以实现场景战术动作对抗过程的精确重复和重构；

(3) 试验平台频段可扩展，功能可升级，具有通用性和技术适应性；

(4) 采用 DRFM 技术的远场辐射模式，适应不同体制雷达的回波信号产生和干扰环境产生，对具体雷达依赖性小。

(5) 解决内场很难对以相控阵雷达为代表雷达的对抗仿真的问题。

(6) 场景可重构、雷达发射脉冲驱动、实时控制加上对试验平台的复杂电磁环境量化标定，能够使系统具有必要的稳定性，支持试验数据测试的有效性。

(7) 试验平台能为雷达能力评估提供现有蓝军和未来蓝军逼真模拟的基础条件。

4）组成

为满足动态试验考核与能力评估需求，需要建立动态试验平台。平台主要组成有：

(1) 雷达目标回波/干扰/杂波电磁环境模拟系统（由多个目标回波与干扰模拟器组成）。

(2) 复杂电磁信号模拟系统。

(3) 固定布置（塔吊式）动目标/干扰运动模拟支撑设备。

(4) 移动布置（摇臂式）动目标/干扰运动模拟支撑设备。

(5) 综合模拟控制视景现实及数据录取设备。

(6) 辅助的复杂电磁环境测试标定和标校设备等。

动态试验平台的系统组成框图如图4.24所示。

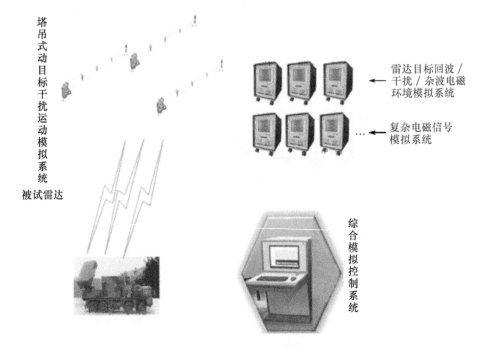

图4.24 动态试验平台系统组成框图（见彩图）

5）试验平台工作原理

雷达目标回波/干扰/杂波电磁环境模拟系统主要为被试电子对抗系统/雷达模拟典型的飞机、导弹、舰艇等目标，模拟各种舰载雷达、机载雷达典型对抗场景中的飞机、导弹目标。干扰类型包括各种欺骗干扰、压制干扰和组合干扰。根据任务需求，雷达目标回波/干扰/杂波电磁环境模拟系统包括了多个模块化多目标回波及干扰模拟器。

复杂电磁信号模拟系统主要为电子对抗系统/雷达试验模拟复杂电磁环境中

的高密度、多体制、动态的雷达信号,信号密度可达几十到数百万信号脉冲/s,频率覆盖从米波到毫米波。

固定布置(塔吊式)动目标/干扰运动模拟支撑设备是复杂电磁环境试验的平台基础,在综合模拟控制系统的控制下,通过对雷达目标回波/干扰/杂波电磁环境模拟系统及其辐射天线的动态移动完成动态目标、干扰模拟。固定布置(塔吊式)动目标/干扰运动模拟支撑设备可以进行大角度方位旋转,适应不同位置的被试设备。其多个试验小车运动平台可在精准控制条件下进行高精度运动,可模拟多个试验所需的动态目标、干扰平台。

移动布置(摇臂式)动目标/干扰运动模拟支撑设备也作为平台基础,在综合模拟控制系统的控制下,与固定布置(塔吊式)动目标/干扰运动模拟支撑设备配合使用,或多个移动布置(摇臂式)动目标/干扰运动模拟支撑设备配合使用,通过对雷达目标回波/干扰/杂波电磁环境模拟系统的移动,完成复杂试验场景中的自卫式、支援式以及组合式干扰场景,或在远场距离不够或雷达无法进入试验场条件下的复杂场景试验。

综合模拟控制系统接收试验协调中心系统的试验场景、试验命令,对试验平台进行资源调度、运行控制和实时状态监控,控制试验平台中雷达目标回波/干扰/杂波电磁环境模拟系统、复杂电磁信号模拟系统、固定布置(塔吊式)动目标/干扰运动模拟支撑设备、移动布置(摇臂式)动目标/干扰运动模拟支撑设备的实时运行。

6) 雷达目标回波/干扰/杂波电磁环境模拟系统

根据功能需求,雷达目标回波/干扰/杂波电磁环境模拟平台主要由综合控制显示与场景设置分系统、接收前端、参数测量单元、下变频模块、功分放大单元、目标及干扰信号产生单元、杂波产生单元、射频通道单元、发射机、频率合成器等组成。其系统组成原理框图如图4.25所示。

工作原理:雷达目标回波/干扰/杂波电磁环境模拟系统接收来自雷达的发射信号(可为电缆注入,也可为辐射方式)。调整接收前端功率电平,在参数测量单元中进行信号的频域、时域、能量域参数测量,变频模块变频后,通过功分放大单元进行信号分路后,送后级目标及干扰信号产生单元、杂波产生单元,目标及干扰信号产生单元和杂波产生单元基于数字射频储频技术产生雷达所需要的目标回波信号、干扰信号、杂波信号,通过各自射频通道进行上变频后,将模拟信号恢复到雷达信号频率上,通过发射机将所模拟的信号对被试雷达进行辐射,为被试雷达抗干扰性能试验提供所需要的目标和干扰电磁环境信号。本系统可模拟的干扰信号包括雷达所面临的欺骗式干扰信号、压制式干扰信号等,模拟的杂波信号包含雷达所面临的地杂波、海杂波、云雨杂波及各种气象杂波。

(1) 目标回波信号的生成。在综合控制显示与场景设置分系统中设置系统参

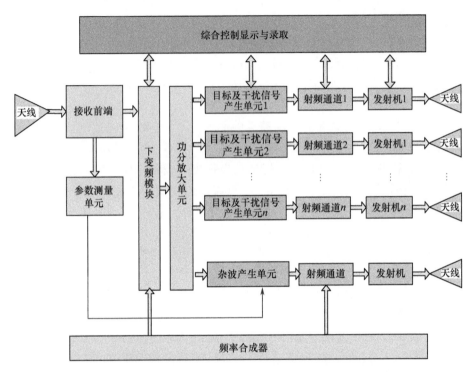

图4.25 雷达目标回波/干扰/杂波电磁环境模拟系统组成原理框图(见彩图)

数、雷达工作参数、目标航迹、目标 RCS 等参数,进行初始战情的解算、生成和分解,根据战情态势,计算各个目标相对于雷达的距离,确定各目标回波信号相对于雷达发射脉冲的时延值,在参数测量单元产生的检波阈值的同步下,用这些时延值顺序读取数字射频存储器存储的相应的中频发射脉冲,精确模拟对应于不同时延值的目标回波脉冲。根据目标相对雷达的径向速度,解算目标多普勒频率,调制到模拟的目标回波上。根据 Swelling 等目标 RCS 起伏模型和距离信息,进行实时解算,对目标回波的幅度进行调制实现目标衰减和目标的 RCS 特性模拟。

(2) 欺骗式干扰信号产生。欺骗式干扰信号产生的机理和目标回波产生的机理相同,只是不能把雷达发射信号直接作为干扰机所收到的信号来产生干扰信号,应考虑干扰机至雷达的距离所造成的时延,该参数仅作为模拟雷达信号到达干扰机所产生时延的参考数据,干扰机利用这一等效延时的雷达发射脉冲来产生各种欺骗干扰。在模拟距离拖引及速度拖引干扰时,要模拟出实际干扰机产生这类干扰的技术时延,并按欺骗干扰模式产生时延(距离)和多普勒频移(速度)的调制。

(3) 压制式干扰信号产生。本系统设有瞬时测频电路,该电路的功能是实时测量每一个雷达发射脉冲的射频频率、脉宽等参数,所测频率值送入压制干扰产生单元,由解算控制单元依据压制干扰样式和噪声带宽等干扰参数,控制干扰产生单元的 DDS 器件进行频率调制,从而产生瞄频、扫频、宽带阻塞干扰、间断干扰等压制干扰。

(4) 杂波信号产生。本系统能够进行地理环境杂波的模拟,杂波是一个复杂的回波信号,在每个雷达距离分辨单元内存在强度不同,且具有不同多普勒频率的雷达回波信号。模拟杂波的方法是把地面看成由点散射集合组成的面目标模型,用网络矩阵映象法进行杂波信号的模拟。因此,在系统中设置了一个杂波产生器以模拟这一特殊的雷达回波,杂波产生器硬件电路采用与数字储频相似的电路来实现。

雷达杂波模拟的实质就是要产生服从一定概率分布的相关序列。无论是服从瑞利分布、对数正态分布、韦布尔分布和 K 分布等杂波,杂波信号的起伏均表现为一个具有一定概率分布的相关序列的调制过程。其中对于地面杂波可采用幅度服从瑞利分布、对数 - 正态分布、韦布尔分布,功率谱服从高斯型、立方型、指数型的杂波模型;海面杂波可采用幅度服从对数 - 正态分布、韦布尔分布、K 分布的高斯型杂波模型;气象杂波和箔条杂波其幅度可采用瑞利分布的高斯型模型。在仿真时,具体采用杂波的何种幅度分布及功率谱,由战情给定。但应该指出的是,对于各种类型的杂波数据分布的描述,不存在一个综合的表达式能够概括所有现有的和常用的分布密度函数。

7) 组成设备分析

(1) 复杂电磁环境信号模拟系统。该系统由综合控制与监视分系统、数字逻辑单元、多体制雷达威胁信号产生器、发射机、天线等组成。其组成框如图 4.26 所示。

工作原理:复杂电磁环境模拟系统主要用于为被试装备提供复杂电磁环境信号,用于评估被试装备在复杂电磁环境下的信号分选识别能力。

本系统由综合控制与监视分系统完成战情加载或设置、参数装定、实时参数显示及实时战情运行,同时通过以太网快速将控制指令送给数字逻辑单元(DLU)。数字逻辑单元计算每个脉冲的发射时间、频率、脉宽、脉内调制、幅度(含距离衰减、多路径效应、天线扫描、到达角模拟等);对雷达脉冲信号进行时序排队和射频通道的动态分配,并按丢失脉冲准则进行丢脉冲处理。然后,数字逻辑单元将生成的硬件控制字送到数字调制模块,控制各多体制雷达威胁信号产生器生成所需要的射频信号。

主要技术指标:频率覆盖范围:从米波到毫米波;可模拟典型的美国、日本等国

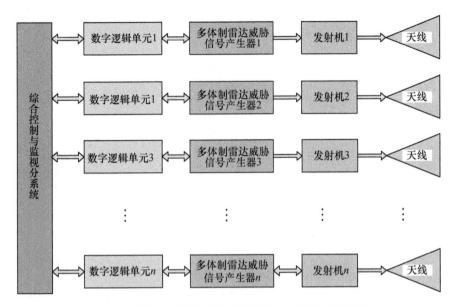

图4.26 复杂电磁环境信号模拟设备组成框图(见彩图)

军队的典型机载、弹载、舰载等雷达信号;信号密度可达:×××万信号脉冲/s。

(2) 移动布置(摇臂式)动目标/干扰运动模拟支撑设备。也作为复杂电磁环境试验平台基础,在综合模拟控制系统的控制下,与固定布置(塔吊式)动目标/干扰运动模拟支撑设备配合使用,或多个移动布置(摇臂式)动目标/干扰运动模拟支撑设备配合使用,通过对雷达目标回波/干扰/杂波电磁环境模拟系统的移动,完成复杂试验场景下的自卫式、支援式以及组合式干扰场景。

移动布置(摇臂式)动目标/干扰运动模拟支撑设备主要由摇臂伺服系统、云台伺服系统和移动支撑结构等组成。摇臂伺服系统包括方位转台、俯仰机构、摇臂,云台伺服系统为一套可控的天线云台,移动支撑结构包括支撑结构手动推车和配重。移动布置(摇臂式)动目标/干扰运动模拟支撑设备组成示意如图 4.27 所示。

摇臂伺服系统设置方位和俯仰控制机构,云台系统也设置方位和俯仰控制机构。除了由伺服控制摇臂运动外,也可单独由云台系统伺服系统控制云台上的天线指向,使摇臂转动时天线主瓣波束始终指向被试雷达天线。为了尽量减少摇臂的运动力矩,云台系统伺服系统上只安装天线。

(3) 固定布置(塔吊式)动目标/干扰运动模拟支撑设备。作为复杂电磁环境试验平台基础,在综合模拟控制系统的控制下,通过对雷达目标回波/干扰/杂波电磁环境模拟系统及其辐射天线的动态移动完成动态目标、干扰模拟。固定布置(塔吊式)动目标/干扰运动模拟支撑设备可以进行大角度方位旋转,其目标运动

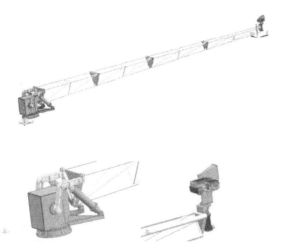

图4.27 移动布置(摇臂式)动目标/干扰运动模拟支撑设备组成示意图(见彩图)

平台可在精准控制下进行高精度、高速度与加速度运动,可进行模拟试验所需的动态目标、干扰的模拟。

固定布置(塔吊式)动目标/干扰运动模拟支撑设备主要由塔吊、目标运动平台等组成,目标运动平台又包括小车轨道、小车车体、小车控制部分。

主要技术指标:

① 塔吊指标。

塔身高不小于30m(正常工作态在5级风以下,6级风以上需处于待机状态);
塔臂长不小于75m(小车运行有效长度不小于65m)。

② 目标运动平台指标。

轨道长度:不小于75m。

运动速度:0~2m/s。

运动加速度:0~0.5m/s^2。

移动控制精度:0.01m。

载重:≥600kg。

(4) 综合模拟控制视景实现及数据录取设备。复杂电磁环境试验验证平台采用一体化集成技术,将实时调度与监测、视景仿真、数据录取与存储无缝连接成一个整体,可根据不同试验需求进行裁剪与扩充,实现不同场景、配置、装备的试验环境,完成对集成测试场景的全自动资源调度、监测、数据记录与评估,如图4.28所示。

该平台一体化集成设计的核心是资源对象化,即资源的接入统一为对象的接入,对象代理依据接入设备的特点,封装成为一体化试验对象,方便上层服务的调

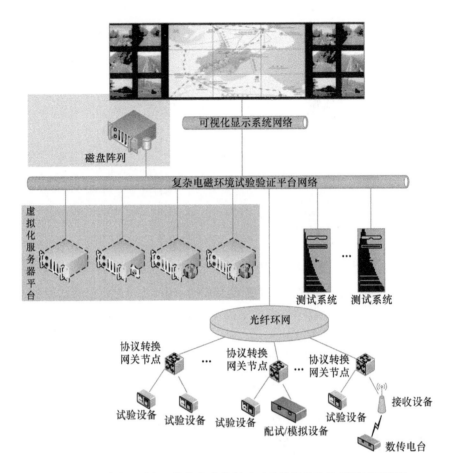

图 4.28　试验验证平台一体化集成控制显示及数据录取示意图(见彩图)

用和与一体化试验平台的互操作;协议一致化功能,将不符合一体化试验规范的虚拟资源、半实物资源及实物资源,通过接入网关等模块,转换为符合其规范的资源;接入资源的试验规划与监控功能,即将接入资源纳入一体化试验中去,并受一体化试验中试验规划的管理并向相关设备或软件输出标准数据。

① 视景仿真控制系统。采用成熟的视景仿真平台,实现试验过程的三维场景效果仿真和处理数据直观显示。

试验规划与实时调度。试验规划与调度为试验的具体构建提供向导与总控,是试验平台的控制核心。试验规划关注的是多资源协同工作完成试验的流程,试验规划可根据试验需要定义试验验证场景,也可从数据库中调取典型或过往案例,将各个单一节点有序地整合起来,并为其设计试验流程。试验实时调度则根据设计好的流程控制各单个节点的运行,使得试验流程能够得到高效执行并降低因人工操作错误造成试验失败的概率。

态势监控。态势监控为整个试验场景提供了实时监控的功能,包括试验资源的状态监测与动态管理。资源状态监控内容包括各试验单元的就绪、挂起、运行等状态;资源动态管理主要通过运行支撑接口获取动态信息。通过监控软件可以实时发现试验过程中的各类问题,提高试验的可信度。图 4.29 为场景模拟系统框图,图 4.30 为场景模拟示意图。

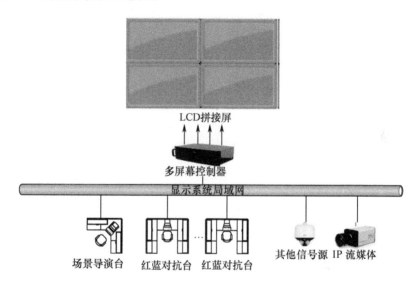

图 4.29　场景模拟系统框图(见彩图)

通过资源模型中建立设备资源和系统的映射关系。单资源接入单元将资源映射到试验中的交互对象。映射过程中数据接收与 I/O 适配模块将设备 I/O 信息与试验对象、事件信息进行统一的协议转换。

接入网关技术将电磁环境模拟系统、抗干扰试验系统接入一体化试验中来。这些系统中的设备通过数据接收与 I/O 适配模块也转换为统一规范的资源,接入一体化试验平台中。

② 数据录取与存储。本部分包括自动测试录取、数据存储分析管理两部分。

自动测试系统体系设备、仪器、装备等有效地联系到一起,通过统一的接口、平台进行管理、控制与通信,采集各点数据汇总到试验中心,统一进行分析与处理。该系统平台具有可扩展性、开放性、良好的兼容性和易维护性。自动测试及录取系统总体框图如图 4.31 所示。

为了有效地解决测试系统用户以及测试设备生产厂商之间信息交流困难的问题,促进产品测试信息的共享和重用,需建立统一的接口及数据规范。

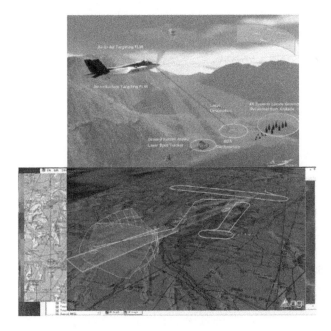

图 4.30　场景模拟示意图(见彩图)

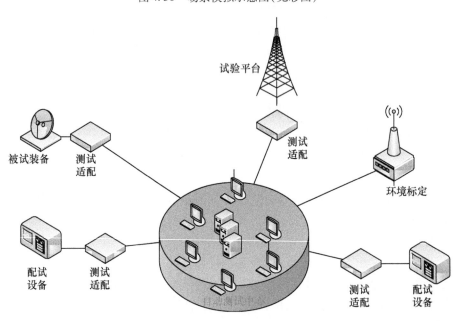

图 4.31　自动测试及录取系统总体框图

数据处理接收雷达发送的战情数据、场景模拟控制计算机发送的场景模拟参数和实时频谱仪发送的环境监测分析数据,三路数据进行时标匹配,按照时间顺序进行数据融合,经过汇总、处理后的数据按照统一协议转换为标准格式后进行记录,为试验结果的评判提供科学可信的依据。数据实时录取技术流程如图4.32所示。

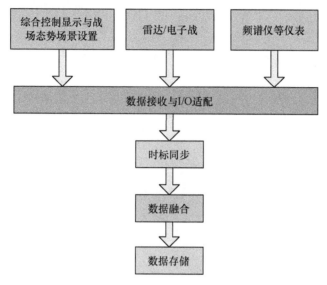

图4.32 实时录取流程图(见彩图)

存储系统采用高性能商用服务器,可以外接多个节点。各接入点经接收与I/O适配模块将信息协议转换后通过光纤或网络汇总至存储系统,仿真与处理计算机则可从存储系统调取试验数据进行处理,其结果也保存在存储系统中,如图4.33所示。

存储系统提供完整的存储系统管理软件,支持集中式图形用户界面(GUI)管理,在同一管理界面实时监控、数据检索、数据库管理等,并提供冗余和负债均衡管理。软件构架如图4.34所示。

(5)标定标校系统。雷达目标模拟器通常满足三个方面的要求:第一,模拟的数据与所建立的模型相吻合。第二,其输出信号的参数与雷达实际工作的接收机输出的信号参数一致;以上两个方面决定了模拟器的可信度。第三,作为一个测试信号源,其输出的模拟信号的技术指标要满足一个测试设备的要求,这点保证了测试结果的准确性。因此,对模拟器的性能指标的测试评估非常重要。标定标校原理如图4.35所示。

试验布局主要是由被试雷达(或目标模拟器)、相对平坦的试验场地和标校塔组成。其中,被试雷达(或目标模拟器)布置在场地某开阔位置,与标校塔的测量

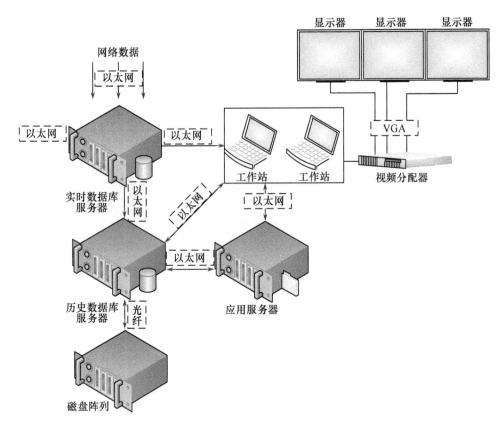

图 4.33　数据录取记录系统（见彩图）

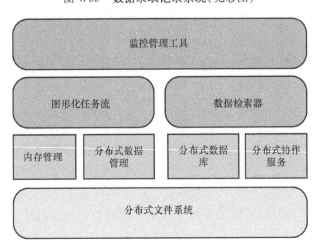

图 4.34　存储系统管理软件构架（见彩图）

距离 L 满足远场条件,受试雷达(或目标模拟器)和接收天线应架设适当高度,使海面和地面反射散射效应可以忽略。已校准的测试天线放在标校塔顶部,并且其姿态角在平面内任意可调。

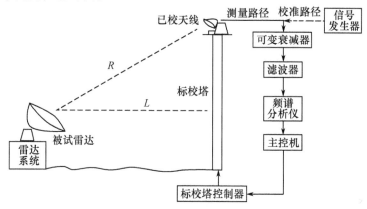

图 4.35 标定标校原理框图

远场距离可由下式计算:

当发射机频率不大于 1.24GHz 时,应采用下列两公式计算并选取较大者:

$$R = \frac{2D^2}{\lambda}; R = 3\lambda$$

当发射机频率大于 1.24GHz 时,应如下计算:

当 $2.5D < d$ 时, $R = \frac{2D^2}{\lambda}$

当 $2.5D \geqslant d$ 时, $R = \frac{(D+d)^2}{\lambda}$

式中　R——雷达与接收天线之间的距离(m);
　　　D——雷达的最大几何尺寸(m);
　　　d——接收天线的最大几何尺寸(m);
　　　λ——发射机频率对应的波长(m)。

(6) 动态目标、干扰基本设备配置方案示例。为了模拟雷达目标回波信号在方位、俯仰上的运动特征,以及模拟产生自卫干扰、随队干扰和支援干扰,将雷达目标回波/干扰/杂波电磁环境模拟系统的辐射天线安装在固定布置(塔吊式)动目标/干扰运动模拟支撑设备或移动布置(摇臂式)动目标/干扰运动模拟支撑设备上,通过在不同试验战情环境下进行不同配置,改变雷达目标回波/干扰/杂波电磁环境模拟系统及其辐射天线在水平和垂直方向上的位置,实现目标或干扰机运动战情参数变化引起的信号变化,从而更加真实地模拟实际战场环境。主要是在综合模拟控制系统的控制下通过雷达目标回波/干扰/杂波电磁环境模拟系统与固定布置(塔吊式)动目标/干扰运动模拟支撑设备和移动布置(摇臂式)动目标/干扰运动模拟支撑设备的配合完成的。

移动布置(摇臂式)动目标/干扰运动模拟支撑设备进行动态目标、干扰模拟过程如下:

为了模拟雷达目标回波信号在方位、俯仰上的运动特征,以及模拟产生自卫干扰、随队干扰和支援干扰,可将雷达目标回波/干扰/杂波电磁环境模拟系统安装在移动布置(摇臂式)动目标/干扰运动模拟支撑设备上,通过在不同试验战情环境下进行不同配置,改变模拟器在不同的方位俯仰的位置,实现目标或干扰机运动战情参数变化引起的信号变化,从而更加真实地模拟实际战场环境。通过架设位置的改变和移动布置(摇臂式)动目标/干扰运动模拟支撑设备转动摇臂的转动,可以将战情设计成目标垂向靠近、远离或任意角度运动等各种战情态势。移动布置(摇臂式)动目标/干扰运动模拟支撑设备模拟动目标和干扰的过程如图4.36所示。

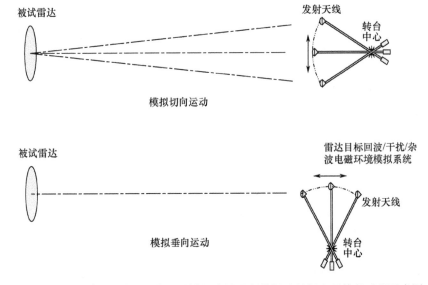

图 4.36 移动布置动目标/干扰运动模拟支撑设备模拟动目标和干扰的过程示意图

下面以摇臂式动目标/干扰运动模拟支撑设备为例,说明动态支援式干扰、自卫式干扰架设配置过程:

① 自卫式干扰配置。模拟自卫式干扰战情环境时,将雷达目标回波/干扰/杂波电磁环境模拟系统和辐射天线安装在摇臂式动目标/干扰运动模拟支撑设备上,模拟系统的接收天线可近距离接收也可远距离接收。收、发天线同时位于雷达天

线波束主瓣内。

模拟随队干扰时,干扰模拟发射天线和目标模拟发射天线同时处于雷达天线波束主瓣内;当模拟自卫式干扰时,干扰机位于目标飞机上,干扰模拟发射天线和目标模拟发射天线在同一位置安放。模拟随队干扰时,在相对于雷达天线水平切线方向上干扰模拟发射天线和目标模拟发射天线架设距离小于一定距离。自卫式干扰架设配置如图4.37所示。

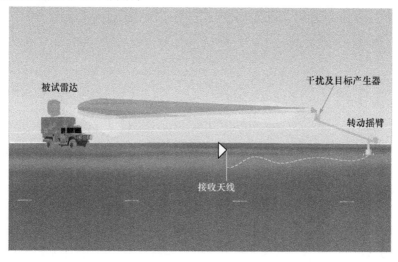

图4.37 自卫式干扰架设配置示意图(见彩图)

② 支援式干扰配置。模拟支援式干扰战情环境时,将雷达目标回波/干扰/杂波电磁环境模拟系统和辐射天线安装在以摇臂式动目标/干扰运动模拟支撑设备上,接收天线可近距离接收也可远距离接收。在模拟支援式干扰情况下,目标处于雷达天线波束主瓣内时,干扰机处于雷达天线波束副瓣内。支援式干扰架设配置如图4.38所示。

固定布置(塔吊式)动目标/干扰运动模拟支撑设备进行动态目标、干扰模拟过程如下:

综合模拟控制系统接收到综合试验控制调度系统的试验场景、战情参数和试验运行命令,根据试验场景中空中飞机、导弹、海面舰艇的运动航迹、被试雷达的运动航迹,实时解算目标、干扰机相对被试雷达距离、速度和目标、干扰相对雷达的方位角、俯仰角。目标、干扰机相对被试雷达距离、速度送雷达目标回波/干扰/杂波电磁环境模拟系统,由雷达目标回波/干扰/杂波电磁环境模拟系统解算目标相对被试雷达的距离延迟、多普勒频率和干扰相对被试雷达的距离延迟、多普勒频率,利用DRFM技术实现目标的距离和速度模拟,利用DRFM和DDS技术模拟各种欺

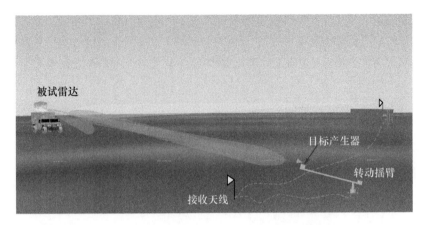

图 4.38　支援式干扰架设配置示意图（见彩图）

骗干扰。目标、干扰相对雷达的方位角、俯仰角送固定布置（塔吊式）动目标/干扰运动模拟支撑设备，解算出目标运动平台的控制量，控制雷达目标回波/干扰/杂波电磁环境模拟系统辐射天线的水平运动和垂直运动，从而模拟了被试雷达试验所需的动态目标、干扰模拟，如图 4.39 和图 4.40 所示。

龙门吊框架下大臂上共安装 3 个方位向运动的小车，每个小车布置一套 3 通道电磁环境模拟设备，各模拟通道输出合路后与垂直方向运动的天线连接。

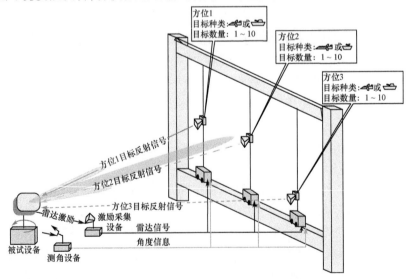

图 4.39　固定布置（塔吊式）支撑设备模拟动态目标、支援干扰示意图（见彩图）

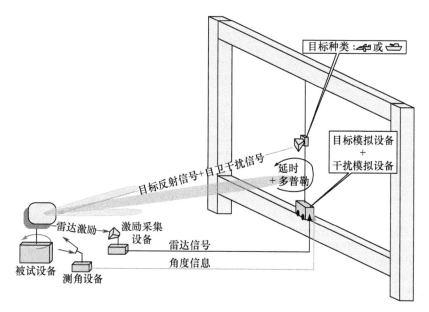

图 4.40　固定布置(塔吊式)支撑设备模拟动态目标、自卫干扰示意图(见彩图)

(7) 典型场景下战术对抗模拟示例。试验可单独或组合使用不同平台的干扰源,形成考察雷达的抗干扰能力的环境,并在此环境中对模拟对方突防目标进行探测试验。

这里给出了舰载雷达的 4 种典型场景,分别是:舰载雷达自卫式干扰场景、舰载雷达支援式场景干扰场景、舰载雷达组合场景以及机载雷达典型场景。

① 舰载雷达自卫式干扰场景试验。模拟突防飞机 4 批 12 架次,由 200km 处进入过顶,每批次中 2 架挂载 3 个干扰吊舱;另 1 架模拟对方突防目标,对雷达电磁信息侦察后在进入和远离时释放自卫式干扰。

舰载雷达开机后,机载自卫式干扰飞机以 4 批次分别实施宽带噪声压制、窄带噪声瞄准、欺骗式密集假目标和组合式干扰。图 4.41 是实验行动图。

② 舰载雷达支援式场景干扰试验。模拟突防飞机共 4 批 4 架次,由 200km 处进入过顶模拟对方突防目标;支援干扰机 4 批 8 架次,距离 200km,对雷达电磁信息侦查后持续释放支援式干扰;支援干扰机 4 批次分别实施宽带噪声压制、窄带噪声瞄准、欺骗式密集假目标和组合式干扰。图 4.42 是试验行动图。

③ 舰载雷达组合场景干扰试验。模拟突防飞机 4 批 16 架次,由 200km 处分 3 个方向轮流进入过顶,每批中 2 架飞机挂载 3 个干扰吊舱,对雷达电磁信息侦察后在进入和远离时释放自卫式干扰;支援干扰机 4 批 8 架次,距离 200km 对本舰电

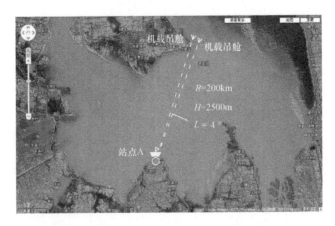

图 4.41　舰载雷达自卫式场景干扰试验（见彩图）

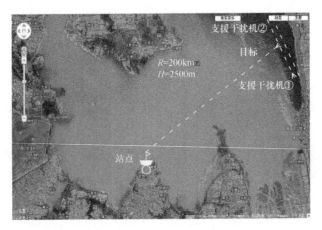

图 4.42　舰载雷达支援式场景干扰试验（见彩图）

磁信息侦察后持续释放支援式干扰；场景中布置岸基干扰机 1 部，距离约 30km。图 4.43 是试验行动图。

④ 机载雷达典型场景干扰试验。试验对象为预警雷达，配置干扰机、模拟空中目标以及空中干扰设备。考虑预警机未来的战术需求，需重点对预警机抗干扰性能进行评估。试验预警机装备 P/S/L 波段预警雷达。地面配备多部干扰设备，对雷达进行支援干扰，验证预警雷达在背景电磁环境干扰和威胁电磁环境干扰两种干扰组合环境下的抗干扰指标。

验证预警机迎头、尾后两种飞行剖面下，探测目标的能力，同时，地面放置干扰设备，验证预警机在复杂电磁环境背景下抗支援干扰的能力，如图 4.44 所示。

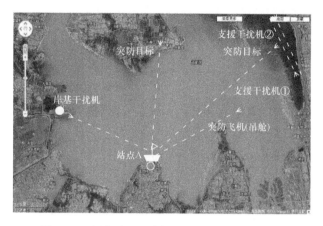

图 4.43　舰载雷达组合场景干扰试验（见彩图）

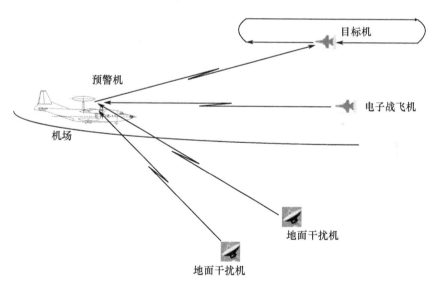

图 4.44　机载雷达典型场景干扰试验（见彩图）

（8）试验与试验结果分析及对理论、实装应用研究。

试验验证平台通过正确的试验设计，利用各种测量设备和录取数据获得必要的数据，然后对所得的数据进行参数估计，假设检验等统计处理和分析，对建立的装备干扰/抗干扰评估模型进行反馈分析、完善，通过反复迭代分析进而得到有效的试验评估模型，评估方法。评估修改完善方法流程如图 4.45 所示。

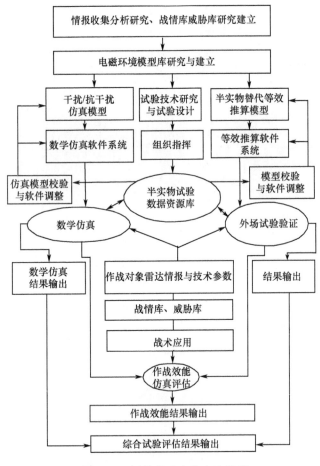

图 4.45 评估修改完善方法流程

4.4 能力评估技术

4.4.1 评估内容

雷达干扰和抗干扰是一对矛盾的两个不同方面。针对矛盾双方对抗能力分析或效能评估,也就存在两种不同的角度:一种是雷达系统的角度;另一种是雷达对抗的角度。与此相对应,评估指标体系也可以从这两个主要的角度来建立。对应于不同评估角度,体系内容也有所不同。

当前,雷达具有多种多样抗干扰手段,抗干扰措施多至数百种,而针对雷达的干扰信号也多种多样,阻塞、欺骗、组合干扰样式繁多。在实际应用中,当雷达遭到干扰信号干扰时,如何根据不同抗干扰措施对各种干扰的抑制效果,选取合适有效的抗干扰措施予以对抗,是实现雷达智能抗干扰、提高雷达抗干扰能力的关键。为了使雷达能在多种有源干扰的复杂电磁环境下尽可能发挥最大效能,雷达抗干扰措施的组合与优化是值得考虑的措施之一[16-23]。

雷达抗干扰措施的组合与优化选取,即雷达抗干扰性能评估技术,是指针对一部或多部干扰机施放的多种干扰,通过雷达抗干扰性能评估算法,选取雷达设备的抗干扰措施进行对抗。

雷达抗干扰评估基础内容主要包括在雷达抗干效能力及效能评估、侦察设备侦察能力及效能评估和干扰设备干扰效能三个方面。下面介绍前两个方面。

4.4.1.1 针对雷达抗干扰能力及效能评估的主要内容

(1) 以功率准则为基础,研究雷达检测概率、雷达作用距离、雷达接收机检测干信比等在采取抗干扰措施前后的变化,从而度量雷达抗干扰能力的优劣。

(2) 以雷达视频显示质量为基础,通过测量雷达采用抗干扰措施前后显示画面被干扰湮没的程度和目标航迹质量指标的变化来度量雷达抗干扰能力的优劣。由于对雷达视频显示质量的评价更直观、更容易定量描述,且与雷达的信噪比和杂噪比有一定的对应关系,因此,将雷达采用抗干扰措施前后雷达视频显示质量的评估作为对雷达抗干扰效果的评估方法是可行的。与之相关的指标主要有:

① 雷达观察扇区损失度;
② 雷达航迹相关指标(虚假航迹、冗余航迹、丢失航迹;遗漏航迹数量);
③ 检测率;
④ 虚警率;
⑤ 跟踪起始;
⑥ 维持和终结部分;
⑦ 有航迹起始时间;
⑧ 航迹维持时间等。

(3) 航迹相关与融合指标:
① 正确关联率;
② 漏相关率;
③ 错误关联率;
④ 正确分离率;
⑤ 航迹综合相关度;
⑥ 航迹精度;

⑦ 航迹状态估计偏差等。
（4）跟踪滤波和预测部分指标：
① 滤波方差；
② 估计偏差等。

考核体系将采用蒙特卡罗方法,因此重点评估以下评估指标：
① 系统平均错误航迹数；
② 系统平均遗漏航迹数；
③ 系统检测率；
④ 系统错误航迹率；
⑤ 平均航迹形成时间；
⑥ 平均航迹维持时间；
⑦ 误跟踪率；
⑧ 综合融合航迹精度。

4.4.1.2　侦察设备侦察能力及效能评估

主要包括信号环境适应能力（密集信号适应能力、强信号适应能力、复杂信号适应能力、侦收灵敏度试验）、信号分选识别能力、信号截获能力、系统反应时间、对同时到达信号分辨能力、动态精度测试（测频精度、脉宽测量精度与范围、脉冲重复周期测量精度与范围、脉宽与脉冲重复周期调制特性测量、雷达天线扫描类型与天线扫描周期测量）、脉间/脉内细微特征分析能力、侦收距离和空间覆盖范围、对信号侦收的准确率等。

针对干扰能力及效能评估方法研究,主要指标包括干扰频率范围、雷达干扰设备的作用距离和空间覆盖范围、雷达干扰设备的反应时间、雷达干扰设备对多目标的干扰能力、雷达干扰设备各种干扰样式的干扰效果、雷达干扰设备干扰自适应能力等。

4.4.2　评估方法及标准

4.4.2.1　评估方法

从雷达的性能参数中,抽取一定数量的雷达抗干扰性能评估指标,由所抽取的评估指标构成特征指标集。此特征指标集可以为一维矢量,也可以为多维矩阵。由特征指标集矢量（或矩阵）输入至雷达抗干扰评估网络,输出的评估结果可度量雷达的抗干扰性能,同时,也可以与预定阈值相比较,从而达到检验雷达抗干扰效能合格与否的目的。

从本质上讲,雷达抗干扰评估是非线性的。这种非线性的特点主要是由于评估过程的模糊性等诸多因素造成的。正是由于非线性的特点,必须对一些线性的评估方法反复迭代以达到对非线性方法的某种近似,或直接采用非线性的评估网络。

与此对应的评估指标空间也具有如此的内涵包含式的体系性,具体而言,综合性干扰的评估指标可以涵盖遮蔽干扰和欺骗性干扰的评估指标,但是,它的针对性和有效性不如下一级的指标;同样,遮蔽干扰的评估指标也涵盖下一级的有源遮蔽干扰和无源遮蔽干扰的评估指标。

4.4.2.2 度量标准

在雷达抗干扰效果度量标准方面,由于涉及的雷达和干扰的复杂性和不确定性,建立标准具有较大困难,与对抗战情和态势以及干扰机、雷达的工作参数和空间复杂电磁环境等因素存在密切的关系,要想全面、准确、客观地评价雷达抗干扰效果,必须对影响抗干扰效果的各种因素进行综合分析评价。

要正确认识评估过程中反映出来的不确定性,要避免选取绝对正确的、唯一的评估指标,而要选择相对正确的、能基本反映雷达以及对抗过程的评估指标。应能客观地反映被评价雷达抗干扰的固有品质和战斗潜力,有科学依据,不能因人而异。主要表现在:

(1) 综合性。能综合反映雷达抗干扰措施的应用价值和作战潜力。

(2) 敏感性。该指标与雷达主要参数和干扰环境关系密切。

(3) 可比性。该指标能反映不同抗干扰措施采用后效果的不同。

(4) 实用性。物理意义明确,简明易懂,可以在军事技术实践活动中推广应用。

不同的雷达体制、不同的作战运用方式应采用不同的评估指标。

在复杂电磁环境构建与量化方法研究的基础上,研制试验验证平台并通过大量的试验数据,建立有效的评估模型,总结复杂电磁环境下电子设备的能力及效能评估方法。

4.4.3 评估原则

4.4.3.1 评估原则分类

根据抗干扰措施数量和干扰数量的关系,可以将雷达抗干扰性能评估技术的性能评估分配原则分为三类。

第一类:一对一原则

指在整个对抗过程中,雷达采用的某种抗干扰措施只对抗一种干扰。在抗干扰手段丰富且效果良好的情况下,采用一对一原则,使得性能评估过程简单方便。基于一对一原则的雷达抗干扰性能评估算法主要有 0-1 规划、多级优化动态、布尔操作法等。

第二类:一对多原则

指在整个对抗过程中,雷达采用的某种抗干扰措施同时对抗多种干扰。该原则能够对雷达的抗干扰资源进行有效分配,比一对一原则效率更高,从而更具优势。

第三类:多对一原则

指在整个对抗过程中,雷达采用多种抗干扰措施同时对抗一种干扰。相比于前两种原则,在该原则下,采用多种抗干扰措施对抗一种干扰,干扰能够得到更大程度上的抑制,但效率可能会有所降低。在对干扰特别敏感的应用场合,可以采用此种原则。

假设雷达具有的抗干扰措施集为 $A = \{a_i | i = 1,2,\cdots,M\}$,其中,$a_i$ 表示雷达具有的第 i 项抗干扰措施;对方施放的干扰措施集为 $J = \{j_k | k = 1,2,\cdots,N\}$,其中,$j_k$ 表示第 k 类干扰,且 $M \geq N$,即抗干扰措施种类不少于干扰措施类型数。通过抗干扰能力及效能评估系统,可得归一化抗干扰效益矩阵 $\boldsymbol{B} = \{b_{ik} | 0 \leq b_{ik} \leq 1, i = 1,2,\cdots,M, k = 1,2,\cdots,N\}$,其中 b_{ik} 为抗干扰措施 a_i 对抗干扰 j_k 的抗干扰效益值。这样,所求解的问题转为针对对方的干扰集 J,从雷达的抗干扰措施集 A 的幂集 $P(A)$(即集 A 的所有子集构成的集族)中选取最优元素 A_j(设该子集含 m 个元素),使得总的抗干扰效益值 B_{total} 最大,即

$$\max_{A_j \in P(A)} B_{\text{total}} = \sum_{\substack{i=1,2,\cdots,m \\ k=1,2,\cdots,N}} b_{ik} \qquad (4.30)$$

根据上述原理,建立映射后的归一化抗干扰效益矩阵,如表 4.6 所列。

表 4.6　归一化抗干扰效益矩阵

技术措施	j_1	j_2	j_3	j_4	j_5	j_6
a_1	0.5625	1	1	0.5625	0.5625	0.5625
a_2	0.5625	0.5625	0.6875	0.6875	0.1875	0.1875
a_3	0.1875	0.5	0.5	0.5625	0.1875	0.1875
a_4	0.0625	0.5	1	0.6875	0.6875	0.6875
a_5	0.125	0.5	0.875	0.625	0.625	0.625
a_6	0.125	0.125	0.125	0.125	0.125	1

(续)

技术措施	j_1	j_2	j_3	j_4	j_5	j_6
a_7	0.1875	0.1875	0.1875	0.5625	0.5625	0.1875
a_8	0.5625	0.5625	0.25	0.25	0.25	0.25
a_9	0.125	0.6875	0.125	0.125	0.125	0.125
a_{10}	0.75	0.6875	0.1875	0.1875	0.1875	0.1875

其中，j_1 到 j_6 分别代表宽带噪声干扰、扫频式干扰、瞄准式干扰、距离欺骗式干扰、速度欺骗式干扰和角度欺骗式干扰这6种常见干扰措施；a_1 到 a_{10} 分别代表捷变频、脉冲压缩、可变脉冲参数、多普勒处理、MTD、单脉冲、抖动重复频率、恒虚警处理、信号限幅和宽窄限电路10种常见抗干扰措施。从表4.6可以看出，没有一种抗干扰措施能对抗所有的干扰措施；不同的干扰措施对各种干扰的抗干扰效果不同，有些甚至没有有效的对抗效果。因此，需要通过一定的算法得到最优化的对抗决策。

4.4.3.2 抗干扰效益矩阵

传统的抗干扰效益矩阵由某种抗干扰措施针对某种干扰的抗干扰效益值组成，通常通过经验估计得到，且为固定常数。雷达抗干扰技术措施有很多种，主要可以分为以下几类：能量处理、频率选择、空间域选择、波形选择、时间域处理、动目标处理等。以空间域为例，基于空间域的抗干扰技术主要依靠干扰与信号空间位置的不同，通过空间域滤波实现。所以，抗干扰技术主要依靠干扰与信号之间的参数差异来实现。干扰与信号参数的差异越大，抗干扰效果越好，抗干扰效益值就越高。

假设提取出的干扰的 L 个参数组成的参数矢量为 $P_J = \{p_{Jl} | l=1,2,\cdots,L\}_{1 \times L}$，与之对应的信号的参数矢量为 $P_s = \{p_{sl} | l=1,2,\cdots,L\}_{1 \times L}$，第 i 种抗干扰措施参数灵敏矢量 $q_m = \{q_{ml} | l=1,2,\cdots,L\}_{1 \times L}$，抗干扰参数灵敏矩阵 $Q = \{q_m | m=1,2,\cdots,M\}_{M \times L}$。下面将根据具体的干扰利用干扰信号相似度的概念动态实时计算抗干扰效益值。

首先定义第 n 干扰信号第 l 个参数相似度

$$h_{nl} = \frac{p_{sl}}{p_{sl} - p_{Jl}} \times 100\% \quad (4.31)$$

则参数相似度矢量

$$\boldsymbol{h}_n = \{h_{nl} | l=1,2,\cdots,L\}_{1 \times L} \quad (4.32)$$

M 种抗干扰措施对该干扰的抗干扰效益矢量

$$\boldsymbol{b}_n = \boldsymbol{Q} \cdot \boldsymbol{h}_n^{\mathrm{T}} \quad (4.33)$$

总的抗干扰效益矩阵可表示为

$$B = \{b_n \mid n = 1, 2, \cdots, N\}_{M \times N} \qquad (4.34)$$

新抗干扰效益矩阵随干扰参数的变化而实时变化,将得到更为准确的抗干扰效益值,更加符合实际的抗干扰情况。

4.4.4 评估模型

4.4.4.1 雷达抗干扰效能加权评估

原则上讲,通过大量对抗试验,测量相应的数据,再根据效率准则,评价雷达抗干扰效果,得出的结果是最可靠的。但实际上,基于效率准则的大量对抗试验的实现往往受到各种因素的制约而难以有效地进行。评估方法可以分为定量和定性两种。当前,可以采用定性和定量评估相结合的加权评估方法。

传统的以计算加权平均分为核心的线性评估方法是将雷达分级,同级雷达再利用以上所提出的评估指标进行细化比较。在评估时,建立基本抗干扰因子评估、工作体制抗干扰因子评估、技术措施抗干扰因子等评估模型。

基本抗干扰因子评估一般采用层次分析法,通过计算每个基本抗干扰措施对雷达综合抗干扰能力的贡献度,经过加权后,计算出雷达综合抗干扰能力的量化值。根据量化值将雷达的综合抗干扰能力分为若干等级。

在实际应用中,采取多种抗干扰技术措施后,雷达的抗干扰能力近似于各种技术措施抗干扰能力的值,因此,通过技术措施抗干扰因子评估模型计算出多种抗干扰措施对雷达抗干扰能力的贡献度。

4.4.4.2 雷达抗干扰效能多层次模糊评估

在现代战争条件下,战场空间复杂电磁环境日趋复杂,因此对雷达抗干扰效果的评估问题也具有更大的不确定性和复杂性。首先,影响抗干扰效果的因素繁多;其次,各种因素在抗干扰过程中所起的作用,以及抗干扰效果本身均具有不确定性或者模糊性,难以进行严格的界限划分,因而,不能简单地使用二值逻辑去描述它们;另外,各因素与抗干扰效果之间的关系具有模糊性。原则上讲,通过大量对抗试验,测取相应的数据,再依据效率准则来评价抗干扰效果,得出的结果是最客观可靠的。但实际上,基于效率准则的大量对抗试验的实现往往受到各种因素的制约而难以有效地进行。

近年来,模糊数学的发展为人们描述各种不确定性现象提供了有力的数学手段,它把元素与集合的隶属关系由"非此即彼"的 0、1 二值逻辑拓广为 $[0,1]$ 区间。理论和实践均已表明,用模糊数学方法处理具有模糊性的问题较用传统数学方法有明显的优势。从模糊数学的观点来看,雷达抗干扰效果评估是一个多因素综合评估问题。

现实中,对一个事物的评估常常要涉及多个因素和多个指标,在雷达电子对抗抗干扰性能评估中,这种情况更加突出。所谓综合评估,是指对多种因素影响的事物进行总的评价,若这种评价过程采用模糊数学的方法,便是模糊综合评估。多级模糊综合评估是按照模糊数学的方法对因素集合中的元素按某些属性分成几个下属层次,然后按此层次逐次进行。

对于雷达抗干扰能力及效能评估,评估的有关因素很多,很难合理地给出权重分配,即很难真实地反映各因素在整体评判中的地位,因此,我们考虑采取多级评判。可将复杂因素分解为较简单的下一级诸因素,单因素评价便可由下一级诸因素的综合评判获得,可视具体情况将模糊综合评估扩展到多级,然后从下往上逐级进行单级模糊综合评判,最终得到多级模糊综合评判的结果。

1) 隶属函数的确定

确定隶属函数的常用方法有模糊统计法、二元对比排序法、三分法、模糊分布法以及专家打分法。其中最常用的为模糊分布法。

若以实数域 **R** 为论域,则隶属函数又称为模糊分布(Fuzzy Distribution),这是最重要、最常见的情况。在处理实际问题时,可以根据问题的性质合理采用某种典型的函数形式,并确定其中包含的参数。常用的模糊分布可分为戒上型、戒下型和对称型三大类,每类中又各有矩形分布、梯形分布、伽马分布、柯西分布、岭形分布和正态分布六种分布。

2) 权重的确定

各因素权重的确定有统计法、直接给出法、重要性排序法、层次分析法(AHP)和模糊子集法等。在实际应用中,往往需要多种方法结合得出各因素的权重。对于能量化给出的,最好量化给出,而对于无法量化的,则需要依靠统计法、模糊法等,根据具体情况而定。在雷达抗干扰能力及效能评估中,由于其评估指标体系层次多,且每级因素多,层次分析法是一种非常适用的方法。下面对该方法进行详细介绍。层次分析法,是一种普遍实用的定性、定量相结合的多准则决策方法。AHP以其系统、灵活、简便以及定性定量相结合等特点,已受到广泛重视,并迅速地运用到各个领域的多准则决策中。它把复杂问题分解成各个组成因素,又将这些因素按支配关系分组形成递阶层次结构,通过两两相对比较的方式确定同一层次中诸因素的相对重要性,然后综合决策者的判断,确定被选方案相对重要性的总排序。整个决策过程体现了人的决策思维的基本特征,即分解、判断、综合。

在建立递阶层次结构以后,上下层之间的元素的隶属关系就被确定了。

模糊综合评估结果与模型综合评判模型的因素、各因素的权重、评价集以及模糊算子的选取精密相关。

模糊综合评判非常适应于雷达干扰、抗干扰的评估,鉴于雷达抗干扰因素较多,可以采用多级模糊综合评判,即建立多级模糊综合评判用的指标体系。

只要获得足够数据,模糊综合评估准则有能力给出一个合理有效的评估结果。

4.4.4.3 基于神经网络的雷达抗干扰能力及效能评估方法

雷达抗干扰能力及效能评估的过程实际上是对具有不同量纲,代表不同类型和物理含义的分指标进行多指标综合的过程。一般地,评价某一项目的优劣,同时要考虑许多因素,许多分指标,这些分指标互相联系,相互影响,构成了综合评价指标体系。对多指标综合评估方法的研究,近年来取得很大成绩。但是如何在决策评价过程中,对具有不同量纲,代表不同类型和物理含义的分指标将其归一化到某一区间而又最大程度地反映被评估对象的真实水平,如何确定综合评估指标中各指标的权数又尽可能排除人为的因素的影响,这些问题尚有待进一步探讨。本书提出一种基于神经网络的雷达抗干扰效能综合评估方法,试图在上述两方面做些工作,仿真试验表明结果较为满意。

从数学角度,评估过程可以抽象为一个泛函映射,评估网络的作用为通过一组映射样本,以自组织方式寻找输入、输出之间的映射,网络实际实现的映射可以表示为雷达抗干扰能力及效能评估方法研究评估的过程,可以抽象为一个建立输入指标集和满足均匀逼近性质和均方逼近性质网络的过程。

人工神经网络是由大规模神经元互连组成的高度非线性动力学系统,是从自然生理结构出发研究人的智能行为,模拟人脑的信息处理功能。它具有信息处理的并行性、存储的分布性、连续时间非线性动力学、高度的容错性、自组织性和自学习能力的特点,为解决复杂问题提供了强有力的工具。反向传播(BP)模型是一种基于反向传播学习算法的多层网络模型,由输入层、输出层和隐层(可一层或多层)及其前向连接而成。必须指出的是输入、输出样本必须具有权威性,它通常由专家组反复斟酌,但由于雷达抗干扰性能的评估数据十分有限,因此有必要采取别的手段来获取数据。

对原始样本需要作一定的处理才能得出真正可以被神经网络用来训练的样本。指标体系中的 n 个分指标,它们具有不同的类型和量纲,评价指标矩阵 X 如下:

具有不同的量纲,且类型不同,故指标间具有不可共度性,难以进行直接比较,因此,在综合评价前必须把这些分指标按某种效用函数归一化到某一无量纲区间。显然,构造不同的效用函数将直接影响最终的评估结果。因此,效用函数的构造是十分重要的。

4.4.4.4 改进的 TOPSIS 法

TOPSIS(Technique for Order Preference by Similarity to an Ideal Solution)是逼近理想解的排序方法,其借助多属性问题的理想解和负理想解对方案集合中各方案进行排序。其中,理想解是指方案集中虚拟的最优方案,即选取目标中属性值最优的值,而负理想解是指方案集中虚拟的最劣方案,即选取目标中属性值最劣的值。

TOPSIS 法采用欧式距离来计算备选方案与理想解、负理想解的距离。至于既用理想解又用负理想解是因为在仅仅使用理想解时,有时会出现某两个备选方案与理想解的距离相同的情况,为了在这种情况下区分就要引入负理想解,即最优方案以与理想解的距离最近,且离负理想解最远的方案为优。

针对雷达抗有源干扰的应用背景,改变已往抗干扰效益矩阵固定给出的办法,利用新的与干扰信号相似度关联的抗干扰效益矩阵计算方法,并引入干扰抑制因子的概念,得到改进后的 TOPSIS 法。

由于采用一对多原则,选取抗干扰措施幂集中的合理子集构成备选方案 $X = \{x_1, x_2, \cdots, x_T\}$,即除去了幂集中元素个数大于 N 的子集,所以共有备选方案 $T = C_M^1 + C_M^2 + \cdots + C_M^N$。采用同时考虑抗干扰措施数量、总抗干扰效益值和抗干扰措施复杂度的评价标准,所以每种备选方案有三种目标。用性能评估矩阵 $Y_i = (y_{i1}, y_{i2}, y_{i3})$ 表示方案 x_i 的三个指标,其中 y_{i1} 是第 i 个方案的抗干扰措施数量,y_{i2} 是采用第 i 个方案所得的总的抗干扰效益值,y_{i3} 是第 i 个方案的抗干扰措施复杂度。

TOPSIS 法的算法步骤:

(1) 建立 T 种备选方案的性能评估方案

$$Y = \begin{bmatrix} y_{11} & y_{12} & y_{13} \\ y_{21} & y_{22} & y_{23} \\ \vdots & \vdots & \vdots \\ y_{T1} & y_{T2} & y_{T3} \end{bmatrix} \tag{4.35}$$

式中 y_{i1}——第 i 个方案的抗干扰措施数量,可方便得出;

y_{i2}——采用第 i 个方案所得的总的抗干扰效益值,即

$$y_{i2} = B_t = \sum_{\substack{i=1,2,\cdots,M \\ k=1,2,\cdots,N}} w_k b_{ik} \tag{4.36}$$

式中 w_k——干扰抑制因子;

b_{ik}——第 i 种抗干扰措施对第 k 种干扰措施的抗干扰效益;

y_{i3}——第 i 个方案的抗干扰措施复杂度。

(2) 数据预处理。用矢量规范化的方式

$$z_{ij} = \frac{y_{ij}}{\sqrt{\sum_{i=1}^{T} y_{ij}^2}} \quad (4.37)$$

对数据进行预处理,使得处理后各方案的同一目标值的平方和为1,得到处理后的性能评估矩阵 Z。这种处理方法便于之后计算各方案与某种虚拟方案(如理想解或负理想解)的欧几里得距离。

(3) 根据各指标的权重因子,确定性能评估矩阵的加权规范矩阵 Q。设指标权重因子 $\lambda = (\lambda_1, \lambda_2, \lambda_3)$,则

$$q_{ij} = \lambda_j \cdot z_{ij} \quad i=1,2,\cdots,T; j=1,2,3 \quad (4.38)$$

式中,$0 < \lambda_1, \lambda_2, \lambda_3 < 1$。

$$Q = \{q_{ij} \mid i=1,2,\cdots,T; j=1,2,3\}_{T \times 3} \quad (4.39)$$

(4) 确定理想方案 q^* 和负理想方案 q°。设理想方案的三个指标分别为 q_1^*、q_2^*、q_3^*,负理想方案的三个指标分别为 q_1°、q_2°、q_3°,由于性能评估矩阵中第一个指标为抗干扰措施数量,是成本型指标;第二个指标为总的抗干扰效益,是效益型指标,越大越好;性能评估矩阵中第三个指标为抗干扰措施复杂度,是成本型指标。q_1^* 应为所有备选方案中的最小值,q_1° 应为所有备选方案中的最大值,q_2^* 应为所有备选方案中的最大值,q_2° 应为所有备选方案中的最小值,q_3^* 应为所有备选方案中的最小值,q_3° 应为所有备选方案中的最大值,即

$$q^* = (q_1^*, q_2^*, q_3^*) = (\min q_{i1}, \max q_{i2}, \min q_{i3}) \quad i=1,2,\cdots,T$$

$$q^\circ = (q_1^\circ, q_2^\circ, q_3^\circ) = (\max q_{i1}, \min q_{i2}, \max q_{i3}) \quad i=1,2,\cdots,T$$

(5) 计算各备选方案到理想方案和负理想方案的距离。

备选方案 x_i 到理想方案的距离

$$d_i^* = \sqrt{\sum_{j=1}^{3} (q_{ij} - q_j^*)^2} \quad (4.40)$$

备选方案 x_i 到负理想方案的距离

$$d_i^\circ = \sqrt{\sum_{j=1}^{3} (q_{ij} - q_j^\circ)^2} \quad (4.41)$$

计算各备选方案的综合评价指标。其中,备选方案 x_i 的综合评价指标

$$C_i^* = \frac{d_i^0}{d_i^0 + d_i^*} \quad (4.42)$$

C_i^* 越大,表明该方案越好。

(6) 根据备选方案的 C_i^* 大小,对其进行优劣排序。

4.4.5 评估举例

举例1:基于对抗矩阵典型场景抽样多层次模糊评估方法

下面以雷达抗干扰效能多层次模糊评估方法为例,提出基于对抗矩阵典型场景抽样多层次模糊评估方法。

多层模糊评估方法的优点是:能够从总体上分析雷达的抗干扰效能,但是,这种评估方法始终是静态评估,不能反映雷达与电子对抗实际对抗的过程。可以对多层次模糊评估方法进行适当改进,适应雷达与电子对抗的过程。

虽然我们定义了电子对抗与雷达的对抗矩阵空间,对抗矩阵描述了雷达与电子对抗之间的基本对抗元素,但是,如何利用这些相互牵连的对抗元素来描述真实的电子对抗和雷达是下一步的关键所在。

如图 4.46 所示,对抗矩阵中的雷达元素很多,电子对抗元素很多,而且都在不断地扩展,使对抗矩阵成平方地扩展。对抗矩阵的复杂性,要求我们必须进行化简或者降维处理。

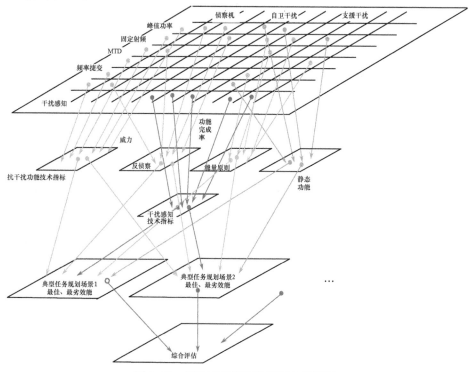

图 4.46 雷达抗干扰评估模型(见彩图)

由于雷达与电子对抗之间的对抗实际上是人与人之间的对抗,人的因素非常明显。每一次对抗都会因为各种环境因素、人为因素带来结果的变化。用抽样法去分析事件,只要抽样合理就能反映事件的本质信息。如利用采样定理去分析模拟的连续信号,就能够符合特定的需求。对于复杂对抗矩阵的分析也可以通过抽样的方法进行。

如何进行抽样,获取什么样的样本,怎么样去降维简化对抗矩阵?需要从雷达的使命任务、对抗双方的载体,以及对抗过程的具体战术分析,很难用数学中的聚类空间距离等数学方法分析获得。

对抗矩阵的采样,需定义明确的敌我双方、典型对抗场景、战术的方法进行。敌我双方的定义,明确了我方和对方的具体设备、具体的技术体制确定,可对对抗矩阵进行必要的简化。

通过定义对抗场景减少了对抗的形式,可进一步简化对抗矩阵。从而得到了简化的对抗矩阵,矩阵中的元素大为减少。

在简化的对抗矩阵中,通过定义合理的战术动作过程,对矩阵中的元素进行稀疏化,最终得到了一个稀疏化的矩阵模型。模型中的各个元素之间的联系,通过战术动作、技术条件等进行逻辑组合,就得到了对对抗矩阵的一次采样。

根据使命任务的不同要求及对抗过程中的不同典型目标等,可获得该雷达在对抗矩阵中的多次采样,对每一次采样可以进行一次评价。可以用这多次采样的样本评价获得对该雷达抗干扰性能的评价矢量,该评价矢量可以代表该雷达的抗干扰性能。通过对矢量中每一元素重要性等的评判,做出对雷达总体抗干扰效能的评判。

对于每一个典型过程的评估可以借鉴多层次模糊评估方法进行分析,将对抗的连续过程合理地采用多层次模糊分析模型进行替代,利用多层次模糊分析提供的事物内部关系分析建模方法计算出典型场景下的雷达抗干扰评估评价。

对典型场景的多层次模糊评估需要评估人员根据自己的知识,总结其他专家的知识进行层次分析。多层次模糊分析中的隶属函数、权系数等需要专家型分析员来确定。专家需要根据作战目的,干扰与雷达之间的关系,进行合理分析推断,经过试验验证,积累大量的知识基础,形成比较合适的技术参数,这样进行的评估与实际接近度比较高。

举例2:典型场景的多层次模糊评估方法

以雷达抗干扰指标体系简例为基础,进一步说明雷达抗干扰评估。

用抽样简化、稀疏后的对抗矩阵来描述典型的对抗过程,对典型对抗过程中所涉及的对抗节点进行分析,分析每个节点在这个对抗场景中的作用,每个节点与其他节点之间的关系,形成这个典型对抗过程的多层次评估模型。

1) 评价指标确定和隶属函数建立

用自卫距离、建航时间、目标丢失率作为对雷达抗干扰性能描述的主体指标。根据作战任务完成等相应需求,定义相关评价表如表4.7 所列。

表4.7 根据作战任务完成相关的评价表

	优	良	中	差
自卫距离	≥70%	≥55%	≥40%	≤25%
建航时间	≤4s	≤6s	≤8s	≥10s
目标丢失率	≤5%	≤15%	≤25%	≥40%

注:自卫距离采用相对于原雷达威力的百分比

采用三角形隶属函数分别建立三种评价指标的隶属函数。

(1) 自卫距离评价隶属度函数:

　　优　相对自卫距离≥70% 为 1

　　　　70% ≥相对自卫距离≥55% 为(相对自卫距离 - 55%)/15%

　　良　70% ≥相对自卫距离≥55% 为(70% - 相对自卫距离)/15%

　　　　55% ≥相对自卫距离≥40% 为(相对自卫距离 - 40%)/15%

　　中　55% ≥相对自卫距离≥40% 为(55% - 相对自卫距离)/15%

　　　　40% ≥相对自卫距离≥25% 为(相对自卫距离 - 25%)/15%

　　差　相对自卫距离≤25% 为 1

　　　　40% ≥相对自卫距离≥25% 为(40% - 相对自卫距离)/15%

(2) 建航时间隶属度函数:

　　优　建航时间≤4s 为 1

　　　　6s≥建航时间≥4s 为(6 - 建航时间)/2

　　良　6s≥建航时间≥4s 为(建航时间 - 4)/2

　　　　8s≥建航时间≥6s 为(8 - 建航时间)/2

　　中　8s≥建航时间≥6s 为(建航时间 - 6)/2

　　　　10s≥建航时间≥8s 为(10 - 建航时间)/2

　　差　建航时间≥10s 为 1

　　　　10s≥建航时间≥8s 为(建航时间 - 8)/2

(3) 目标丢失率隶属度函数:

　　优　目标丢失率≤5% 为 1

　　　　15% ≥目标丢失率≥5% 为(5% - 目标丢失率)/10%

良　15% s ≥ 目标丢失率 ≥ 5% 为(目标丢失率 − 5%)/10%
　　25% s ≥ 目标丢失率 ≥ 15% 为(5% − 目标丢失率)/10%
中　25% s ≥ 目标丢失率 ≥ 15% 为(目标丢失率 − 15%)/10%
　　40% s ≥ 目标丢失率 ≥ 25 为(40% − 目标丢失率)/15%
差　目标丢失率 ≥ 40% s 为 1
　　40% s ≥ 目标丢失率 ≥ 25% 为(目标丢失率 − 25%)/15%

2）分段评价指标的模糊评估。

（1）对自卫距离的评价。通过计算或试验得出不同条件下的雷达自卫距离。假设单频点为 4km，频率捷变条件下为 8km，根据在该场景的雷达威力 12km，计算出各自的相对自卫距离分别为 33%、67%，根据自卫距离隶属函数得到表 4.8。

表 4.8　自卫距离评价表

评价条件	优	良	中	差
单频点			0.53	0.47
频率捷变	0.8	0.2		

雷达具有射频掩护功能，要计算射频掩护下自卫距离。

经过试验或理论推算，射频掩护的有效率为 90%，用以下公式计算射频掩护条件下的雷达自卫距离：

射频掩护加单频点自卫距离 = 单频点威力 × 射频掩护有效概率 + 单频点自卫距离 × (1 − 射频掩护有效概率)

经过计算得到射频掩护和单频点条件下雷达的自卫距离为 11.2km；射频掩护与频率捷变条件下的雷达自卫距离为 11.6km。

相对自卫距离分别为 93% 和 97%，根据自卫距离隶属函数填写表 4.9。

表 4.9　射频掩护条件下自卫距离评价表

评价条件	优	良	中	差
射频掩护加单频点	1			
射频掩护加频率捷变	1			

考虑两种技术状态在对抗中使用的概率确定权系数(0.3,0.7)，加权求和后得到射频掩护条件下的雷达自卫距离评估评价表，将表 4.8 与表 4.9 进行合并得出对自卫距离的评价表如表 4.10 所列。

表 4.10　自卫距离综合评价表

评价 条件	优	良	中	差
单频点			0.53	0.47
频率捷变	0.8	0.2		
射频掩护	1			

采用权系数(0.1,0.3,0.6)对表进行加权求和,得出在该场景下雷达抗干扰自卫距离的评估矢量为(0.84,0.06,0.053,0.047)。

(2) 对建航时间的评价。根据场景设置和抗干扰指标的定义,这里的建航时间定义为在密集假目标条件下的建航时间。

我们可以通过真实的飞行试验环境或在实验室中模拟密集假目标环境,根据雷达不同的工作模式,分别测试雷达系统对规定目标的建航时间。

在该场景下雷达可分为单频点、频率捷变、射频掩护三种模式,假设单频点条件下雷达建航时间为18s,频率捷变条件下的建航时间为6s。

可参照自卫距离的评价过程,利用隶属度函数和相关的权系数实现。表4.11为建航时间综合评价表,表4.12为射频掩护条件下建航时间评价表。

表 4.11　建航时间综合评价表

评价 条件	优	良	中	差
单频点				1
频率捷变		1		
射频掩护	0.72	0.3		

表 4.12　射频掩护条件下建航时间评价表

评价 条件	优	良	中	差
射频掩护加单频点	0.3	0.7		
射频掩护加频率捷变	0.9	0.1		

射频掩护条件下的雷达建航时间参考射频掩护条件下自卫距离公式。射频掩护单频点和射频掩护频率捷变条件下的建航时间分别为5.4s和4.2s,相关权系数参考自卫距离评估的权系数。得出在该场景下雷达抗干建航时间的评估矢量为(0.432,0.48,0,0.1)。

(3) 对目标丢失率的评价。在密集假目标条件下的目标丢失率可通过真实的飞行试验或实验室中模拟密集假目标环境,根据雷达不同的工作模式分别测试雷达系统对规定目标的丢失率。

在该场景下雷达可分为单频点、频率捷变、射频掩护三种模式,具体假设单频点条件下目标丢失率为35%,频率捷变条件下的目标丢失率为6%。

表4.13为目标丢失率综合评价举例;表4.14为射频掩护条件下目标丢失率评价表举例。

表4.13 对目标丢失率综合评价表

评价 条件	优	良	中	差
单频点			0.33	0.67
频率捷变	0.9	0.1		
射频掩护	1			

表4.14 射频掩护条件下对目标丢失率评价表

评价 条件	优	良	中	差
射频掩护加单频点	1			
射频掩护加频率捷变	1			

射频掩护条件下的雷达目标丢失率参考射频掩护条件下自卫距离公式。射频掩护单频点和射频掩护频率捷变条件下的目标丢失率分别为3.5%和0.6%(雷达原有目标丢失率为0),得到目标丢失率的评估矢量为(0.432,0.48,0,0.1)。

3)典型场景下的雷达抗干扰综合评价

从前述可以得到在典型场景条件下雷达评价表如表4.15所列。

表4.15 典型场景下的雷达评价表

评价 条件	优	良	中	差
自卫距离	0.84	0.06	0.053	0.047
建航时间	0.432	0.48	0	0.1
目标丢失率	0.87	0.03	0.033	0.067

该场景下根据经验和相关场景干扰发生的概率设定权矢量为(0.5,0.3,0.2),得出该场景下的雷达抗干扰评估矢量为(0.6,0.18,0.0331,0.0669)。可得出在该场景下的雷达抗干扰性能为优秀。

在该场景下雷达抗干扰性能可以看出评价主要为优秀。

4)雷达抗干扰综合评价

从上述例子可得出:

采用基于对抗矩阵的典型场景抽样多层次模糊评估方法能够反映雷达抗干扰性能,可作为一种有效的雷达抗干扰性能的分析评价手段。

该方法能够合理地反应雷达与电子对抗的实际对抗,能够通过对场景描述的层次性划分,合理地将对抗过程的复杂性反映到对抗评估模型中,方法的通用性比较好,能够适应不断变化的场景。

典型对抗场景采样可以合理地归纳总结和表征雷达抗干扰需求,在该场景下的抗干扰指标体系描述能够适合雷达抗干扰评估。

评估方法模型可以适用于各种雷达,但需要根据每部雷达的参数确定相应的场景参数,建立起适合该型雷达的具体评估模型。

利用雷达抗干扰评估模型中的隶属函数、权系数,以及层次组合的方法可以合理描述雷达的对抗过程,但需要合理地确定隶属函数、权系数以及层次组合。隶属函数、权系数以及层次分析需要有大量的理论、经验进行合理的逻辑设计。知识经验的获得和积累可以通过专家讨论、打分、实际的评估等相关试验而获得。

5)电子对抗能力及效能评估模型和方法

电子对抗干扰能力及效能评估模型和方法贯穿于军事装备研制的各个阶段,是以电子对抗试验为背景,结合相应的试验评估条件和技术,研究建立替代等效推算评估的模型与方法,以解决在没有真实作战对象或无法进行实战对抗试验情况下对被试系统进行试验评估的技术难题。

电子对抗对抗能力及效能评估模型和方法建立在电子对抗设备的指标体系的基础上。由于雷达与电子对抗是对抗矛盾的两方面,具有对偶性或者互易性。表现在其指标体系上就是大多数表征雷达抗干扰能力的指标也会成为电子对抗干扰效能的指标。如雷达的自卫距离,就是干扰的压制距离。同时雷达和电子对抗共用一个对抗模型,共用典型场景,是这两方面不可缺少的组成要素。可从雷达的相关指标体系研究的基础上,对电子对抗的效能指标进行归纳,同时雷达的抗干扰指标也要参考电子对抗的效能指标。在此基础上,利用对偶互易原理,参考雷达的抗干扰能力及效能评估方法,建立电子对抗设备的干扰效能的评估模型和方法,如图4.47所示。

下面对电子对抗设备的指标体系进行简要的总结。

电子侦察指标主要是回答以下方面的问题:

(1)接收性能;

(2)探测性能;

(3)对信号截获能力;

(4)对辐射源或信号的分选能力;

(5)对参数的测量能力。

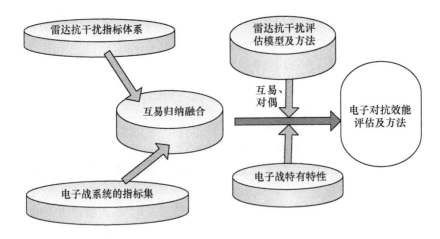

图 4.47　电子对抗设备的抗干扰效能的评估模型和方法

电子侦察系统评估指标如图 4.48 所示。

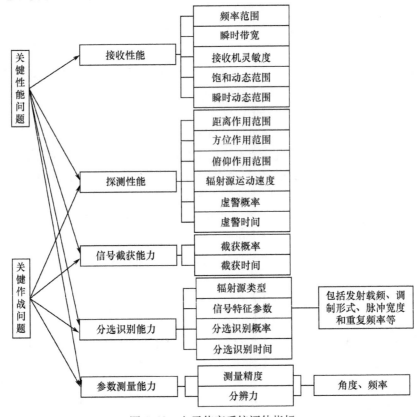

图 4.48　电子侦察系统评估指标

电子干扰考核体系主要是回答以下方面的问题：
（1）发射性能；
（2）对抗搜索雷达的能力：系统能否干扰对方的搜索雷达系统以支持作战需求；
（3）对抗跟踪雷达的能力：系统能否干扰对方的跟踪雷达系统以支持作战需求；
（4）对抗武器系统的能力：系统能否干扰对方的武器系统以支持作战需求。
电子干扰考核体系评估指标如图 4.49 所示。

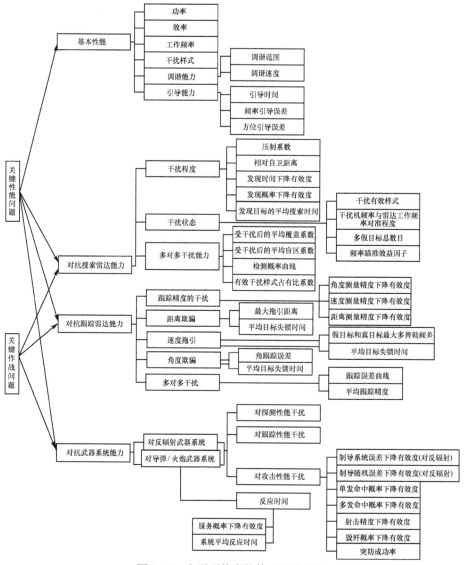

图 4.49　电子干扰考核体系评估指标

4.4.6 雷达抗干扰指标测试技术

本节主要讨论雷达抗干扰指标体系中具体指标的测试问题,即解决抗干扰能力及效能评估所需的信息输入问题。同时,这些测试指标必须符合一定的置信度,才能不给能力及效能评估带来大的偏差。要解决不同指标的测试方法,解决测试指标的置信度。

测试指标置信度的解决方法必须通过大量可重复实现的试验,经过数学统计获得。这就要求测试系统的稳定性和精度,试验方法的可重复性,测试过程可重复。我们采用外场多场景、可重构、可复现、辐射式动态目标模拟系统,这样通过精确的系统标定和实时监测可以保证测试系统稳定、精确场景复现及测试可重复等问题,以解决测试指标的置信度问题。

对于具体指标的测试方法,根据前期的研究成果给出一些总结:

1)雷达抗干扰功能技术指标评估试验

雷达抗干扰功能技术指标评估试验通常采用实验室技术指标测试的方式进行,大多数抗干扰技术指标的测试都比较成熟,有现成的经验、标准的方法等进行测试。

2)雷达抗干扰战术指标评估试验

雷达自卫距离:

雷达在自卫式干扰条件下,发现目标的距离。

干扰条件:干扰机功率、噪声干扰模式、目标 RCS 值。

场景:目标从雷达威力范围外向雷达载体径向飞行,目标干扰设备发射压制干扰,雷达探测目标。

记录数据:雷达对目标探测的最大距离。

3)支援干扰条件下的威力图

雷达在支援式干扰条件下,发现目标的距离。

干扰条件:干扰机功率、噪声干扰模式、目标 RCS 值。

场景:按照目标飞机以雷达为中心,以干扰机方向为起始角,目标机按 8 个等分角航路接近目标。

数据记录:测量每个航路上雷达的发现距离,画出雷达方位威力图。

4)雷达建航时间

雷达在假目标干扰条件下,从开始检测到发现目标的时间。

干扰条件:各种假目标干扰,目标能够被雷达探测到。

场景:雷达先对目标进行探测跟踪,能够稳定跟踪目标后,取消对目标的跟踪,干扰机对雷达进行假目标干扰,在规定的战术动作时间内,雷达开始自动建航到稳定跟踪好目标的时间。超过规定的战术时间周期,则认为建航时间无限长。

数据记录:记录建航需要的时间。

该试验在支援干扰条件下和自卫干扰条件下都可以进行。

5) 雷达丢失目标概率

雷达在稳定跟踪好目标后,进行假目标干扰,在规定的战术时间内,丢失目标的概率。

干扰条件:各种假目标干扰,目标能够被雷达探测到。

场景:雷达先对目标进行探测跟踪,能够稳定跟踪目标后,干扰机对雷达进行假目标干扰,在规定的战术动作时间内,雷达开始自动建航到稳定跟踪好目标的时间。超过规定的战术时间周期,认为建航时间无限长。

数据记录:统计目标丢失次数,试验次数。

该方法适用于跟踪雷达和搜索雷达,适应自卫式干扰和支援式干扰。

6) 测角精度

雷达在稳定跟踪好目标后,对雷达进行干扰,测量雷达对目标角度测量精度。

干扰条件:各种假目标干扰,噪声干扰,目标能够被雷达探测到。

场景:雷达先对目标进行探测跟踪,能够稳定跟踪目标后,干扰机对雷达进行干扰,测量雷达角度、距离等精度。

数据记录:记录雷达在干扰条件下的精度。

该方法适用于跟踪雷达和搜索雷达,适应自卫式干扰和支援式干扰。具体的精度测量与雷达战术指标精度测量相同。

7) 雷达捕获目标时间

雷达在干扰条件下,从接收到目标指示到捕获目标的时间。

干扰条件:各种假目标干扰,噪声干扰,目标能够被雷达探测到。

场景:雷达先对目标进行探测跟踪,能够稳定跟踪目标后,取消对目标的跟踪,干扰机对雷达进行假目标干扰,在规定的战术动作时间内,雷达开始接收目标指示到稳定跟踪好目标。超过规定的战术时间周期,认为建航时间无限长。

数据记录:记录捕获目标需要的时间。

该试验在支援干扰条件下和自卫干扰条件下都可以进行,主要用于跟踪雷达。

8) 雷达对干扰的定向精度

雷达在干扰条件下,确定干扰源方向的精度。

干扰条件:噪声干扰。

场景:干扰机对雷达进行干扰,雷达稳定跟踪好干扰源的精度。

数据记录:记录跟踪干扰源的精度。

该试验在支援干扰条件下和自卫干扰条件下都可以进行,主要用于自卫干扰条件下,搜索雷达和跟踪雷达都适用。

9) 射频掩护成功率

雷达使电子对抗侦察机不能正确分辨出真实雷达频率的概率。

条件:电子对抗测频功能接收机灵敏度能够接收到雷达发射的信号,雷达具有射频掩护功能。

场景:雷达工作,侦察机对雷达进行侦察,在规定的时间范围内不能分辨雷达真实工作频率。

数据记录:侦察机不能正确分辨出雷达频率的概率。

规定时间可以根据雷达抗干扰技术实现具体分析确定。

第 5 章

对抗综合仿真与试验验证

本章以构建复杂多变的电磁信号背景为测试环境,以电子对抗作战能力、雷达抗干扰能力为测试内容,介绍雷达对抗和雷达抗干扰综合仿真与试验验证方法。

5.1 国外发展概述

西方发达国家一直重视用于作战的复杂电磁环境设计和构建,在干扰与抗干扰效果评估验证系统建设方面,已取得诸多成果。

20 世纪以来,美国开发了大量内场仿真评估设备,以及外场试验验证评估设施,用于雷达和雷达对抗设备研制、生产、验证、试验、训练、评估等,并相继开展了一系列的改进升级。例如,美国三军先后建成了红外制导半实物仿真系统,以满足红外成像制导武器仿真需要;建成了毫米波半实物仿真系统,以满足毫米波导寻的制导仿真需要;建成了当今世界上规模最大、技术最先进的射频仿真系统,能满足地空导弹毫米波精确制导仿真和试验验证需要,现用于"爱国者"PAC-2 和 PAC-3 型导引头半实物仿真和试验验证。

美军的 15E34A 电子对抗训练器,能同时模拟 30 多个独立多脉冲威胁,提供多种战场情景,通过显控台,能实时监测被试设备的干扰效能。

在外场试验验证方面,美国陆军建立了世界上第一个电子对抗试验靶场,先后建设了爱德华空军基地、陆军电子试验场瓦丘卡堡电子靶场、中国湖海军武器中心、中国湖埃科电子对抗试验与训练靶场、太平洋导弹试验中心、柯特兰空军基地空军试验与鉴定中心、白沙导弹靶场、帕克斯河切萨波克试验场等数十个电子对抗试验场,肩负着美军海、陆、空等多兵种的电子对抗设备试验、鉴定、评估和训练。

美军的哥伦比亚特区华盛顿海军研究实验室,不但具有仿真评估能力,而且拥有一系列设施,用于外场试验,评估海军电子对抗效能,例如,评估噪声干扰功率密度,应答欺骗干扰能力,箔条使用方法,评估投掷式干扰机,拖引等干扰使用战术等。

为满足先进综合电子对抗设备项目需求,早在1994年,美国海军就开发了电子对抗设备能力及效能评估系统,并进行了通用环境模拟器试验、导弹威胁投射诱饵弹试验、舰载毫米波接收机/干扰技术评估试验等。美国的很多武器设备研制商也都建有配套完备齐全的内、外场试验设施,涉及设备的方案制定、建模仿真验证、实验室内场试验、外场试验等各个方面,实现了仿真验证、内场试验、外场试验三种试验技术和各种试验设施的综合利用。美国格罗曼公司研制了综合作战复杂电磁环境模拟系统,综合开发了各种类型的雷达信号环境模拟器、雷达目标回波模拟器、电子干扰信号模拟器、试验电磁信号环境测试、大型微波暗室、外场可移动大功率辐射设备等,开展了大量的内、外场试验验证研究。

欧洲各国也非常重视雷达及电子对抗综合仿真与试验验证,利用数字和射频等仿真技术,开发了雷达和电子对抗设备研制、生产、验证、试验、训练、评估所需的实验室内场仿真验证设备和外场试验验证设施。在设备研制和交付部队之前,已利用自身所属的这些实验室和试验场进行了大量的验证和试验。

法国研制的通用雷达模拟设备,具有相参单脉冲跟踪雷达、末制导雷达、两坐标搜索雷达、三坐标搜索雷达、相控阵雷达等多种体制雷达的模拟能力,可采用用户算法作为试验环路中的一部雷达,组成一个雷达-干扰机-雷达的闭环系统,用于对雷达对抗设备的有效性进行定量分析和评估。

意大利、南非等国家也开展了试验验证设备的研制。例如,意大利Virtualabs公司已研制出世界领先水平的通用雷达模拟器,以及突破世界性的电子对抗技术工程实现难题的"交叉眼"干扰机,这些设备在世界许多国家服役。

英国EWST公司研制的"变色龙"(Chameleon)系列电子干扰模拟器,用于雷达抗干扰测试和雷达操作员训练,该产品已在澳大利亚军队中服役。另外,该模拟器还被欧洲、美洲和亚洲(包括印度尼西亚和新加坡)的若干国家所使用。

土耳其军方建立了空军锡夫里希萨尔电子靶场、土耳其国防部技术服务中心等多个电子对抗试验靶场,其电子设备供应商Havelsan公司也建成EHTES电子对抗测试与训练试验场。

以色列拉斐尔公司研制了多用途复杂电磁环境模拟器和电子对抗评估模拟器,这些设备和计算机综合设施相结合,能评估电子干扰/抗干扰的效果。

南非的CSIR公司已经研制了复杂海况下主被动雷达目标及干扰监测分析设备,进行了相关外场试验,并为美国配套过相应产品。近期又研制出了技术性能指标先进的通用雷达与电子对抗环境仿真系统(ENIGMA IV),可以为测试和评估雷达与 EW 系统提供一个闭环仿真环境。

在国内,随着仿真技术和复杂电磁环境构建理论的发展,各种电子对抗环境模拟器、电子干扰模拟器、通信模拟器已经初具规模,也建立了一些半实物仿真试验系统和试验场,但是,用于电子对抗作战能力评估系统较为匮乏。在干扰与抗干扰效果评估、试验验证等试验设施建设以及试验方法研究等方面相对落后,多以点对点的相对单一的干扰与抗干扰设备为主,难以真正模拟实战环境,达到以练代战的目标,不能满足未来雷达与电子对抗设备试验和验证评估需求。

5.2 体系结构

根据雷达与雷达对抗仿真技术发展和雷达及雷达对抗能力及效能评估系统相关信息分析,在复杂电磁环境下,雷达对抗与反对抗综合仿真与试验验证方式主要包括以下五种:

(1) 数字模拟仿真方式;
(2) 中频视频模拟仿真方式;
(3) 内场射频注入方式;
(4) 内场射频辐射方式;
(5) 外场射频辐射式方式。

本节将针对以上述五种方式,介绍各种方式下仿真试验验证系统体系结构。随着科学技术的发展,这些体系结构并不是一成不变的,可以立足于开放式体系结构,根据具体情况进行添加、合并和删减。

5.2.1 数字模拟仿真

数字模拟仿真方式主要是在实验室内建立各种数学模型,如试验中的各种雷达设备、侦察设备、电子干扰设备、通信设备、背景环境模拟设备和被试电子对抗设备等,利用计算机仿真技术和仿真软件技术,产生逼近实际战场的复杂电磁环境信号的数字信息,通过数学计算,验证电子对抗设备适应复杂电磁环境和电子干扰环境的能力。

典型的数字模拟仿真试验验证系统体系结构如图 5.1 所示。

显示控制软件是数字模拟仿真试验验证系统的操控显示中心,主要完成以下任务:

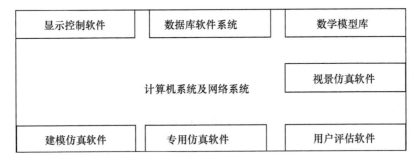

图 5.1　典型的数字模拟仿真试验验证系统体系结构

（1）系统配置；

（2）任务建立；

（3）操作运行控制；

（4）资源管理；

（5）评估试验场景规划；

（6）任务调度。

数据库软件系统为系统数据库开发提供支撑，如 Oracal、PowerBuild、Access 等。

建模仿真软件为建立所需各种雷达设备、侦察设备、电子干扰设备、通信设备、背景环境和被试电子对抗设备的数学模型提供建模验模的平台，如 Matlab、Mathematica 等。

数学模型库是用户依据设备特性，利用建模仿真软件建立的数学模型的集合。

专用仿真软件包括 Stage、Mapinfo、SystemVue 等军用软件或专用电磁系统仿真软件，为仿真验证提供运行平台。

用户评估软件的功能是：为用户开发的符合一定评估目的，完成相应评估任务的软件，通常依赖用户模型。

视景仿真软件主要包括 Vega、Multigen、OpenGL、DirectX、OpenGVS、Maya 等三维视景软件，以可视化的方式表现仿真试验验证的过程。

5.2.2　中频视频模拟仿真

中频视频模拟仿真方式是在实验室内以数字模拟仿真方式为基础，引入被试设备或所模拟设备的中频视频半实物模拟设备、仪器仪表、数据采集等,进行更为逼真的仿真模拟,提升试验的逼真度。

典型的中频视频模拟仿真试验验证系统体系结构如图5.2所示。

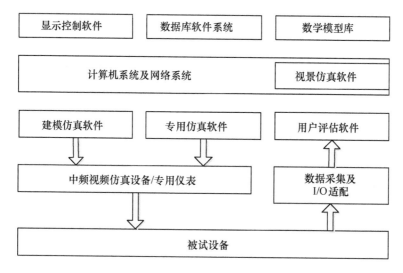

图 5.2　典型的中频视频模拟仿真试验验证系统体系结构

其中,中频视频模拟仿真设备接收建模仿真软件或专用仿真软件输出数字信息,模拟所需中频信号或视频信号,送被试设备,被试设备输出的信息经过数字采集及I/O适配设备将被试设备输出的相关信息输入至用户评估软件,实现被试设备的能力及效能评估。

5.2.3　内场射频注入仿真

内场射频注入方式通常是半实物仿真试验系统,一般包括以下内容:
(1) 电磁环境信号模拟;
(2) 目标回波模拟;
(3) 杂波模拟;
(4) 电子干扰模拟;
(5) 无源干扰模拟;
(6) 背景环境模拟;
(7) 武器系统模拟;
(8) 通信对抗模拟;

(9) 射频注入设备;

(10) 综合操控显示与指挥控制中心;

(11) 数据录取回放;

(12) 其他。

典型的内场射频注入仿真试验验证系统的体系结构如图 5.3 所示。

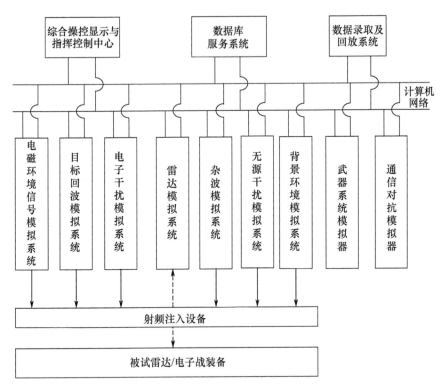

图 5.3　典型的内场射频注入仿真试验验证系统体系结构

5.2.4　内场射频辐射式仿真

内场射频辐射方式是在内场辐射方式体系结构中,增加了微波暗室、天线阵列与馈电控制、平台与转台分系统、复杂电磁环境监测及录取回放系统等。

典型的内场射频辐射式仿真试验验证系统体系结构如图 5.4 所示。

5.2.5　外场射频辐射式仿真

外场射频辐射式试验方式更接近实际作战环境,试验形式多样,主要包括外场

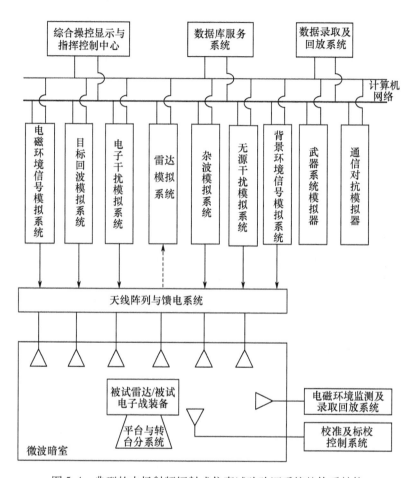

图 5.4　典型的内场射频辐射式仿真试验验证系统的体系结构

飞行试验、外场地面试验、外场海上试验、外场战术训练等。

利用试验场濒临的空、陆、湖、海环境,布置大功率复杂电磁环境信号、威胁信号、目标回波、电子干扰信号、无源干扰、背景环境信号、武器系统、通信对抗信号、激光/光电模拟系统等模拟设备,以及复杂电磁环境监测、录取回放系统、实体电子对抗威胁设备等,采用开放式、灵活配置、统一指挥的体系格局,为外场射频辐射式试验提供试验条件。

典型的外场射频辐射式仿真试验系统体系结构如图 5.5 所示。

图 5.5 典型的外场射频辐射式仿真试验系统体系结构（见彩图）

第5章 对抗综合仿真与试验验证

5.3 对抗验证平台构建

为了评估复杂电磁环境下电子对抗作战能力,基于上述各种仿真试验验证平台的体系结构,可根据设备不同研制阶段的能力及效能评估需求,构建数字仿真、中频视频仿真、内场注入式仿真、内场辐射式仿真、外场辐射式仿真等试验验证平台。

本节以复杂电磁环境下电子对抗作战能力评估为目的,以典型电子对抗及雷达设备为例,构建复杂电磁环境下的雷达对抗与反对抗综合仿真试验验证平台,旨在为构建复杂电磁环境下的电子对抗设备能力及效能评估综合仿真试验验证平台提供参考。

5.3.1 对抗能力及效能评估验证平台

对抗能力及效能评估验证平台分为以下四部分:
(1)实验室综合仿真试验验证平台;
(2)内场综合仿真试验验证平台;
(3)外场综合仿真验证试验场;
(4)能力及效能评估系统。

实验室综合仿真试验验证平台包括各类信号注入系统和各类信号检测系统,主要用于设备、分机调试和检验。

内场综合仿真试验验证平台主要包括两个组成部分,即射频注入式系统和内场射频辐射式系统,内场射频辐射式由射频注入式系统、微波暗室、天线阵列及馈电系统、平台和转台等组成。

外场射频辐射式系统是以特定试验场地为依托,以大功率复杂电磁环境构建设备和各种模拟设备为构成节点,以综合试验实时调度与数据监测为核心的设备能力及效能评估综合仿真验证试验场。设备能力及效能评估综合仿真试验验证平台组成框图如图5.6所示。

5.3.2 实验室综合仿真试验验证平台

实验室综合仿真试验验证平台的主要特点是:以数字仿真验证和中频视频仿真验证为手段,以电子对抗及雷达设备数字化重构建备为依托,实现设备分机级和系统级性能评估。

实验室综合仿真试验验证平台系统功能框图如图5.7所示。

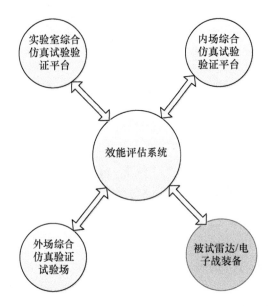

图 5.6 设备能力及效能评估综合仿真试验验证平台组成框图

在硬件结构方面,实验室综合仿真试验验证平台组成主要包括:
(1) 试验场景及战情设置设备;
(2) 综合仿真设备;
(3) 新体制雷达/电子战设备重构设备;
(4) 数据采集录取与效能评估设备等。
实验室综合仿真试验验证平台系统功能框图如图 5.8 所示。

实验室综合仿真试验验证平台构建需要跟踪新技术发展变化,主要立足于典型相控阵体制的系统级、设备级、分机级测试、试验、验证评估等,体系架构具有开放式、可配置、可扩展等特点,紧扣电子对抗及雷达设备综合仿真验证和数字化仿真、视频仿真、数字化重构相结合的设计思路,注重通用化、标准化、模块化设计,实现可规划、可仿真、可灵活配置、可重构的电子对抗及雷达设备的分机级、系统级的实验室综合仿真试验验证平台。通过仿真试验结果,或对比电子对抗及雷达设备仿真重构结果与被试实体电子对抗及雷达设备分机级、系统级实体接入后的试验结果,进行电子对抗及雷达设备系统级、分机级仿真验证、测试和能力及效能评估等任务。

利用实验室综合仿真试验验证平台,可进行电子对抗及雷达设备数字化重构,在实验室条件下,进行关键技术仿真验证。

利用设备能力及效能评估综合仿真试验验证平台的实验室综合仿真试验验证

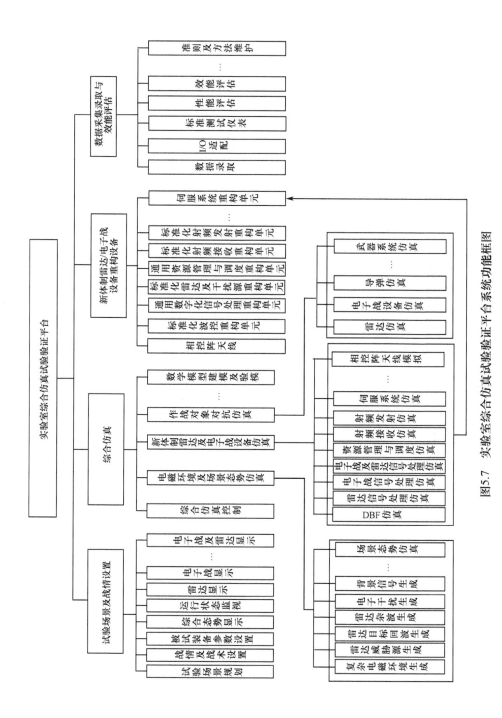

图5.7 实验室综合仿真试验验证平台系统功能框图

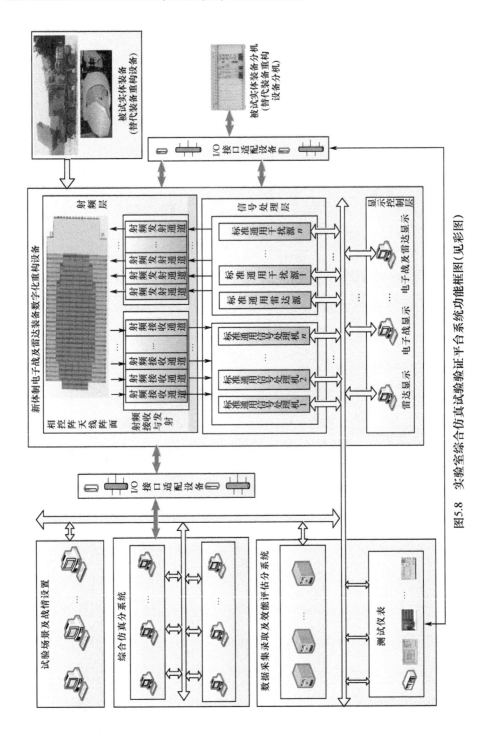

图5.8 实验室综合仿真试验验证平台系统功能框图(见彩图)

平台,可进行电子对抗及雷达设备部分分机数字化重构,以在试验室进行分机级测试试验评估配置;也可在试验室进行系统级测试试验评估配置。设备的实验室系统级测试试验评估配置如图 5.9 所示。

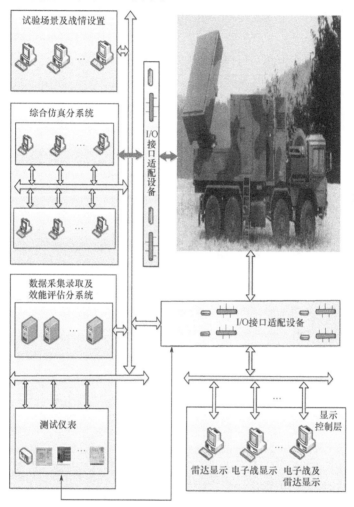

图 5.9　设备的实验室系统级测试试验评估配置(见彩图)

5.3.3　内场综合仿真试验验证平台

内场综合仿真试验验证平台主要以内场射频注入式和内场射频辐射式仿真试验为手段,以电子对抗及雷达设备数字化重构建备为依托实现设备的分机级和系统级性能评估。内场综合仿真试验验证平台的系统功能框图如图 5.10 所示。

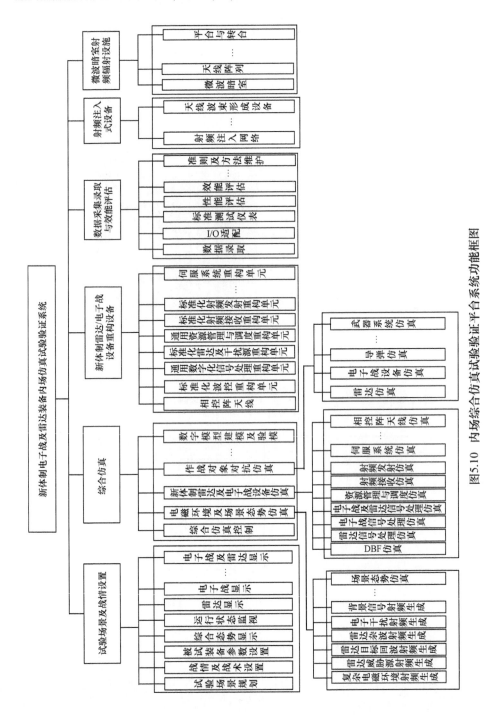

图5.10 内场综合仿真试验验证平台系统功能框图

第 5 章 对抗综合仿真与试验验证

内场综合仿真试验验证平台组成如下：
（1）试验场景及战情设置分系统；
（2）综合仿真分系统；
（3）射频注入设备；
（4）射频辐射设施；
（5）新体制雷达/电子战设备重构设备；
（6）数据采集录取与效能评估分系统。

其中，综合仿真分系统中的电磁环境及场景态势仿真采用射频仿真方式，由射频注入设备接收由电磁环境及场景态势仿真输出的射频复杂电磁环境、目标回波、电子干扰、雷达威胁信号、背景信号等射频信号，进行相应幅相调制，并注入被试雷达、电子对抗设备或综合电子对抗及雷达设备数字化重构设备，从而实现内场注入式仿真试验系统，内场注入式综合仿真试验验证平台硬件组成框图如图 5.11 所示。

射频辐射设施包括微波暗室、天线阵列及馈电系统、平台和转台等，用于将综合仿真分系统中的复杂电磁环境及场景态势仿真输出的射频复杂电磁环境、目标回波、电子干扰、雷达威胁信号、背景信号等射频信号辐射至被试雷达及电子对抗设备或综合电子对抗及雷达设备数字化重构设备，实现内场辐射式仿真试验系统。内场辐射式综合仿真试验验证平台硬件组成框图如图 5.12 所示。

内场综合仿真试验验证平台立足于典型相控阵体制设备系统级、分机级测试、试验、验证评估，采用开放式、可配置、可扩展的构架，基于电子对抗及雷达设备综合仿真验证和内场注入式仿真、内场辐射式仿真、数字化重构相结合的设计思路，注重通用化、标准化、模块化设计。实现可规划、可仿真、可灵活配置、可重构的电子对抗及雷达设备的分机级、系统级的内场综合仿真试验验证平台。通过仿真试验结果，或对比电子对抗及雷达设备仿真重构结果与被试实体电子对抗及雷达设备分机级、系统级实体接入后的试验结果，进行电子对抗及雷达设备系统级、分机级仿真验证、测试和能力及效能评估等任务。

利用设备能力及效能评估综合仿真试验验证平台的内场综合仿真试验验证平台，可在内场进行设备的分机级、系统级测试试验评估配置。设备的内场注入式分机级测试试验评估配置如图 5.13 所示、内场注入式系统级测试试验评估配置如图 5.14 所示、内场辐射式分机级测试试验评估配置如图 5.15 所示、内场辐射式系统级测试试验评估配置如图 5.16 所示。

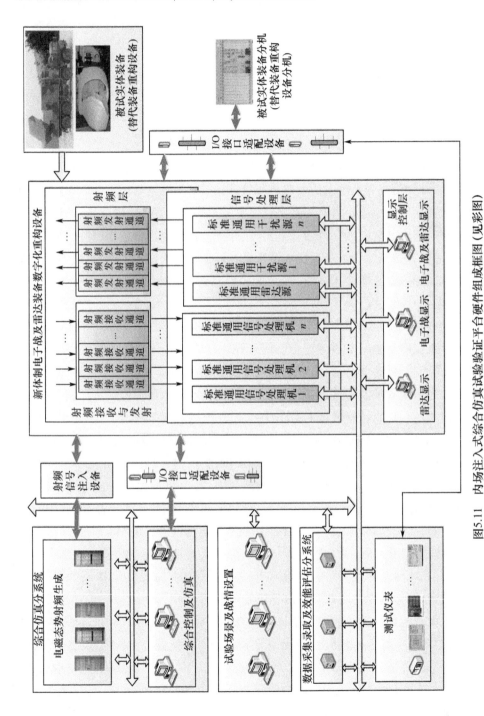

图5.11 内场注入式综合仿真试验验证平台硬件组成框图（见彩图）

第5章 对抗综合仿真与试验验证

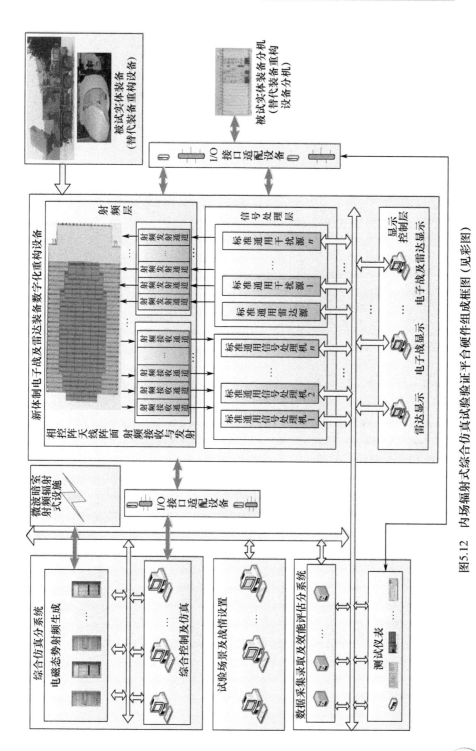

图5.12 内场辐射式综合仿真试验验证平台硬件组成框图（见彩图）

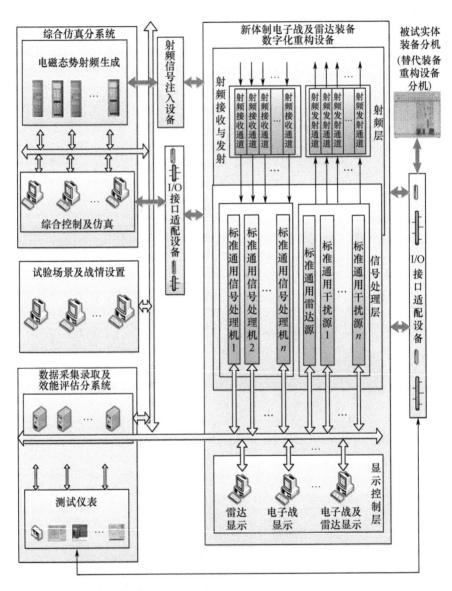

图 5.13 设备的内场注入式分机级测试试验评估配置(见彩图)

第 5 章　对抗综合仿真与试验验证

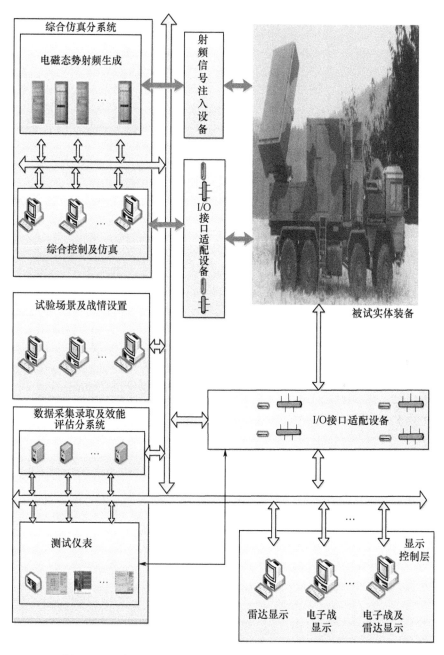

图 5.14　设备的内场注入式系统级测试试验评估配置(见彩图)

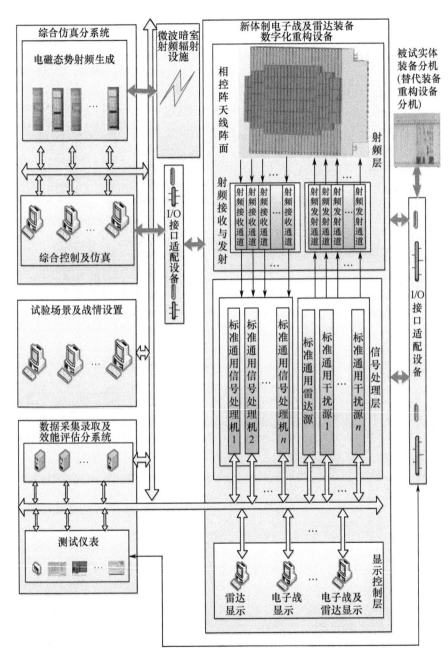

图 5.15 设备的内场辐射式分机级测试试验评估配置(见彩图)

第 5 章 对抗综合仿真与试验验证

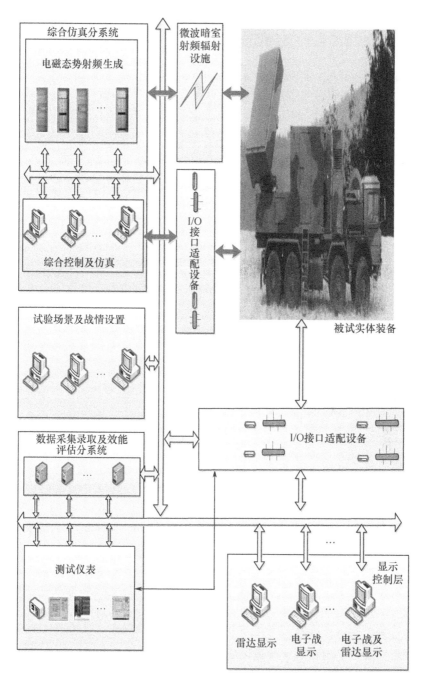

图 5.16 设备的内场辐射式系统级测试试验评估配置（见彩图）

5.3.4 外场综合仿真验证试验场

外场综合仿真验证试验场主要特点如下：
(1) 以特定试验场地为依托；
(2) 以大功率复杂电磁环境构建设备和各种模拟设备为构成节点；
(3) 以综合试验实时调度与数据监测为核心。

试验场建设同样适用于其他各种体制雷达及电子对抗设备的能力及效能评估，建设条件、用途、建设要求具备广泛的通用性、适用性和普遍性。

下面以通用试验场建设为基础进行表述。

5.3.4.1 试验场建设条件

在开展试验验证之前，需要具备以下条件：
(1) 被试雷达、电子对抗设备/分系统及设备；
(2) 被干扰对象(半实物或实物)，如各种体制导弹导引头等实战设备和各型模拟设备；
(3) 干扰效果评估分析系统，用于干扰和抗干扰效果分析研究与试验验证、评估，真实检验电子对抗设备干扰和雷达抗干扰效果。

5.3.4.2 试验场用途

试验场用途主要有：
(1) 提供复杂电磁环境下，电子对抗和雷达设备能力及效能评估试验验证环境；
(2) 提供复杂电磁环境下，电子对抗和雷达设备能力及效能评估方法；
(3) 建立复杂电磁环境下，电子对抗和雷达设备干扰和抗干扰指标考核体系，形成复杂电磁环境下，电子对抗和雷达设备能力及效能评估的初步能力；
(4) 在复杂电磁环境构建与量化方法研究的基础上，研制试验验证平台并通过大量试验数据，建立有效的评估模型，总结复杂电磁环境下，电子对抗和雷达设备的能力及效能评估方法；
(5) 提供复杂电磁环境下，电子对抗和雷达设备的能力及效能评估试验验证平台，结合实战环境，通过威胁源平台、目标辐射源平台构建，对威胁源抗干扰效能以及干扰效能进行双向评估。

随着雷达及电子对抗技术快速发展，综合性能测试条件也需要同步发展，发展需求主要体现在以下几个方面：
(1) 外场雷达、红外、激光综合侦察功能试验能力；
(2) 毫米波、激光有源干扰功能试验以及发射功率、实际干扰方位准确性、干扰技术参数精度指标测试能力；

(3) 外场厘米波、毫米波有源干扰最小干扰距离、干扰样式有效性等测试条件；

(4) 舷内有源、舷外有源诱饵组合式干扰能力及效能评估以及适用时机评判手段；

(5) 外场雷达有源干扰效果综合测试和评估条件；

(6) 外场舷外有源诱饵干扰效果综合测试和评估条件；

(7) 外场综合电子对抗干扰功能试验条件；

(8) 外场多辐射源协同侦察、协同干扰、综合指挥和干扰资源调度灵活性试验条件。

5.3.4.3 试验场建设要素

充分支撑雷达、电子对抗及诱饵系列的干扰性能测试验证，针对干扰和抗干扰测试需求，进行构建。

在干扰能力验证方面，主要考虑以下要素和条件：

(1) 干扰效果评估分析系统；

(2) 各型平台电子对抗设备及分系统；

(3) 搜索、跟踪、探测、监视等各型雷达；

(4) 导弹导引头半实物模拟系统；

(5) 通信信号、光电信号、激光信号、红外信号、紫外信号等模拟系统；

(6) 实时数据通信系统。

结合实战对抗战术需求，试验场还需要满足以下要求：

(1) 雷达探测目标类型：空中无人机、水面船艇和车载运动目标等；

(2) 干扰源侦察干扰频段；

(3) 干扰源有效辐射功率；

(4) 干扰样式；

(5) 干扰源数量；

(6) 支援被试雷达设备的电子侦察频段；

(7) 多普勒频率范围；

(8) 被试雷达设备需要实时同步记录的主要数据：点迹数据、航迹数据、视频显示画面；

(9) 具有对不同干扰任务场景下对雷达作用距离、探测精度、发现概率、虚警概率等指标的测试、分析对比能力；

(10) 具有对末制导导弹导引头干扰效果组合测试能力（输出百分比）；

(11) 具有复合制导导弹导引头干扰效果组合测试能力（输出百分比）。

5.3.4.4　试验场基本组成架构

1) 复杂电磁环境产生

为了生成复杂电磁环境,试验场至少要包含以下设备和模拟器:

(1) 复杂电磁环境信号产生系统;

(2) 相参末制导雷达模拟器;

(3) 环境适应自动控制设备;

(4) 空舰雷达导引头;

(5) 舰舰雷达导引头;

(6) 大功率激光器;

(7) 手持式激光器;

(8) 干扰源产生系统;

(9) 机载雷达设备;

(10) 机载半实物雷达。

2) 干扰与抗干扰评估系统

为了实现干扰与抗干扰评估功能,干扰与抗干扰评估系统包含以下设备和模拟器:

(1) 信息融合正确率测试系统;

(2) 实时威胁判断正确率测试模块;

(3) 雷达干扰有效性测试评估设备;

(4) 测向、辨别、跟踪和监视评估装置;

(5) 威胁评估功能模块:能对雷达、通信、激光以及设备平台进行综合威胁评估;

(6) 舷内舷外有源无源干扰有效性测试和评估系统:输出有效性数值(百分数);

(7) 作战效果进行辅助测试评估模块;

(8) 多平台协同侦察能力及效能评估模块:具有定量输出自卫侦察、多平台协同侦察效能,并进行比较的能力;

(9) 多平台协同侦干扰能力及效能评估模块:具有定量输出自卫干扰、多平台协同干扰效能,并进行比较的能力;

(10) 激光告警评估模块:具有输出威胁等级,并进行个体识别的能力;

(11) 激光干扰评估系统:具有输出干扰等级的能力。

3) 试验测试平台

根据仿真试验验证内容,至少包含以下试验测试平台:

(1) 试验用水面平台:真实模拟海上运动环境下的试验,明确设备载荷总重

量、稳定性、承重、离水面高度等要求;

(2)试验用机载平台:模拟对方机载平台,设备挂载重量。

4)无线涉密通信系统

为了保持参试设备节点间通信,至少包含以下通信设备:

(1)无线综合数据通信设备:最大传输速率;

(2)数据加密设备:对涉密数据进行专业加密,满足保密要求,根据终端数量配备。

5)试验场实时调度控制及数据监测

建立试验场实时调度控制及数据监测中心完成试验场资源调度、试验实时控制,建立自适应的资源管理和实时调度。

试验场架构如图 5.17 所示。

通过将复杂电磁环境模拟子系统、复杂电磁环境监测子系统、综合调度系统、录取与评估子系统、配试雷达和电子对抗设备等有机地结合起来,构建的外场试验平台如图 5.18 所示。

5.3.5 实时调度

按照预定任务,平台实时、综合调度能对电子对抗目标进行搜索、跟踪、识别、定位和干扰等,对于自主侦察电子对抗设备而言,能主动对威胁目标实施告警,干扰雷达对探测目标判断结果,并通过采取相应措施,阻止或中断雷达工作,其中,实时、高效的调度是确保执行任务、合理分配有限资源的关键所在,因此,实时、综合调度功能需要配备专用的控制计算机来完成。

5.3.5.1 调度内容

自适应资源管理结构示意图如图 5.19 所示。

资源调度管理设计验证是考察雷达侦察、雷达干扰资源管理有效性的主要措施,资源管理所关注的内容分为四个部分,分别为任务计划、资源配置、综合调度、综合控制。

通过上述四个组成部分,将形成一个自上而下的资源管理结构框架。

系统资源管理主要考虑五个方面的问题,即搜索管理、跟踪管理、识别管理、干扰引导管理、干扰样式管理。

5.3.5.2 调度技术

本节以半实物仿真试验为任务,介绍试验中有关的实时调度技术。

半实物试验系统组成部分主要有:

(1)系统主控计算机;

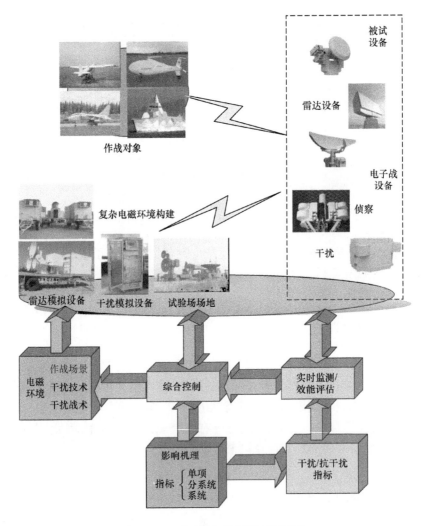

图 5.17 试验场架构框图(见彩图)

(2) 雷达信号模拟系统;

(3) 目标回波;

(4) 干扰及杂波模拟系统;

(5) 数据录取设备。

实时调度包含以下技术:

1) 网络读写

采用的虚拟共享内存机制,构建通用的实时调度平台,使分布在不同节点上的试验模块完成大量的网上数据交换。网上数据交换对仿真模块是公开的。

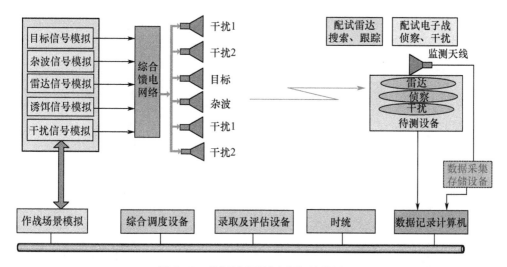

图 5.18 外场试验平台框图(见彩图)

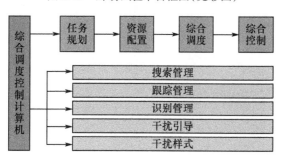

图 5.19 自适应资源管理结构示意图(见彩图)

2)时间管理

仿真系统采用的推进机制为:每个仿真模块都按照各自的周期推进,仿真计算机按照所有模型的时钟周期发送时钟广播。各节点收到时钟后,推进自己的时钟。系统时钟按时钟周期推进。

3)调度服务

每一个试验任务都可以注册该任务的试验函数,在每一步试验中,都要执行该函数。任务调度服务的调用方式主要有中断、查询、回调等;任务调度服务的时机依赖于时间管理服务。

4)通信服务

将整个系统的信息、模型的信息、模型间交互的信息等,放入虚拟共享内存中。这部分提供的操作主要是信息的创建与删除、查询与更改。

利用网络系统技术,半实物试验系统将多个设备互联,通过计算机仿真平台建立的控制设备,能实时调度各个设备工作,承担雷达设备的抗干扰能力试验,或雷达干扰设备的干扰效能试验,或雷达侦察设备的侦察能力试验。其技术构成如图 5.20 所示。

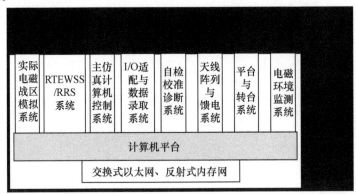

图 5.20　实时调度技术构成

在试验方式上,可以根据被试设备的技术特点,利用试验系统进行射频注入式和射频辐射式的仿真试验。

5.3.6　效能仿真模型体系

由于关于电子对抗及雷达设备仿真试验数学模型和评估模型的文献和书籍较多,本节不介绍具体的数学模型和评估模型,将构建能力及效能评估综合仿真试验验证平台作为目标,以典型电子对抗及雷达设备试验验证为例,说明构建复杂电磁环境下雷达对抗与反对抗能力及效能评估综合仿真试验验证平台的基本模型体系,从以下四个方面考虑:

(1) 复杂电磁环境生成仿真模型;
(2) 相控阵雷达仿真模型;
(3) 相控阵电子对抗设备仿真模型;
(4) 相控阵电子对抗及雷达一体化设备仿真模型。

5.3.6.1　复杂电磁环境生成仿真模型

在这里将第 3 章中所表述的通用技术模型和专用技术模型纳入了效能仿真模型体系中。复杂电磁环境生成仿真模型的基本模型体系如图 5.21 所示。

5.3.6.2　相控阵雷达仿真模型

以相控阵雷达特征为例,建立的设备仿真基本模型如图 5.22 所示。其他类型的雷达可以参照图中内容进行构建。

第5章 对抗综合仿真与试验验证

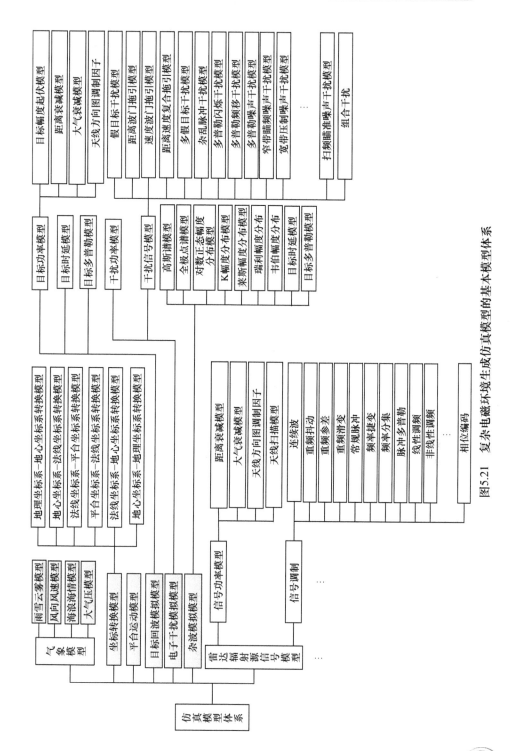

图5.21 复杂电磁环境生成仿真模型的基本模型体系

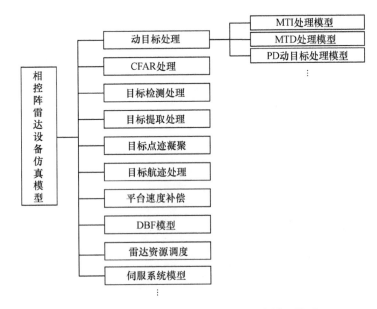

图 5.22　相控阵雷达设备仿真模型基本模型体系

5.3.6.3　相控阵电子对抗设备仿真基本模型体系

以相控阵电子对抗特征为例,建立的设备仿真基本模型如图 5.23 所示。其他类型的电子对抗设备可以参照图中内容进行构建。

图 5.23　相控阵电子对抗设备仿真基本模型体系

5.4 系统总线、接口

为了使试验场达到使用、可操作的要求,试验场具备以下特点:可规划、可仿真、可灵活配置、可重构,能实现电子对抗及雷达设备的系统级、分机级调试测试和试验验证。同时,需要大量的设备系统级、分机级、模块级统一标准来支撑,使电子对抗及雷达设备与本综合验证测试试验系统采用统一的总线形式、接口形式、数据传输协议,支持被试实体设备系统和分机的接入。总线接口主要集中在以下几种:

（1） CAN 总线（Controler Area NetWork）；
（2） RapidIO 总线（Serial Rapid IO）；
（3） 千兆以太网；
（4） VPX 总线（Versatile Protocol Switch, VITA46 系列规范）；
（5） VXI 总线（VMEBus eXtensions Instrumnentation）。

另外,根据目前技术发展情况,采用大量光纤接口,因此,应考虑光纤等高速数据传输接口,目前应用较多的为光纤接口（FC 协议（Fibre Channel）,高速串行传输总线）。

5.5 干扰/抗干扰效果试验及评估

5.5.1 电子对抗干扰效果试验

5.5.1.1 基本能力要求

电子对抗干扰试验主要是指,在电子对抗框架下,基于电子对抗战术引导能力,在确保干扰效能最大化条件下,验证干扰引导方式及流程。

重点试验以下能力和指标:
（1） 有源干扰最小延迟时间；
（2） 有源干扰反应时间；
（3） 协同干扰方式；
（4） 协同干扰目标数；
（5） 收发隔离控制方式；
（6） 支援干扰能力；

(7) 综合对抗能力等。

在整个试验流程上,通过建立试验仿真系统,明确干扰试验方法与技术。

5.5.1.2 试验组成

整个仿真系统分为以下功能模块:

(1) 导弹导引头及目标指示雷达建模(蓝方);

(2) 舰载机载电子对抗能力建模(红方);

(3) 红蓝双方对抗态势设置及任务驱动推演;

(4) 协同对抗战术建模(含协同干扰能力及效能评估);

(5) 仿真过程数据记录及回放。

5.5.1.3 主要流程

1) 对抗态势初始设置及信息获取

根据提供的初始对抗场景设置,由综合态势数据模拟器建立红蓝双方对抗场景,协同对抗战术决策通过侦察手段,实时获取面临的舰舰导弹、空舰导弹威胁技术和方位参数,通过侦察手段,实时获取面临的目标指示雷达、舰空导弹威胁技术和方位参数。

2) 分析计算有效干扰上述威胁需要那些干扰措施和使用条件

将雷达抗干扰措施纳入分析计算,根据雷达抗干扰措施内容、对方目标指示雷达及导弹工作状态、运动参数、制导模式、导引头技术参数、我方各平台位置及运动参数、实时侦察到的对方导引头技术参数、对方目标指示雷达辐射源参数,分析计算出有效干扰上述威胁需要那些干扰措施和使用条件,并输出干扰措施保障报文。主要考虑以下内容。

自卫干扰/协同干扰:

(1) 参与平台编号/具有指定对抗措施的设备号;

(2) 有源/无源干扰;

(3) 干扰样式;

(4) 干扰方位;

(5) 干扰技术参数;

(6) 战术配合内容。

3) 导引头模型、目标指示雷达模型受干扰情况分析

协同干扰战术决策时,需要考虑干扰对导引头、目标指示雷达的影响;对抗态势设置及任务驱动推演向导引头模型、目标指示雷达模型输出综合对抗态势初始信息;通过创建适宜的仿真模型及计算,向对抗态势设置及任务驱动推演模块输出有干扰、无干扰两种情况下的导弹飞行姿态数据、导引头工作状态、抗干扰措施使

用情况,并进行对比,如图 5.24 所示。

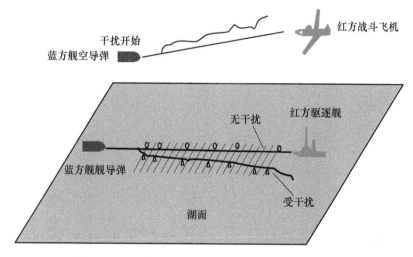

图 5.24　无干扰/有干扰导弹运行轨迹对比(见彩图)

5.5.2　雷达抗干扰效果试验

雷达抗干扰试验方法流程如图 5.25 所示。其中,电磁干扰环境是电子对抗干扰和雷达抗干扰性能评估的输入条件,雷达抗干扰指标是评估对象。试验是雷达抗干扰指标检测的技术手段,评估是对雷达抗干扰性能的综合评价。

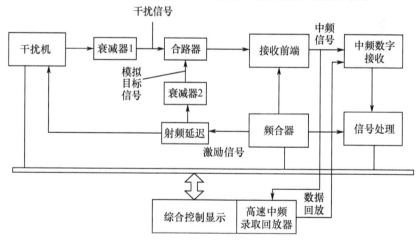

图 5.25　雷达抗干扰试验方法流程图

5.5.2.1　试验内容

试验内容包含在不同的条件下,测量雷达干扰功率与目标回波功率之比对雷达检测概率、雷达距离跟踪精度、单脉冲测角等指标的影响,不同类型假目标干扰对雷达距离跟踪、雷达点迹处理、数据处理的影响。

5.5.2.2 试验组成

试验组成如下:
(1) 干扰产生器;
(2) 合路器;
(3) 雷达接收机;
(4) 频率源;
(5) 雷达信号处理机;
(6) 操控计算机;
(7) 高速录取回放设备。

5.5.2.3 试验方法

试验采用射频注入方式,即雷达信号和干扰信号通过合路器相加后注入半实物试验系统,测试雷达各分机的工作情况、记录雷达接收机、信号处理机的处理数据以及整机的工作状态。

试验中可以通过控制噪声功率、信号功率、噪声类型、信号类型进行多种试验。

试验数据:试验中应记录干扰类型、干扰参数(功率、带宽、脉冲宽度等)、信号类型、信号参数(频率、脉宽、带宽、压缩比)、信干比、信噪比、跟踪误差等。

试验模拟的干扰方式:支援干扰、随队干扰和自卫干扰。

5.5.2.4 试验主要流程

雷达抗干扰试验方法流程如图 5.26 所示。试验过程如下:

步骤1:建立对抗作战场景

试验之前,分析此型雷达设备特点、其所采用的各种抗干扰措施的抗干扰性能、可能面对的典型作战背景和主要对抗对象,建立符合实际战术意义的对抗作战场景。主要内容包括雷达探测任务和干扰机作战任务两大块。作战场景的制定尽量结合现代设备和作战方式的实际情况,避免在半实物对抗试验过程中出现盲目选择参数的情况,造成试验结果无效。试验场景设定如图 5.27 所示。

步骤2:试验参数等效换算

步骤1中确定了具体的作战场景,明确了:干扰机的型号和能力,如干扰有效功率密度、干扰样式、干扰机数量、干扰平台的工作范围;雷达的探测性能,如发射功率、天线增益、信号脉宽等;雷达的探测对象特性,如 RCS、距离、速度等,由此可以计算得到作战过程中,不同阶段目标回波到达接收机前端的功率、干扰信号到达接收机前端的功率和信号形式(这和干扰机距离、干扰功率、主副瓣干扰等有关)。

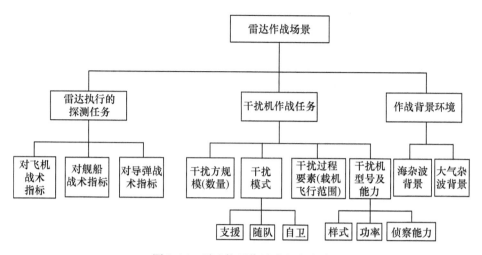

图 5.26　雷达抗干扰试验方法流程

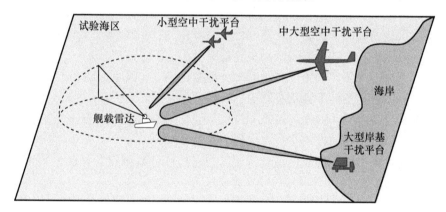

图 5.27　雷达抗干扰试验场景设定(见彩图)

步骤 3：半实物试验

根据步骤 2 的计算参数,进行半实物试验,记录和测试不同对抗状态下雷达处在不同抗干扰模式下的相应参数指标,如接收机输出的信干比,显示画面,以获取自卫距离变化,受欺骗干扰概率等。

步骤 4：结果分析

对试验记录的结果进行分析,总结雷达抗干扰指标体系和评估方法的合理性。

基本试验过程为：雷达工作,对标准目标进行探测,侦察设备工作,引导干扰机对目标雷达进行干扰。测试在无干扰条件下雷达相关指标,测试在干扰条件下雷达相关指标。通过改变雷达抗干扰模式和遮蔽干扰种类、干扰和雷达信号之间功率比,来测试雷达相关指标。

5.5.3 试验方法评估

试验方法评估主要从体系性和层次性的角度考虑,分为两个层面:一是电子对抗和雷达干扰和抗干扰单项性能指标考核方法;二是电子对抗和雷达干扰和抗干扰系统性能指标评估方法。

另外,还需要结合干扰设备的干扰效能进行评估,主要内容有:

(1) 干扰频率范围;
(2) 频率瞄准精度;
(3) 雷达干扰设备的作用距离和空间覆盖范围;
(4) 雷达干扰设备的反应时间;
(5) 雷达干扰设备对多目标的干扰能力;
(6) 雷达干扰设备各种干扰样式的干扰效果;
(7) 雷达干扰设备干扰自适应能力。

针对雷达设备抗干扰能力评估进行相关研究,主要结合如下方面开展:

(1) 有无干扰条件下作用距离和测量精度;
(2) 有无干扰条件下角度和距离的分辨力;
(3) 有无干扰条件下雷达检测的目标数。

在外场试验效果和数据的基础上,对雷达抗干扰与电子对抗干扰性能进行评估,建立考核体系,性能评估实现方法如下:

(1) 通过复杂电磁环境模拟设备和复杂电磁环境监测设备输出的数据,分析干扰环境等级。

(2) 通过电子对抗对雷达信号的捕获和雷达在干扰条件下的功能完成情况分析干扰/抗干扰效果。

(3) 通过电子对抗和雷达输出数据统计方位误差、俯仰误差、距离误差的概率密度分布及其特征值;根据多次试验结果,统计雷达正确探测和稳定跟踪目标概率。

5.6 试验验证能力举例

5.6.1 典型注入式试验验证能力

5.6.1.1 雷达侦察设备侦察能力试验

雷达侦察设备侦察能力仿真试验功能结构框图如图 5.28 所示。试验主要由

以下设备组成:
(1) 综合仿真及操控显示计算机系统;
(2) 接口设备(网络设备);
(3) 物理效应设备(复杂电磁环境模拟设备、威胁信号模拟设备);
(4) 辅助设备(数据录取设备、自检校正设备、I/O 适配接口);
(5) 被试雷达侦察设备。

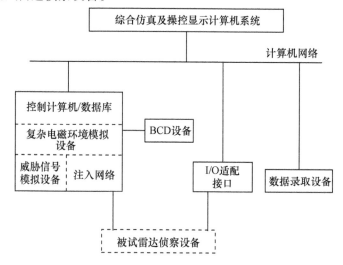

图 5.28　雷达侦察设备侦察能力仿真试验功能结构框图

综合仿真及操控显示计算机系统和辅助设备虽然不直接进入实时仿真回路,但是,它们是完成仿真试验任务的重要组成部分,其主要功能有试验指挥控制功能,实现人机交互,仿真试验规划和预演,仿真试验时的控制监视,以及试验数据的分析与评估等。在仿真试验时,可以进行各种设定、操作、控制、显示、监视和辅助决策,实现对整个仿真试验功能系统运行活动和状态的检测、控制等功能。

辅助设备包括:I/O 适配接口、BCD 设备和数据录取设备,实现被试设备与数据交换、系统的自检标校和诊断、信号与数据录取及回放等辅助功能。

控制计算机在数据库的支持下,根据设定的战情所形成的威胁辐射源态势实时运行。物理效应设备根据计算机生成的战情,控制相应频段的射频通道及注入网络,模拟复杂、高密度、多体制、多样式的动态雷达威胁信号环境。综合仿真及操控显示计算机系统的功能是进行试验方案辅助设计、系统管理、战情预演、综合显示、数据处理和评估等。

5.6.1.2　雷达干扰设备干扰效果仿真试验

雷达干扰设备干扰效果仿真试验功能结构框图如图 5.29 所示。该试验主要由以下设备组成：

(1) 综合仿真及操控显示计算机系统；

(2) 接口设备(计算机网络)；

(3) 物理效应设备(雷达目标回波模拟设备、天线波束形成单元、通用雷达接收机)；

(4) 辅助设备(数据录取设备、自检校正设备、I/O适配接口)；

(5) 被试雷达干扰设备。

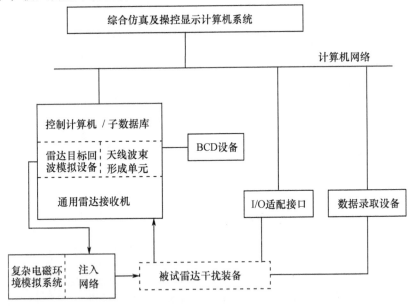

图 5.29　雷达干扰设备干扰效果仿真试验功能结构框图

综合仿真及操控显示计算机系统功能与图 5.28 中的相同。辅助设备包括I/O适配计算机、BCD 设备和数据录取设备，实现被试设备与仿真试验系统的数据交换、系统的自检标校和诊断、信号与数据录取及回放等辅助功能。

5.6.1.3　雷达设备抗干扰能力试验

实现雷达设备抗干扰能力仿真试验功能的结构框图如图 5.30 所示。该试验主要由以下设备组成：

(1) 综合仿真及操控显示计算机系统；

(2) 接口设备(计算机网络)；

(3) 物理效应设备(雷达目标回波、杂波及电子干扰模拟设备、天线波束形成单元)；

(4) 辅助设备(数据录取设备、自检校正设备、I/O适配接口)；

(5) 被试雷达设备。

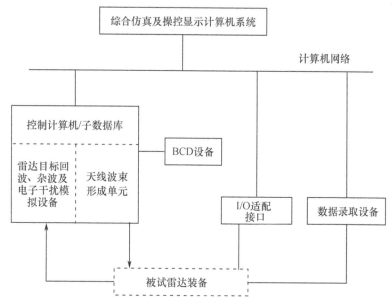

图 5.30　雷达设备抗干扰能力仿真试验功能结构框图

综合仿真及操控显示计算机系统的功能与图 5.28 中的相同。

辅助设备包括 I/O 适配计算机、BCD 设备和数据录取设备，实现被试设备与仿真试验系统系统的数据交换、系统的自检标校和诊断、信号与数据录取及回放等辅助功能。

雷达目标回波、电子干扰、杂波模拟设备功能主要有：

（1）接收仿真计算机的战情信息，控制相应频段的射频通道，实现雷达试验用电子对抗环境模拟和雷达接收机模拟；

（2）接收分配的所要模拟的信号参数、设备参数及各种控制命令；

（3）模拟与各种雷达相对应的目标回波；

（4）模拟包括机载雷达的主瓣、副瓣和高度线杂波的杂波环境；

（5）模拟产生干扰设备的各种电子干扰信号；

（6）模拟产生干扰设备的干扰激励信号；

（7）模拟被试设备的天线方向图。

通用雷达接收机主要功能有模拟多种体制、多参数的雷达接收机。

5.6.1.4　反辐射武器作战性能仿真试验

反辐射武器作战性能仿真试验功能结构框图如图 5.31 所示。该试验主要由以下设备组成：

(1) 综合仿真及操控显示计算机系统;
(2) 接口设备(计算机网络);
(3) 物理效应设备(复杂电磁环境模拟设备、威胁信号模拟设备、反辐射武器仿真计算机和注入网络);
(4) 被试反辐射武器导引头。

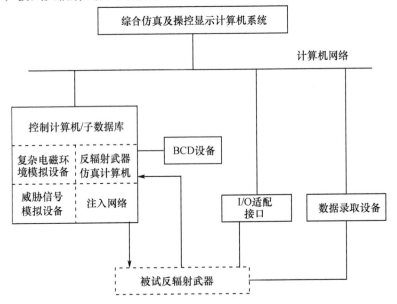

图 5.31 反辐射武器作战性能仿真试验功能结构框图

综合仿真及操控显示计算机系统功能与图 5.28 中的相同。

辅助设备包括 I/O 适配计算机、BCD 设备和数据录取设备,实现被试设备与系统数据交换、系统的自检标校和诊断、信号与数据录取及回放等辅助功能。

反辐射武器计算机的功能为:模拟反辐射武器 N 维模型计算,即利用 N 维模型来计算更新的反辐射武器运动参数,如位置和速度等。

5.6.1.5 有侦察引导雷达干扰设备干扰效果试验

有侦察引导的雷达干扰设备的干扰效果仿真试验功能结构框图如图 5.32 所示。该试验主要由以下设备组成:

(1) 综合仿真及操控显示计算机系统;
(2) 控制计算机;
(3) 复杂电磁环境模拟设备;
(4) 注入网络;
(5) 被试雷达干扰设备。

第 5 章 对抗综合仿真与试验验证

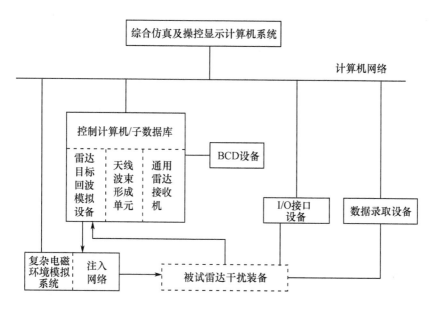

图 5.32 有侦察引导的雷达干扰设备干扰效果仿真试验功能结构框图

综合仿真及操控显示计算机系统的功能包括：
(1) 试验方案辅助设计；
(2) 战情预演；
(3) 系统管理和控制；
(4) 战情设计与生成；
(5) 战情设置与加载；
(6) 试验过程的监视；
(7) 通信管理；
(8) 综合显示；
(9) 数据处理和评估。

控制计算机功能主要有：
(1) 控制计算机在子数据库的支持下,根据设定的战情形成所规划的目标、干扰、杂波信号环境,并实时运行；
(2) 同综合仿真及操控显示计算机系统通信,实时下载战情,接收命令；
(3) 进行战情计算、战情分配和通道设置；
(4) 试验初始化控制；
(5) 试验过程的监视控制；
(6) 仿真试验时的时钟同步控制；
(7) 态势图及数据录取状态显示。

复杂电磁环境模拟设备的功能有：

接收计算机的威胁辐射源态势信息，控制相应频段的射频通道，实现模拟动态的复杂、高密度、多体制、多样式的雷达威胁信号环境。

(1) 接收计算机分配的所要模拟的雷达信号参数及各种控制命令；
(2) 根据设定的战情所形成的威胁辐射源态势，并实时运行；
(3) 完成雷达信号的解算和通道分配；
(4) 计算每个脉冲的频率、脉宽、脉内调制；
(5) 计算到达被试设备天线口面的每个脉冲信号的幅度。

注入网络的功能如下：

(1) 接收控制计算机的各种控制命令；
(2) 计算输入注入网络的每一个脉冲信号在不同输出通道的幅度、相位和时差；
(3) 按照比幅测向、比相测向和时差测向的方式，模拟被试设备接收天线输出的雷达信号。

5.6.1.6 复杂电磁环境下雷达设备的抗干扰能力试验

复杂电磁环境下雷达设备抗干扰能力仿真试验功能结构框图如图 5.33 所示。

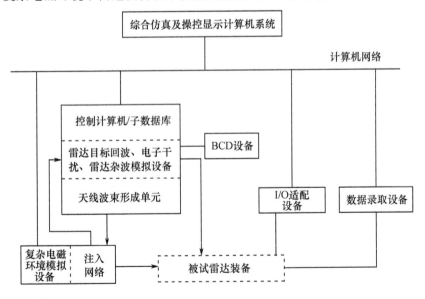

图 5.33 复杂电磁环境下雷达设备抗干扰能力仿真试验功能结构框图

综合仿真及操控显示计算机系统功能主要有：

(1) 试验方案辅助设计；

(2) 战情预演；

(3) 系统管理和控制；

(4) 战情设计与生成；

(5) 战情设置与加载；

(6) 试验过程的监视；

(7) 通信管理；

(8) 综合显示；

(9) 数据处理和评估。

控制计算机功能主要有：

控制计算机在子数据库的支持下，根据设定的战情形成所规划的目标、干扰、杂波信号环境，并实时运行。

(1) 同综合仿真及操控显示计算机系统通信，实时下载战情，接收命令；

(2) 进行战情计算、战情分配和通道设置；

(3) 试验初始化控制；

(4) 试验过程的监视控制；

(5) 仿真试验时的时钟同步控制；

(6) 态势图及数据录取状态显示；

(7) 雷达目标回波、电子干扰、杂波模拟设备功能；

(8) 接收仿真计算机的战情信息，控制相应频段的射频通道，实现雷达试验用电子对抗环境模拟和雷达接收机模拟；

(9) 接收分配的所要模拟的信号参数、设备参数及各种控制命令；

(10) 模拟与各种雷达相对应的目标回波；

(11) 模拟包括机载雷达的主瓣、副瓣和高度线杂波的杂波环境；

(12) 模拟产生干扰设备的各种电子干扰号；

(13) 模拟产生干扰设备的干扰激励信号；

(14) 模拟被试设备的天线方向图。

通用雷达接收机功能：模拟多种体制、多参数的雷达接收机。

复杂电磁环境模拟设备的功能：

(1) 接收计算机的威胁辐射源态势信息，实现模拟动态的复杂、高密度、多体制、多样式的雷达威胁信号环境；

(2) 接收计算机分配的所要模拟的雷达信号参数及各种控制命令；

(3) 根据设定的战情所形成的威胁辐射源态势，并实时运行；

(4) 完成雷达信号的解算和通道分配；

(5) 计算每个脉冲的频率、脉宽、脉内调制；

(6) 计算到达被试设备天线口面的每个脉冲信号的幅度。

注入网络的功能：

(1) 接收控制计算机的各种控制命令；

(2) 计算输入注入网络的每一个脉冲信号在不同输出通道的幅度、相位和时差；

(3) 按照比幅测向、比相测向和时差测向的方式，模拟被试设备接收天线输出的雷达信号。

5.6.1.7 雷达干扰设备对导弹的干扰效果试验

雷达干扰设备对导弹的干扰效果仿真试验功能结构框图如图5.34所示。

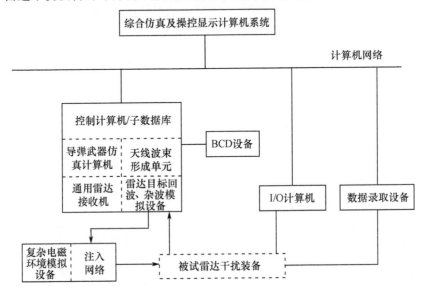

图5.34 雷达干扰设备对导弹的干扰效果仿真试验功能结构框图

1) 综合仿真及操控显示计算机系统

综合仿真及操控显示计算机系统的功能包括：

(1) 试验方案辅助设计；

(2) 系统管理和控制；

(3) 战情设计与生成；

(4) 战情设置与加载；

(5) 试验过程的监视；

(6) 通信管理；

(7) 综合显示；

(8) 数据处理和评估。

2) 控制计算机系统

控制计算机的功能包括：

(1) 计算机在子数据库的支持下，根据设定的战情形成所规划的目标、干扰、杂波信号环境，并实时运行；

(2) 同主仿真计算机系统通信，下载战情，接收命令；

(3) 进行试验战情加载、战情分析和计算、战情分配和通道设置、战情运行；

(4) 对子数据库(战情库、雷达库、目标库、JUT库、环境库、武器系统参数库)的管理；

(5) 对分系统运行的控制(包括时序控制、进程控制)；

(6) 试验初始化控制；

(7) 试验过程的监视控制；

(8) 仿真试验时的时钟同步控制；

(9) 态势图及数据录取状态显示；

(10) 雷达目标回波、杂波模拟设备功能；

(11) 接收仿真计算机的战情信息，控制相应频段的射频通道，实现雷达试验用电子对抗环境模拟和雷达接收机模拟；

(12) 接收分配的所要模拟的信号参数、设备参数及各种控制命令；

(13) 模拟与各种雷达相对应的目标回波；

(14) 模拟包括机载雷达的主瓣、旁瓣和高度线杂波的杂波环境；

(15) 模拟产生干扰设备的干扰激励信号；

(16) 模拟被试设备的天线方向图；

(17) 通用雷达接收机功能；

(18) 模拟多种体制、多参数的雷达接收机。

3) 导弹武器仿真计算机

导弹武器仿真计算机的功能：

(1) 导弹 N 维模型计算；

(2) 武器计算机接收目标跟踪信息，并利用该数据和 N 维模型来计算更新的导弹运动参数，如位置和速度等；

(3) 指令制导导弹三维模型计算；

(4) 接收目标跟踪信息，并利用该数据和 N 维模型来计算更新的导弹运动参数，如位置和速度等。

4) 复杂电磁环境模拟设备

复杂电磁环境模拟设备的功能：

(1) 接收计算机的威胁辐射源态势信息,实现模拟动态的复杂、高密度、多体制、多样式的雷达威胁信号环境;

(2) 接收计算机分配的所要模拟的雷达信号参数及各种控制命令;

(3) 根据设定的战情所形成的威胁辐射源态势,并实时运行;

(4) 完成雷达信号的解算和通道分配;

(5) 计算每个脉冲的频率、脉宽、脉内调制;

(6) 计算到达被试设备天线口面的每个脉冲信号的幅度。

注入网络的功能:

(1) 接收控制计算机的各种控制命令;

(2) 计算输入注入网络的每一个脉冲信号在不同输出通道的幅度、相位和时差;

(3) 按照比幅测向、比相测向和时差测向的方式,模拟被试设备接收天线输出的雷达信号。

5.6.1.8 被试干扰设备对火炮武器系统的干扰效果试验

雷达干扰设备对火炮武器系统的干扰效果仿真试验功能结构框图如图5.35所示。

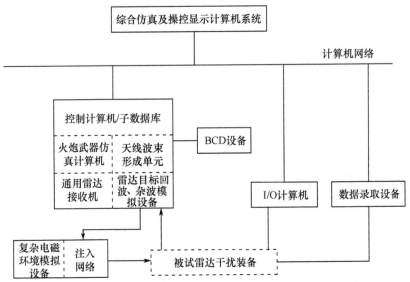

图5.35 雷达干扰设备对火炮武器系统的干扰效果仿真试验功能结构框图

1) 综合仿真及操控显示计算机系统

综合仿真及操控显示计算机系统的功能包括:

(1) 试验方案辅助设计;

(2) 战情预演;

(3) 系统管理和控制;

(4) 战情设计与生成;

(5) 战情设置与加载;

(6) 试验过程的监视;

(7) 通信管理;

(8) 综合显示;

(9) 数据处理和评估。

2) 控制计算机系统

控制计算机的功能主要有:

(1) 在子数据库的支持下,根据设定的战情形成所规划的目标、干扰、杂波信号环境,并实时运行;

(2) 同主仿真计算机系统通信,下载战情,接收命令;

(3) 进行试验战情加载、战情分析和计算、战情分配和通道设置、战情运行;

(4) 对子数据库(战情库、雷达库、目标库、JUT 库、环境库、武器系统参数库)的管理;

(5) 对分系统运行的控制(包括时序控制、进程控制);

(6) 试验初始化控制;

(7) 试验过程的监视控制;

(8) 仿真试验时的时钟同步控制;

(9) 态势图及数据录取状态显示。

3) 雷达目标回波、杂波模拟设备

雷达目标回波、杂波模拟设备主要功能有:

(1) 接收仿真计算机的战情信息,控制相应频段的射频通道,实现雷达试验用电子对抗环境模拟和雷达接收机模拟;

(2) 接收分配的所要模拟的信号参数、设备参数及各种控制命令;

(3) 模拟与各种雷达相对应的目标回波;

(4) 模拟包括机载雷达的主瓣、副瓣和高度线杂波的杂波环境;

(5) 模拟产生干扰设备的干扰激励信号;

(6) 模拟被试设备的天线方向图。

4) 通用雷达接收模拟设备

通用雷达接收机功能主要有模拟多种体制、多参数的雷达接收机。

5）火炮武器仿真计算机

火炮武器仿真计算机的功能如下：

（1）火炮射击模型计算；

（2）接收目标跟踪信息，并利用该数据和火炮射击模型计算火炮的弹道，以及命中概率。

6）复杂电磁环境模拟设备

复杂电磁环境模拟设备的功能：

（1）接收计算机的威胁辐射源态势信息，实现模拟动态的复杂、高密度、多体制、多样式的雷达威胁信号环境；

（2）接收计算机分配的所要模拟的雷达信号参数及各种控制命令；

（3）根据设定的战情所形成的威胁辐射源态势，并实时运行；

（4）完成雷达信号的解算和通道分配；

（5）计算每个脉冲的频率、脉宽、脉内调制；

（6）计算到达被试设备天线口面的每个脉冲信号的幅度。

7）注入网络设备

注入网络功能如下：

（1）接收控制计算机的各种控制命令；

（2）计算输入注入网络的每一个脉冲信号在不同输出通道的幅度、相位和时差；

（3）按照比幅测向、比相测向和时差测向的方式，模拟被试设备接收天线输出的雷达信号。

5.6.1.9 两部实体干扰设备作用下的干扰效果试验

两部雷达干扰设备的干扰效果仿真试验功能结构框图如图5.36所示。

1）综合仿真及操控显示计算机系统

综合仿真及操控显示计算机系统的功能包括：

（1）试验方案辅助设计；

（2）战情预演；

（3）系统管理和控制；

（4）战情设计与生成；

（5）战情设置与加载；

（6）试验过程的监视；

（7）通信管理；

（8）综合显示；

（9）数据处理和评估。

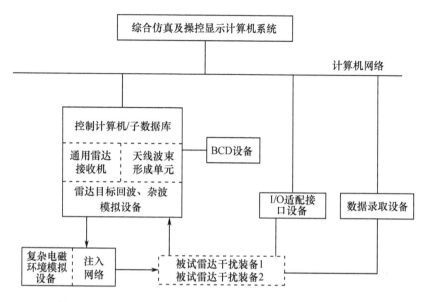

图 5.36　两部雷达干扰设备干扰效果仿真试验功能结构框图

2）控制计算机

控制计算机的功能：

（1）控制计算机在子数据库的支持下，根据设定的战情形成所规划的目标、干扰、杂波信号环境，并实时运行；

（2）负责系统通信，下载战情，接收命令；

（3）进行试验战情加载、战情分析和计算、战情分配和通道设置、战情运行；

（4）对子数据库（战情库、雷达库、目标库、JUT 库、环境库、武器系统参数库）的管理；

（5）运行控制（包括时序控制、进程控制）；

（6）试验初始化控制；

（7）试验过程的监视控制；

（8）仿真试验时的时钟同步控制；

（9）态势图及数据录取状态显示；

（10）BIT 和诊断。

3）雷达目标回波、杂波模拟设备

雷达目标回波、杂波模拟设备功能主要有：

（1）接收仿真计算机的战情信息，控制相应频段的射频通道，实现雷达试验用电子对抗环境模拟和雷达接收机模拟；

（2）接收分配的所要模拟的信号参数、设备参数及各种控制命令；

(3) 模拟与各种雷达相对应的目标回波;
(4) 模拟包括机载雷达的主瓣、副瓣和高度线杂波的杂波环境;
(5) 模拟产生干扰设备的干扰激励信号;
(6) 模拟被试设备的天线方向图;
(7) 至少可同时接入两部实体干扰机,其中一个干扰机可工作在全频段。
4) 通用雷达接收机
通用雷达接收机功能主要有模拟多种体制、多参数的雷达接收功能。

5.6.1.10 雷达设备对实体干扰设备(一部或两部)抗干扰能力仿真试验

雷达设备抗干扰能力仿真试验功能结构框图如图5.37所示。

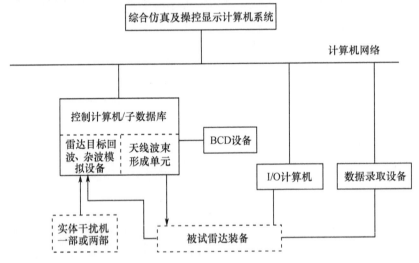

图 5.37 雷达设备抗干扰能力仿真试验功能结构框图

1) 综合仿真及操控显示计算机系统
综合仿真及操控显示计算机系统的功能包括:
(1) 试验方案辅助设计;
(2) 战情预演;
(3) 系统管理和控制;
(4) 战情设计与生成;
(5) 战情设置与加载;
(6) 试验过程的监视;
(7) 通信管理;
(8) 综合显示;
(9) 数据处理和评估。

2）控制计算机

控制计算机的功能主要有：

（1）控制计算机在子数据库的支持下，根据设定的战情形成所规划的目标、干扰、杂波信号环境，并实时运行；

（2）负责系统通信，下载战情，接收命令；

（3）进行试验战情加载、战情分析和计算、战情分配和通道设置、战情运行；

（4）对子数据库（战情库、雷达库、目标库、JUT库、环境库、武器系统参数库）的管理；

（5）运行控制（包括时序控制、进程控制）；

（6）试验初始化控制；

（7）试验过程的监视控制；

（8）仿真试验时的时钟同步控制；

（9）态势图及数据录取状态显示；

（10）BIT和诊断。

3）雷达目标回波、杂波模拟设备

雷达目标回波、杂波模拟设备功能有接收仿真计算机的战情信息，控制相应频段的射频通道，实现雷达试验用电子对抗环境。

5.6.2 外场雷达抗干扰试验验证能力举例

外场抗干扰试验系统组成：被试雷达、通用侦察干扰设备、有源/无源标准目标、试验过程监测/数据录取设备、抗干扰能力评估设备、典型背景环境（如水面背景）。

基本试验过程为：雷达工作，对标准目标进行探测，侦察设备工作，引导干扰机对目标雷达进行干扰。测试在无干扰条件下雷达相关指标，测试在干扰条件下雷达相关指标。通过改变雷达抗干扰模式和遮蔽干扰种类、干扰和雷达信号之间功率比，测试雷达相关指标。

通过实际的真实对抗环境试验，测试典型雷达真实对抗条件下，雷达作用距离、雷达虚警率、雷达检测概率、雷达跟踪精度、雷达失效等与干扰功率、干扰类型、干扰组合方式等数据。

搜索雷达抗干扰性能外场真实环境对抗试验系统框图如图 5.38 所示。跟踪雷达抗干扰性能外场真实环境对抗试验系统框图如图 5.39 所示[24]。

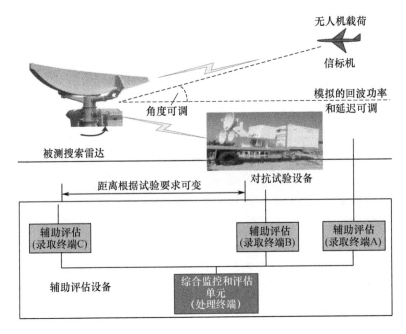

图 5.38　搜索雷达抗干扰性能外场真实环境对抗试验系统框图（见彩图）

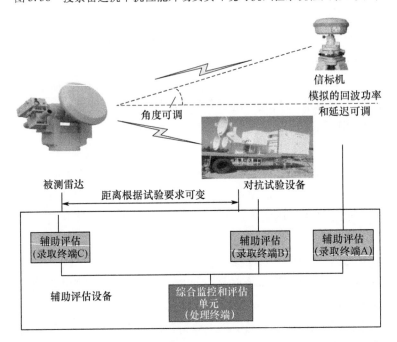

图 5.39　跟踪雷达抗干扰性能外场真实环境对抗试验系统框图（见彩图）

5.6.3 有源诱饵干扰外场能力验证试验

有源诱饵干扰外场能力验证试验充分支撑有源诱饵系列的干扰性能验证任务。

5.6.3.1 威胁源平台

由图 5.40 所示的诱饵干扰性能试验环境示意图可知,威胁源主要包括雷达末制导导引头。可用雷达末制导导引头模拟器作为威胁源。

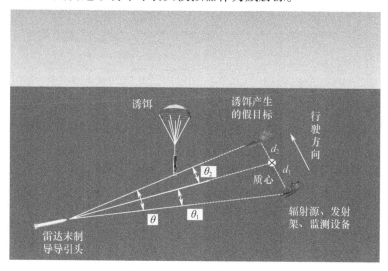

图 5.40　有源诱饵干扰性能试验环境示意图(见彩图)

5.6.3.2 目标辐射源平台

目标辐射源平台需配置一艘水面快艇,搭载雷达信号模拟机以及诱饵推进装置如火箭发射架,在试验中,根据规定的诱饵发射架全弹道发射距离进行设计。

5.6.3.3 干扰评估平台

干扰评估系统从威胁源平台接收到的回波信息与基准信号进行比较并分析出干扰效果,干扰评估平台与威胁源平台间利用数据传输链路连接,干扰评估平台可进行威胁源、目标辐射源间的协调控制,当有多部威胁源时,能够完成统筹规划与评估。

5.6.4 转移干扰试验方法

雷达有源对抗技术中,基本的干扰方式是:噪声压制和欺骗,对准雷达方向,发射噪声、欺骗信号,达到干扰雷达的目的。单独采用雷达有源干扰方法,存在一些问题:例如,像雷达信号被对方作为信标利用一样,干扰信号也可能成为对方的信标;单独使用雷达无源干扰技术,虽然也能产生杂乱、虚假回波或减弱目标回波,破坏雷达正常工作,但是,对于目标分辨力强的雷达来说,干扰效果会明显下降。雷达无源干扰技术中,箔条产生的多普勒频谱宽度只有几十赫兹,即使在阵风、旋风作用下,其频谱也只有几百赫兹,对具有多普勒频率处理能力的雷达来说,干扰效果也会明显下降。如果在发射干扰箔条之前,反舰导弹跟踪雷达已跟踪舰船,则要使它转向跟踪诱饵是很困难的,此时,需要雷达有源干扰将雷达跟踪暂时破坏,迫使其转入重新捕获状态,敌跟踪雷达才有可能再次跟踪时,跟踪箔条云。

因此,为了充分发挥电子对抗有源干扰和无源干扰的作战效能,实际应用中,将无源和有源干扰结合起来,在有源干扰配合下,摆脱雷达跟踪真实目标,而去跟踪箔条,进而保护作战平台。

5.6.4.1 特点及流程

转移干扰用于对抗反舰导弹防御作战,其特点是:雷达有源干扰和无源干扰配合使用。当来袭导弹末制导雷达开机并跟踪舰艇时,在被保护目标周围的一定距离、方位、高度上立即发射近程箔条弹,启动有源干扰进行距离波门拖引,将末制导雷达跟踪波门拖离被保护目标,使末制导雷达由跟踪被保护目标转移至跟踪箔条。这种干扰方式的优点是能摆脱已经被跟踪的对方导弹跟踪,但是,需要有源和无源干扰间的密切协同。

5.6.4.2 干扰有效条件

为叙述、计算方便,假设导弹参数、有源干扰机参数、箔条发射干扰参数如表5.1所列。

表 5.1 导弹参数、有源干扰机参数、箔条发射干扰参数

平台类型	参数名称	数值(假设)	单位	备注
导弹	飞行速度马赫数	1		
	末制导雷达开机距离	12	km	
	末制导雷达脉冲宽度	2.0	μs	
	雷达水平搜索角	±15	(°)	
	雷达仰角	±20	(°)	
有源干扰机	干扰样式 (距离波门拖引)	2	s	建立时间
		6	s	拖引时间
		2	s	停止时间
	有效辐射功率	100	kW	

(续)

平台类型	参数名称	数值(假设)	单位	备注
箔条发射干扰	弹种	厘米箔条		
	发射距离	2000	m	
	干扰弹飞行速度	200	m/s	
	留空时间	60	s	
	风向	直北60	(°)	
	风速	10	m/s	

图 5.41 示出了来袭导弹、箔条云以及有源干扰机之间的相对布局,以 X 轴表示导弹来袭方向,箔条弹飞行距离为 R,箔条发射角为导弹来袭方向右 φ_r,仰角 φ_z,图 5.41(a) 为干扰场景俯视图,图 5.41(b) 为干扰场景侧视图。

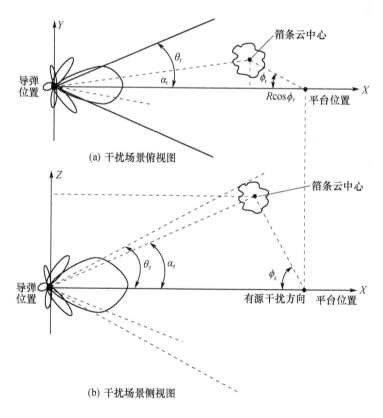

(a) 干扰场景俯视图

(b) 干扰场景侧视图

图 5.41 导弹来袭方位、箔条云以及有源干扰机相对布局

1) 有效条件 1

内容:箔条云与有源干扰发射平台应处于末制导雷达同一波束内且不在末制导雷达的同一距离分辨单元内。

前者原因是:确保箔条云不能被雷达在方位上与目标区分开。

后者原因是:配合距离波门拖引,为雷达距离波门被拖离出目标回波距离分辨单元创造条件。

有效条件 1 的代数表达式为

$$\begin{cases} \theta_r > \alpha_r \\ \theta_z > \alpha_z \\ R \times \cos\phi_r \times \cos\phi_z > 150 \times PW(m) \end{cases} \quad (5.1)$$

式中　θ_r——末制导雷达天线水平方向 3dB 带宽/2(°);

θ_z——末制导雷达天线仰角方向 3dB 带宽/2(°);

α_r——箔条云中心与导弹位置的连线与导弹来袭方向之间的水平角(°);

α_z——箔条云中心与导弹位置的连线与导弹来袭方向之间的仰角(°);

R——箔条弹发射距离(m);

ϕ_r——箔条弹发射方向与导弹来袭方向之间的水平角(°);

ϕ_z——箔条弹发射方向与导弹来袭方向之间的俯仰角(°);

PW——末制导雷达脉冲宽度(μs)。

从以上分析可以看出:为了实现转移干扰,必须获取末制导雷达的天线方向图(水平 3dB 带宽和俯仰 3dB 带宽)、工作频率、脉宽,以及末制导雷达开机距离等技术参数,才能根据式(5.1)确定无源干扰弹发射距离、方位角、仰角等要素。

末制导雷达的工作频率、脉宽可以通过雷达侦察设备获得,天线方向图、雷达开机距离等信息可以通过情报获得。

2) 有效条件 2

距离波门拖引距离 ΔR = 箔条弹在导弹运行方向上的投影距离　　(5.2)

结合图 5.41,有效条件 2 的代数表达式为

$$\Delta R = R \times \cos\phi_r \times \cos\phi_z \quad (5.3)$$

图 5.42 中示出了距离前拖的情况,也可以根据战术需要,执行距离后拖。需要指出的是:前拖适用于雷达重频固定的情况。

3) 有效条件 3

下面通过举例说明有效条件 3 和有效条件 4 的内容。

当采用一次距离波门拖引后,采用表 5.1 所列参数计算,雷达测量目标的距离向前拖引了 150m/s×6s(拖引时间) = 900m,加上导弹本身飞行距离 340m×8s =

2720m,此时,应在末制导雷达前方 12000 - 900 - 2720 = 8380m 处已经形成箔条云,也可以在第二次距离波门拖引时将距离波门拖引至箔条云上。但箔条弹发射时机有所不同。

不考虑风速的情况下,由

$$h = gt^2/2 \tag{5.4}$$

可得箔条下落时间 t。为达到效果,应保证导弹在引爆之前这一段时间内空中有箔条存在,即箔条留空时间 $> \dfrac{\text{末制导雷达开机距离}}{\text{导弹飞行速度}}$ (5.5)

式(5.5)为距离转移干扰有效条件之3。

结合表 5.1 所假定的参数,可以计算出:

$$\text{箔条的留空时间} > 36\text{s} \tag{5.6}$$

图 5.42 示出了采用转移干扰时,雷达采用距离波门拖引和无源箔条发射之间的时间和距离关系,图 5.42(b)中给出了两种箔条云下落时的情况,从图中可以看出:曲线①所反映的箔条留空时间较短,不能满足战术要求,而曲线②所反映的箔条留空时间较长,能满足战术要求。

4)有效条件4

下面结合图 5.42,说明有效条件 4 的内容。

假设末制导雷达开机时为 $t = 0$ 时刻,此时,有源干扰设备开始发射距离欺骗干扰信号,按拖引时间 6s 计算,拖引距离为 $6 \times 150 = 900$m,如果在真目标前侧 900m 左右存在箔条云,关闭雷达有源干扰机,并将目标平台及时规避。如果第一次没有成功,导弹末制导雷达仍然跟踪真目标,则进行第二次拖引。从第一次拖引结束到第二次拖引结束,共计 8s,拖引距离仍为 900m。依次类推,第二次拖引结束到第三次拖引结束,共计 10s,拖引距离为 900m,拖引次数 n 是有限的,应满足以下等式:

$$(t_1 + t_2) \times v + (n - 1) \times (t_1 + t_2 + t_3) \times v < R - \Delta R_1 \tag{5.7}$$

式中 n——拖引次数

t_1——有源干扰建立时间(s);

t_2——有源干扰拖引时间(s);

t_3——有源干扰停止时间(s);

v——导弹飞行速度(m/s);

R——导弹末制导雷达开机距离(s);

ΔR_1——距离拖引值(m)。

式(5.7)是形成转移干扰有效的第 4 个必要条件。

在末制导雷达开机距离内,拖引次数是有限的,上面的例子中只有 3 次,因此,

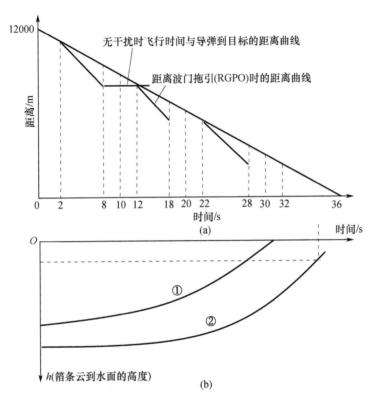

图 5.42 雷达有源干扰和箔条发射之间的时间和距离关系

必须对距离波门拖引成功率提出较高要求。

战时的风向和风速也应作为战术解算的因素,否则,会降低干扰效果。上面所列举的例子里,由于箔条弹的飞行时间为 10s(包括箔条云形成时间),则可以在 $t = -2s$ 时发射厘米波干扰弹。当距离波门欺骗完成后,末制导雷达将在距离上准确跟踪箔条云,从而保护我方平台。

从上面的分析可以看出:在使用转移干扰时,必须注意以下几个方面:

(1) 转移干扰是对付导弹末制导雷达的有效干扰样式之一。一旦成功,能有效保护目标平台,但是,其使用条件也是比较苛刻的,天时地利需要综合考虑。

(2) 必须进行精确的发射时间和方位计算,防止延误战机。

(3) 必须满足上述四项转移干扰的有效条件。

(4) 对距离波门拖引的成功率要求高,因为距离拖引次数是有限的。

(5) 应对有源干扰信号发射方向、箔条云形成位置和末制导雷达方位进行综合分析。

为了实施有效的转移干扰战术,除了考虑上述四项基本条件外,还需要从战术使用上,考虑有源和无源干扰之间的协同关系。

下面以对付典型的主动雷达+红外制导的导弹过程为例,具体说明采用转移干扰方式中有源和无源干扰的流程、具体实施和效果分析。

图 5.43 为转移干扰流程图。

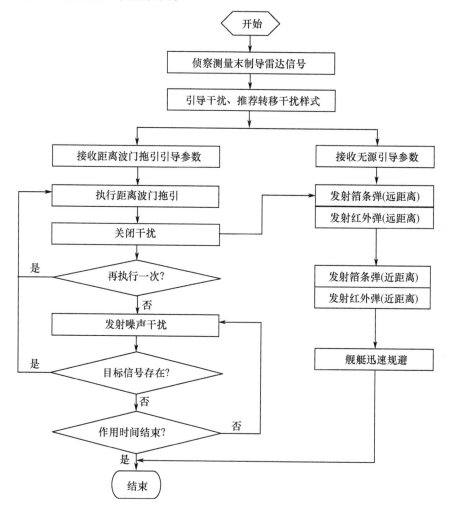

图 5.43　转移干扰流程

5.6.4.3　具体实现

从图 5.42 可以看出,转移干扰具有以下特点:

(1) 针对侦察到的高威胁目标,能同时引导给有源干扰设备和无源干扰设备;

(2) 有源干扰的距离波门拖引的发射信号关闭时刻,能驱动无源干扰发射装置发射箔条弹和红外弹；

（3）无源干扰箔条弹、红外弹设置了两种不同的引信时间，一种为长时间引信，用于第一次发射，另一种为短时间引信，用于第二次发射。

图5.44示出在执行上述干扰样式时，有源干扰、无源干扰之间的动作协同关系，图中具体参数是基于以下假设的：

末制导雷达开机距离：$R=16\text{km}$。

导弹飞行速度：$v=266\text{m/s}$。

导弹制导模式：主动雷达+红外。

有源距离波门拖引：停止时间为3s。

拖引时间：6s。

关闭时间：3s。

拖引速度：$1\mu\text{s/s}$。

干扰弹飞行速度：150m/s。

引信时间1：6s。

引信时间2：3s。

留空时间：60s。

5.6.4.4 效果分析

下面结合图5.44具体说明转移干扰的实际效果。

末制导雷达距我方目标平台16km处开机工作，我方平台上的雷达侦察设备对末制导雷达信号进行侦收，在$t=0$时刻，由雷达有源干扰设备执行距离波门拖引，建立时间为3s，拖引时间为6s，当$t=9\text{s}$时刻，停止干扰机发射干扰信号，此时，由无源干扰设备立即发射长距离的箔条弹和红外弹。其目的是当距离波门拖引成功后，末制导雷达的距离跟踪波门被拖离我方平台所处的位置，波门内只有干扰信号，当干扰机停止发射后，会导致末制导雷达距离跟踪波门内没有信号，迫使雷达返回重新捕获目标的状态，此时，发射箔条干扰弹（冲淡干扰），发射红外干扰弹（冲淡干扰），形成箔条云假目标和红外假目标，以对抗主动雷达和红外复合制导的反舰导弹。

然后，干扰机发射干扰噪声，干扰带宽等于末制导雷达的工作带宽，以假乱真，保护舰艇安全。

最后，使用无源干扰发射装置发射近距离的箔条干扰弹和近距离的红外干扰弹，由于假目标回波大于真实目标的回波强度，所以可诱骗导弹寻的头由跳跃舰艇转向跟踪假目标。

第5章 对抗综合仿真与试验验证

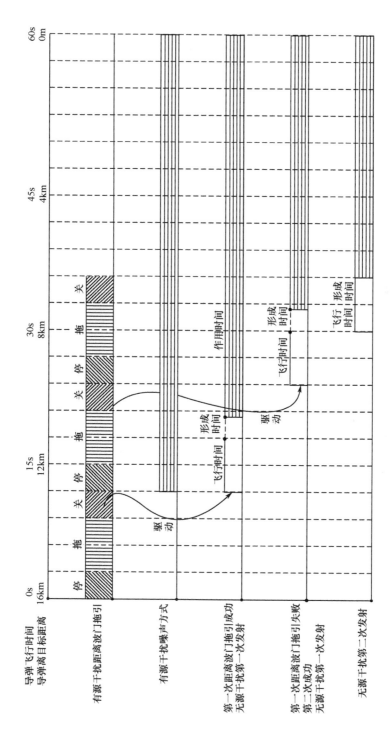

图5.44 有源干扰、无源干扰之间的动作协调关系

5.6.5 电子对抗系统综合性能测试

5.6.5.1 用途

随着雷达电子技术发展,电子对抗技术将呈现快速发展态势,电子对抗新系统综合性能测试条件也需要同步发展,发展特点主要体现在以下几个方面。

(1) 具备外场雷达、红外、激光综合侦察功能试验能力;

(2) 测试频段扩展能力,具备内场毫米波有源干扰功能试验以及发射功率、实际干扰方位准确性、干扰技术参数精度指标测试能力;

(3) 激光干扰功能试验以及发射功率、实际干扰方位准确性、干扰技术参数精度指标测试能力;

(4) 具备外场毫米波有源干扰功能试验以及最小干扰距离、干扰样式有效性等测试条件;

(5) 具有舰内有源、舰外有源诱饵组合式干扰效能评估以及适用时机评判手段;

(6) 外场雷达有源干扰效果综合测试和评估条件;

(7) 外场舰外有源诱饵干扰效果综合测试和评估条件;

(8) 具备外场综合电子对抗干扰功能试验条件;

(9) 具备外场多辐射源协同侦察、协同干扰、综合指挥和干扰资源调度灵活性试验条件;

(10) 具备对新型电子对抗技术能力测试验证扩展能力。

5.6.5.2 测试条件

分内场和外场两部分。

1) 内场条件

(1) 测试条件。

如图 5.45 所示,在进行内场测试时,可以利用微波暗箱或无障碍物的场地,以及干扰效能测试设备,测试各种波段的有源干扰功能以及发射功率、实际干扰方位准确性、干扰技术参数精度指标,也可以与干扰引导、干扰信号发射等方面联动试验一并进行。

利用雷达、红外、激光以及通信等多种信号类型模拟环境设备,产生、发射各种雷达、红外、激光以及通信信号,构建复杂、密集、多变的复杂电磁环境,重点模拟各种新型雷达、红外、激光、通信辐射源在波形以及控制等方面的新技术。采用此方法测试电子对抗功能和性能,既能弥补在内场试验中,只能单独进行雷达、激光、通信、红外侦察,不能实现联合侦察的不足,又能使试验环境保持

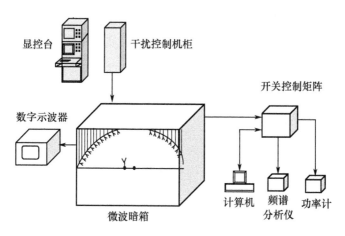

图 5.45　微波暗箱测试框图

先进性。

利用红外信号源、手持式激光器、大功率激光器和激光干扰测试系统,以解决电子对抗联合侦察功能试验、电子对抗联合侦察功能试验和电子对抗系统功能试验缺乏激光干扰效能评估手段的问题。

(2) 场地条件。

建设电子对抗联调试验场,具有雷达对抗、通信对抗、红外/光电对抗和协同侦察、协同干扰功能联调试验保障能力,宜将该试验场与微波暗室建设一并设计。便于实物验证电子对抗干扰功能有效性;具有 30m 的远场信号辐射条件。

2) 外场条件

下面通过举例,具体说明在外场进行电子对抗系统功能和性能试验条件和方法。

(1) 试验项目。

试验项目如表 5.2 所列。

表 5.2　外场试验项目

序号	项目内容
1	密集环境下雷达侦察告警功能
2	激光告警功能
3	激光干扰功能
4	干扰源测向、辨识、跟踪和监视功能
5	威胁评估功能
6	综合态势信息处理及态势生成功能

(续)

序号	项目内容
7	机载雷达干扰功能
8	舷内舷外有源无源综合电子防御功能
9	电子情报收集功能
10	作战效果辅助评估
11	武器系统信息支援
12	协同对抗支持功能

(2) 测试条件。

需要根据试验项目,列出各试验项目功能、用途、测试条件等,具体如表5.3所列。

表5.3 外场试验项目以及性能测试条件

序号	项目内容	功能	测试条件
1	密集环境下雷达侦察告警功能	监视周围雷达信号,高威胁信号告警	① 复杂电磁环境信号产生系统; ② 试验用平台; ③ 试验用机载平台; ④ 空舰雷达导引头; ⑤ 舰舰雷达导引头
2	激光侦察告警功能	侦察激光信号并告警	① 大功率激光器; ② 激光告警评估模块
3	激光干扰功能	对对方激光器进行攻击	① 大功率激光器; ② 激光攻击评估系统
4	干扰源进行测向、辨识、跟踪和监视功能	对对方扰源进行测向、辨识、跟踪和监视	① 干扰源产生系统; ② 测向、辨别、跟踪和监视评估装置
5	威胁评估功能	对对方威胁辐射源进行威胁评估	① 对方平台运动平台及辐射源; ② 对方机载运动平台及辐射源; ③ 威胁评估功能模块
6	综合态势信息处理及态势生成功能	能进行信息融合及实时威胁判断	① 信息融合正确率测试系统; ② 实时威胁判断正确率测试模块
7	机载雷达干扰功能	对机载火控、目指、预警雷达进行干扰引导和干扰	① 雷达干扰有效性测试评估设备; ② 机载雷达设备; ③ 机载半实物雷达

(续)

序号	项目内容	功能	测试条件
8	舷内舷外有源无源综合电子防御功能	对对方导弹导引头进行舷内舷外有源无源综合干扰	舷内舷外有源无源干扰有效性测试和评估系统
9	电子情报收集功能	对电子情报进行收集	
10	作战效果辅助评估	对作战效果进行辅助测试评估	作战效果进行辅助测试评估模块
11	武器系统信息支援	向武器系统提供侦察信息	
12	协同对抗支持功能	在多平台侦察设备间进行协同侦察；在多平台干扰设备间进行协同干扰	① 多平台协同侦察效能评估模块；② 多平台协同侦干扰效能评估模块
13	无线涉密通信系统	主要用于外场试验涉密数据实时传输	① 无线综合数据通信设备；② 数据加密设备
14	试验场辅站	用于多点联合试验	

3）试验条件

信号环境条件如下：信号环境构建时，应重点逼近模拟电子对抗设备面临的对象，所采用的设备主要有：

复杂电磁环境信号产生系统；

相参末制导雷达模拟器：模拟相参末制导雷达信号；

环境适应自动控制设备：模拟器参数设置及自动分配；

空舰雷达导引头；

舰舰雷达导引头；

大功率激光器；

手持式激光器；

干扰源产生系统；

机载雷达设备；

机载半实物雷达。

威胁及干扰评估系统条件为：

信息融合正确率测试系统：输出百分数。

实时威胁判断正确率测试模块：输出百分数。

雷达干扰有效性测试评估设备：具有有源、无源两种干扰效果输出能力。

测向、辨别、跟踪和监视评估装置：能辨别累代信号和干扰信号。

威胁评估功能模块:能对雷达、通信、激光以及设备平台进行综合威胁评估。

舷内舷外有源无源干扰有效性测试和评估系统:输出有效性数值(百分数)。

作战效果辅助测试评估模块:输出有效性数值(百分数)。

多平台协同侦察效能评估模块:具有定量输出单平台侦察、多平台协同侦察效能,并进行比较的能力。

多平台协同侦干扰效能评估模块:具有定量输出单平台干扰、多平台协同干扰效能,并进行比较的能力。

激光告警评估模块:具有输出威胁等级、并进行个体识别的能力。

激光干扰评估系统:具有输出干扰等级的能力。

试验测试平台条件为:

试验用平台:真实模拟海上运动环境下的试验。设备载荷总质量≥×××t,具有稳定平台,承重≥×××kg;

试验用机载平台:模拟对方机载平台以及各设备的挂载质量。

无线涉密通信系统试验条件为:

无线综合数据通信设备:最大传输速率。

数据加密设备:对涉密数据进行专业加密,满足保密要求,根据终端数量配备。

满足试验要求所构建的试验总体架构如图5.46所示。

可以利用现有雷达(搜索、跟踪)、电子战(侦察、干扰)设备和复杂电磁环境模拟器(大功率模拟器、雷达信号模拟器、干扰模拟器等),依托外场试验条件,研制战场战术模拟分发与控制系统、复杂电磁环境综合模拟系统、复杂电磁环境监测系统,从而形成雷达抗干扰和电子战干扰效能评估试验平台,并研究复杂电磁环境定量描述方法、雷达抗干扰效能评估方法、电子战干扰效能评估方法,利用该平台进行雷达抗干扰效能评估、电子战干扰效能评估的外场综合试验。

典型战场环境电子战和雷达干扰和抗干扰综合评估试验布置如图5.47所示。

5.6.6 典型对抗/反对抗作战任务场景及对抗决策设置

本节选取了四种典型对抗/反对抗作战任务场景为内容,分别介绍组成、作战推演等内容。

5.6.6.1 电子战典型场景1:小编队海上局部作战

1)冲突双方

(1)红方:驱逐舰、护卫舰、补给舰。

第 5 章　对抗综合仿真与试验验证

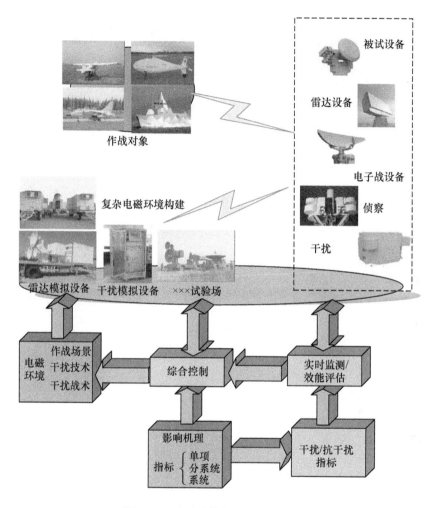

图 5.46　试验总体架构框图(见彩图)

(2) 蓝方:驱护舰,其中配备舰载直升机。

(3) 作战方式:海上遭遇战。

2) 作战场景推演

(1) 蓝方舰载侦察直升机绕飞侦察。

(2) 红方舰艇编队探测到海上警戒搜索雷达,判断有侦察飞机活动。

(3) 红方舰艇编队进入作战模式。

(4) 蓝方直升机雷达探测到红方舰艇编队活动,报告蓝方编队指挥。

(5) 红方舰艇编队进入蓝方作战区域。

(6) 蓝方发射多批导弹对蓝方舰船进行攻击。

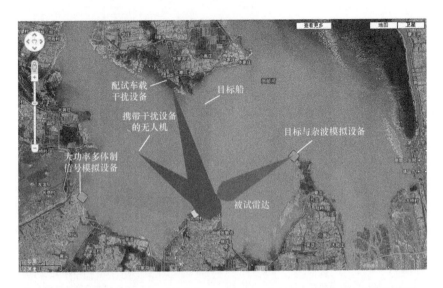

图 5.47 典型战场环境电子战、雷达干扰和抗干扰综合评估试验布置(见彩图)

(7) 红方电子战雷达侦察系统侦察到导引头信号。
(8) 红方低空雷达搜索到反舰导弹。
(9) 红方对蓝方多批来袭导弹进行干扰。
(10) 干扰效果评估。

3) 参试设备
(1) 雷达导引头。
(2) 电子对抗系统。
(3) 近程搜索雷达、火控跟踪雷达。
(4) 无人机。

根据上述典型场景1配设试验场如图5.48所示。

5.6.6.2 电子战典型场景2:大编队海上区域作战

1) 冲突双方
(1) 红方:中等舰艇编队(驱逐舰、护卫舰、潜艇、补给舰、舰载直升机)。
(2) 蓝方:驱护舰、潜艇、补给舰,其中具有舰载攻击直升机、2架侦察直升机。
(3) 作战方式:海上遭遇战。

2) 作战场景推演
(1) 蓝方舰载侦察机远距离侦察。
(2) 红方舰艇编队探测到海上警戒搜索雷达,判断有侦察飞机活动。
(3) 红方舰艇编队进入作战模式。

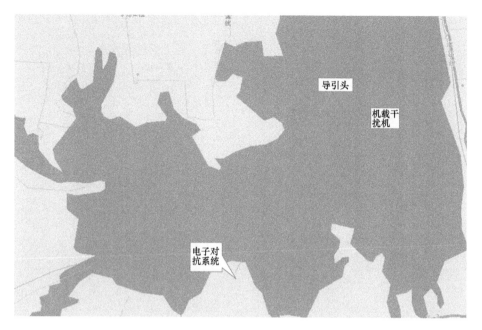

图 5.48　海上小编队作战电子战场景图（见彩图）

(4) 蓝方侦察机雷达探测到红方舰艇编队活动,报告蓝方编队指挥。
(5) 红方舰艇编队进入蓝方作战区域。
(6) 蓝方发射多批导弹对蓝方舰艇编队发动攻击。
(7) 红方电子战雷达侦察系统侦察到导引头信号。
(8) 红方低空雷达搜索到反舰导弹。
(9) 红方对蓝方多批来袭导弹施放干扰。
(10) 干扰效果评估。

3) 参试设备
(1) 雷达导引头××个。
(2) 电子对抗系统。
(3) 近程搜索雷达,火控跟踪雷达。
(4) 无人机×架。装载多个型号饱和攻击导引头。
(5) 浮空气球。装载对海搜索警戒雷达模拟器、机载干扰机等。
根据上述电子战典型场景2配设试验场如图5.49所示。

5.6.6.3　电子对抗支援式干扰场景

支援式干扰试验配试主要过程为:

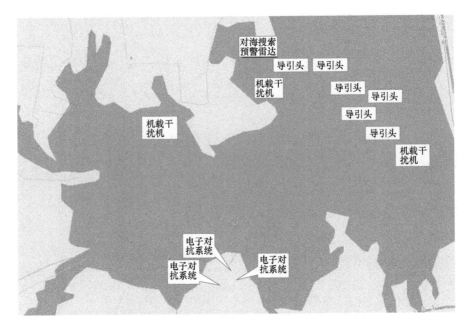

图 5.49　海上大编队作战电子战场景图(见彩图)

(1) 对方攻击机在高度 2500m,由 200km 处进入过顶模拟对方突防目标。

(2) 对方干扰机 4 批 8 架次,距离 200km,对雷达电磁信息侦察后持续释放支援式干扰,掩护攻击机突防。

(3) 对方干扰机 4 批次分别实施宽带噪声压制、窄带噪声瞄准、欺骗式密集假目标和组合式干扰,掩护攻击机突防。

(4) 雷达开机。

图 5.50 是试验行动图[25]。

5.6.6.4　电子对抗组合式干扰场景

组合式干扰试验,配试兵力部署为:

(1) 对方攻击机高度 2500m,共 4 批 16 架次,由 200km 处分 3 个方向轮流进入过顶,每批次其中 2 架挂载 3 个干扰吊舱覆盖多个雷达频段,对雷达电磁信息侦察后在进入和远离时实施自卫式干扰。

(2) 对方干扰机 × 批 × 架次,距离 ××× ~ ××× km,对雷达电磁信息侦察后持续实施支援式干扰。

(3) 岸基干扰机 × 部,距离约 × × km。

(4) 该试验项目综合之前的兵力行动和干扰平台,模拟多方向、多平台、不同

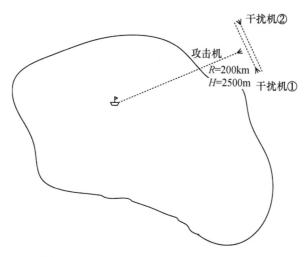

图 5.50 电子对抗支援式干扰试验典型场景

强度的干扰环境,并根据之前项目的试验效果,使用欺骗式密集假目标干扰、噪声加欺骗式密集假目标等多种组合式干扰。

图 5.51 是试验行动图。

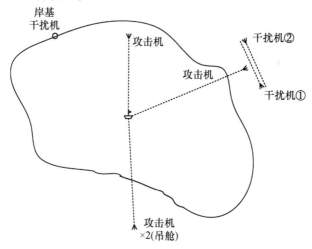

图 5.51 电子对抗组合式干扰试验典型场景

5.6.6.5 协同对抗试验验证

本节以协同对抗为例,介绍对抗试验方法。

仿真总体思路是:模拟一个对抗场景态势,用一台工控机完成(取名:综合态势数据模拟器,包括对方机载、舰载平台数量以及平台配备的各种辐射源,平台运动轨迹,速度,我方机载、舰载平台数量以及平台配备的各种雷达侦察设备能力,我方平台运动轨迹,速度)。

用一台工控机(取名:协同战术决策模块1)安装协同战术决策1软件,输出显示协同对抗1结果。

用一台工控机(取名:协同战术决策模块2)安装协同战术决策2软件,输出显示协同对抗2结果。

用一台工控机(取名:对抗过程数据记录分析模块)安装对抗过程数据记录分析模块,记录对抗过程中各节点数据输入输出数据,并进行数据分析。

仿真总体框架如图 5.52。图 5.53 示出了编队电子对抗仿真系统配置。

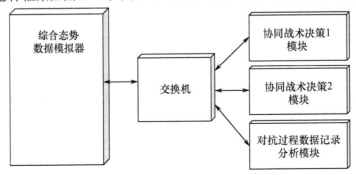

图 5.52　仿真总体框架

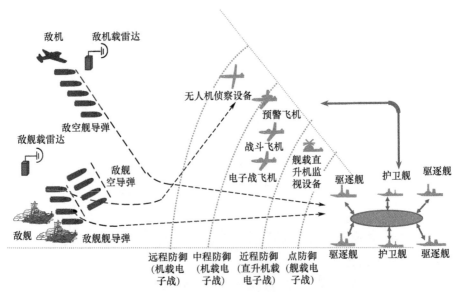

图 5.53　编队电子对抗仿真系统配置示意图(见彩图)

1）对抗态势配置组成

红方以单航空母舰战斗群形式执行电子对抗任务,平台配置以及对抗设备组成如表5.3所列。

表5.3 红方单航空母舰战斗群配置

序号	平台类型	数量	对抗组成配置
1	航空母舰	1艘	雷达侦察设备
2			雷达有源干扰设备
3			无源光电干扰设备
4	驱逐舰	4艘	雷达侦察设备
5			通信侦察设备
6			激光/红外侦察设备
7			雷达有源干扰设备
8			无源光电干扰设备
9			通信干扰设备
10	护卫舰	2艘	雷达侦察设备
11			激光/红外侦察设备
12			雷达有源干扰设备
13			无源光电干扰设备
14	预警机	1架	雷达侦察设备
15			通信侦察设备
16			电子对抗干扰吊舱
17	电子战飞机	1架	雷达侦察设备
18			激光/红外侦察设备
19			雷达有源干扰设备
20			无源光电干扰设备

蓝方也以单航空母舰战斗群形式执行任务,但重点模拟机载\舰载平台配备的硬武器打击链的工作过程,机载\舰载目标指示雷达以及关联发射的多枚主动引导末制导导弹打击链。

蓝方参演仿真配置如表5.4所列。

2）决策设置

下面以编队对抗中红方和蓝方信息对抗作战为例,介绍对抗决策设置。

第一步:设置编队指挥舰。

由上级或指挥官设置编队指挥舰。

表 5.4 蓝方参演仿真配置

序号	平台类型	数量	对抗组成配置
1	航空母舰	1 艘	相控阵雷达:1 部
2	驱逐舰	2 艘	相控阵雷达:1 部
3			舰舰导弹:2 枚(掠海飞行,主动制导)
4			舰空导弹:4 枚(主动制导)
5	护卫舰	2 艘	搜索雷达:1 部
6			跟踪雷达:1 部
7			舰舰导弹:2 枚(掠海飞行,主动制导)
8			舰空导弹:4 枚(主动制导)
9	战斗机	1 架	空舰导弹:5 枚(主动制导)

第二步:确定编队电子对抗威胁目标威胁等级。

确定综合态势中,蓝方正在活动的威胁平台(舰空导弹、舰舰导弹、机载目标指示雷达、平台目标指示雷达)对红方编队中各个平台的电子对抗威胁等级。在电子对抗作战的角度上分析,将距离威胁等级 L_R、威胁目标指向威胁等级 L_Z 与传统的电子对抗威胁数据库识别威胁等级(个体识别)L_D 进行综合,得出综合威胁等级 L_C(默认值),$L_C = (\alpha_R L_R + \alpha_Z L_Z + \alpha_D L_D)$ 填入表 5.5 中,周期性计算一次,其中,$\alpha_R + \alpha_Z + \alpha_D = 1$,$\alpha_R$、$\alpha_Z$、$\alpha_D$ 分别表示距离、指向、数据库识别的威胁等级权值,可以根据距离、指向、数据库识别的威胁的严重性进行设置。

第三步:计算干扰有效措施支援。

由编队指挥舰根据上述综合威胁等级值,计算对抗 0 级、1 级和 2 级威胁目标,若要达到有效干扰(跟踪雷达跟踪目标无效,搜索雷达干扰达到 3 级),需要什么样的干扰措施、手段,需要何种对抗战术决策,填入表 5.8 中。

在这里,需要根据该威胁所具有的抗干扰措施,在选择干扰措施时,要避免选择抗干扰措施所对应的干扰措施,因为,当雷达启用抗干扰措施后,这样的干扰措施所产生的干扰信号对雷达的工作基本没有影响,因此,不能选用。

第四步:编队干扰资源优化分配。

进行干扰资源调配,纵观全局,对每一个威胁由一个干扰资源、还是多个资源进行协同干扰。

(1) 距离威胁等级计算方法。

假设在某一时刻,蓝方某一威胁平台距红方指定的电子对抗设备平台的距离为 R,按照表 5.5 的内容,确定距离威胁等级。

表 5.5 距离威胁等级表

序号	距离范围/km	威胁等级 L_R	备注
1	$R \leqslant$ 最小干扰距离		
2	最小干扰距离 $< R \leqslant$ AA	0	
3	AA $< R \leqslant$ BB	1	
4	BB $< R \leqslant$ CC	2	
5	CC $< R$	3	

（2）威胁目标指向威胁等级计算。

威胁目标指向是指在某一时刻威胁目标运动方向（可以用目标航迹线代替）与红方平台、蓝方平台之间的连线的夹角 θ_i 来表示。具体如图 5.54 所示。夹角 θ_i 与威胁等级之间的定义如表 5.6 所列。

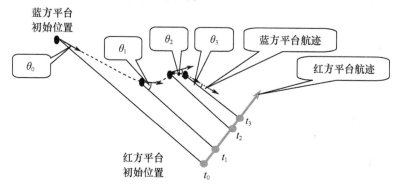

图 5.54 威胁目标指向威胁等级动态变化图

表 5.6 编队级目标指向威胁等级表

序号	夹角 $\theta_i/(°)$ 范围	威胁等级 L_Z	备注
1	$\theta_i \leqslant A°$		
2	$A° < \theta_i \leqslant B°$		
3	$B° < \theta_i \leqslant C°$		
4	$C° < \theta_i$		

（3）数据库识别的威胁等级计算。

根据威胁目标类型进行确定。威胁等级取值及对抗措施实现如表 5.7～表 5.9 所列。

表 5.7 编队级数据库识别威胁等级表

序号	威胁类型	威胁等级 L_Z	备注
1	舰空导弹		
2	舰舰导弹		
3	空舰导弹		
4	空空导弹		
5	目标指示雷达		
6	跟踪雷达		
7	搜索雷达		
8	远程预警雷达		
9	其他		

表 5.8 编队级电子对抗威胁等级确定表

			红方										
			水面舰艇对抗设备						机载对抗设备					
			××1	驱逐舰1	驱逐舰2	驱逐舰3	驱逐舰4	护卫舰1	护卫舰2	预警机	无人侦察机	电子战飞机1	电子战飞机2	舰载直升机监视
蓝方	空舰导弹1	距离威胁												
		指向威胁												
		识别威胁												
		综合威胁												
	空舰导弹2	距离威胁												
		指向威胁												
		识别威胁												
		综合威胁												
	空舰导弹3	距离威胁												
		指向威胁												
		识别威胁												
		综合威胁												
	空舰导弹4	距离威胁												
		指向威胁												
		识别威胁												
		综合威胁												

(续)

			红方									
			水面舰艇对抗设备						机载对抗设备			
			××1	驱逐舰1	驱逐舰2	驱逐舰3	驱逐舰4	护卫舰1	护卫舰2	预警机	无人侦察机	电子战飞机1	电子战飞机2	舰载直升机监视
蓝方	空舰导弹5	距离威胁											
		指向威胁											
		识别威胁											
		综合威胁											
	空舰导弹6	距离威胁											
		指向威胁											
		识别威胁											
		综合威胁											
	舰舰导弹1	距离威胁											
		指向威胁											
		识别威胁											
		综合威胁											
	舰舰导弹2	距离威胁											
		指向威胁											
		识别威胁											
		综合威胁											
	舰舰导弹3	距离威胁											
		指向威胁											
		识别威胁											
		综合威胁											
	舰舰导弹4	距离威胁											
		指向威胁											
		识别威胁											
		综合威胁											

(续)

			红方										
			水面舰艇对抗设备						机载对抗设备				
			××1	驱逐舰1	驱逐舰2	驱逐舰3	驱逐舰4	护卫舰1	护卫舰2	预警机	无人侦察机	电子战飞机1	电子战飞机2	舰载直升机监视
蓝方	机载目指雷达	距离威胁												
		指向威胁												
		识别威胁												
		综合威胁												
	舰载目指雷达	距离威胁												
		指向威胁												
		识别威胁												
		综合威胁												

表 5.9 编队级对抗威胁干扰有效性措施及战术需求表

序号	对抗措施	空舰导弹1导引头	空舰导弹2导引头	空舰导弹3导引头	空舰导弹4导引头	空舰导弹5导引头	空舰导弹6导引头	舰舰导弹1导引头	舰舰导弹2导引头	舰舰导弹3导引头	舰舰导弹4导引头	机载目指雷达	舰载目指雷达	其他
1	噪声1													
2	噪声2													
17	欺骗1													
18	欺骗2													

参 考 文 献

[1] 赵国庆. 雷达对抗原理[M]. 2版. 西安电子科技大学出版社,2012.
[2] 郭淑霞. 综合电子对抗模拟与仿真技术[M]. 西安:西北工业大学出版社,2010.
[3] 王雪松,肖顺平,等. 现代雷达电子对抗设备建模与仿真[M]. 北京:电子工业出版社,2010.
[4] 杨万海. 雷达系统建模与仿真[M]. 西安:西安电子科技大学出版社,2007.
[5] 王国玉,汪连栋. 雷达电子对抗设备数学仿真与评估[M]. 北京:国防工业出版社,2004.
[6] 高波,马向玲,隋江波. 海战复杂电磁环境分析[J]. 火力与智慧控制,2012(3):1-4.
[7] 马安宁. 海上密集复杂电磁环境对舰载雷达有源干扰效果的影响及对策[J]. 舰船电子对抗,2010(3):5-8.
[8] 赵惠昌,张淑宁. 电子对抗理论与方法研究[M]. 北京:国防工业出版社,2010.
[9] 徐才宏,沙峥瑜. 干扰单脉冲雷达有效性分析[J]. 舰船电子对抗,2006(4):7-11.
[10] 徐才宏,李兵舰. 远距离支援干扰有效性分析[J]. 舰船电子对抗,2006(6):6-10.
[11] 陈永光,李修和,沈阳. 组网雷达作战能力分析与评估[M]. 北京:国防工业出版社,2006.
[12] 郭万海,赵晓哲. 舰载雷达能力及效能评估[M]. 北京:国防工业出版社,2003.
[13] 范国平,张友益,朱景明. 世界航母雷达与电子对抗设备手册[M]. 北京:电子工业出版社,2011.
[14] 王鑫,戎建刚,李可达. 复杂电磁环境下导弹武器抗干扰能力及效能评估方法研究[J]. 舰船电子对抗,2013(4):80-83.
[15] 徐建宏,刘增良,龚伟志. 复杂电磁环境下信号检测模型构建[J]. 电子设计工程,2015(6):125-128.
[16] 闫海,李国辉,曹原. 雷达抗干扰能力评估系统的设计与实现[J]. 现代雷达,2014(5):6-9.
[17] 李波涛,李明,吴顺君. 雷达抗干扰能力及效能评估方法探讨[J]. 现代雷达,2006(11):16-19.
[18] 聂红霞. 雷达抗干扰能力及效能评估方法探讨[J]. 舰船电子工程,2013(4):75-77.
[19] 李潮,张巨泉. 雷达抗干扰能力及效能评估理论体系研究[J]. 航天电子对抗,2004(1):30-33.
[20] 孟晋丽,傅有光,陈翼. 雷达抗干扰效能指标体系与评估方法[J]. 现代雷达,2014(11):80-83.
[21] 沈同云,丁建江,任明秋. 雷达抗干扰性能评估指标体系构建与约简[J]. 现代雷达,2013(11):88-91.
[22] 李浩,邱超凡,赵小亮. 雷达抗干扰效能的多层次模糊评估方法[J]. 雷达科学与技术,2012(2):143-146.
[23] 何俊,李淑华,周之平. 基于博弈论和灰色关联分析的雷达抗干扰评估[J]. 火力与指挥控制,2014(12):119-122.
[24] 周宏伟. 密集复杂电磁环境下电子对抗装备外场试验设备能力需求[J]. 舰船电子对抗,2010(3):18-22.
[25] 韦建中. 航母编队电子对抗装备作战能力及效能评估[J]. 舰船电子对抗,2008(1):12-15.
[26] LI N J,ZHANG Y T. A survey of radar ECM and ECCM[J]. IEEE Transactions on Aerospace and Electronic System,1995,31(3):1243-1255.
[27] JOHNSTON S L. Radar electronic counter-countermeasures[J]. IEEE Transactions on Aerospace and Electronic System,1978,14(1):109-117.

主要缩略语

ABFU	Antenna Beam Forming Unit	天线波束形成单元
ADC	Availability Dependability Capacity	有效性可信性效能
AESA	Active Electronically Scanned Array	有源电子扫描阵列
AGC	Automatic Gain Control	自动增益控制
AHP	Analytic Hierarchy Pocess	层次分析法
AM	Amplitude Modulation	调幅
ANN	Artificial Neural Network	人工神经网络
AOA	Angle of Arrival	到达角
AWSIM	Air War Simulating	空军空战仿真
BP	Back Propagation	反向传播
BPSK	Binary Phase Shifting Keying	二进制相位键控信号
C^{4}ISR	Command Control Communication Compute Intelligence Surveillance Reconnaissance	指挥、控制、通信、计算、情报、监视、侦察
CBS	Corps Battle Simulaion	兵团作战仿真
CFAR	Constant False Alarm Rate	恒虚警率
CSSTSS	Corps Show Support Simulating System	兵团作战支援仿真系统
CW	Continuous Wave	连续波
DDS	Direct Digital Synthesizer	直接式数字频率合成
DLU	Data Logic Unit	数字逻辑单元

DLVA	Detection Logarithm Video Amplifier	检波对数视频放大
DRFM	Digital Radio Frequency Memory	数字射频存储器
DSB	Double Side-band Transmission	双边带
ECCM	Electronic Counter-Countermeasure	电子反对抗
ECM	Electronic Countermeasure	电子对抗
ESM	Electronic Warfare Support Measure	电子支援测量
EW	Electronic War	电子战
FFT	Fast Fourier Transform	快速傅里叶变换
FM	Frequency Modulation	调频
FT	False Track	错误航迹
FTC	Fast Time Constant	快速时间常数
GUI	Graphical User Interface	图形用户界面
HLA	The High Level Architecture	高层体系结构
JECEWSI	Joint Electronic Combat Electronic War Simulating	联合电子作战电子对抗仿真
JEM	Jet Engine Modulation	喷气发动机调制
JMASS	Joint Modeling and Simulation System	联合建模与仿真系统
JOISIM	Joint Operation Intelligence Simulating	联合作战智能仿真
JSIMS	Joint Simulation System	联合仿真系统
JWARS	Joint Warfare System	联合上级仿真系统
LT	Lost Track	丢失航迹
M&S	Modeling and Simulating	建模与仿真
MASK	M-amplitude Shifting Keying	M 进制幅度键控信号
MFSK	M-Frequency Shifting Keying	M 进制频率键控信号
MLDT	Mean Togistic Delay Time	平均后勤延误时间

MPSK	M-phase Shifting Keying	M 进制相位键控信号
MOOTW	Military Operation Over Than War	非战争军事行动
MT	Missed Track	遗漏航迹
MTBF	Mean Time Between Failures	平均故障间隔时间
MTD	Moving Target Detection	活动目标检测
MTI	Moving Target Indicator	活动目标指示器
MTTR	Mean Time to Repair	平均维修时间
NGJ	Next Generation Jimmer	下一代干扰机
PA	Pulse Amplitude	脉冲幅度
PCM	Pulse-Code Modulation	脉冲编码调制
PD	Pulse Doppler	脉冲多普勒
PDW	Pulse Description Word	脉冲描述字
PW	Pulse Width	脉冲宽度
RCS	Radar Cross-Section	雷达横截面
RESA	Research Evaluating System Analysis	研究、评估与系统分析
RF	Radio Frequency	信号载频
RFRM	Radio Frequency Radiation Manage	射频辐射管理
RGPO	Range Gate Pull-Off	距离波门拖离
RT	Redundant Track	冗余航迹
RTI	Real Time Interface	实时接口
OLAP	On Line Analytical Processing	联机分析处理
S/J	Signal Jamming Ratio	信干比
SAFOR	Semi-Automatic Force	半自动化兵力
SCV	Sub-Clutter Visibility	目标在地物干扰中的可见度
SLB	Side Lobe Blanking	副瓣消隐

SLC	Side Lobe Compensation	副瓣对消
SSB	Single Side-band Transmission	单边带
ST	Spurious Track	虚假航迹
SVM	Support Vector Machine	支持矢量机
TACSIM	Tactics Simulation	陆军战术仿真
TOA	Time of Arriving	到达时间
TOPSIS	Technique for Order Preference by Similarity to an Ideal Solution	逼近理想解排序方法
VHF	Very High Frequency	甚高频
VSB	Vestigial Sideband	残留边带
WGS	World Geodesic System	世界测地系统
WSEIAC	Weapon System Efficiency Advisory Committee	武器系统效能咨询委员会

内 容 简 介

本书旨在介绍在逼近实战电磁环境条件下,对雷达侦察、雷达干扰、雷达抗干扰等能力或效能进行评估和试验。通过建立电磁环境、杂波、目标运动、电磁信号传播、多普勒频率等多种通用技术模型,以及目标回波、反辐射武器、导弹、雷达对抗等多种专用技术模型,详细介绍对抗能力评估内容、方法和能力评估平台建设内容,使对抗能力评估具有实际应用价值。在构建的电磁环境空间交织、时间交迭、频谱重叠和信号种类多样条件下,以雷达对抗干扰能力、雷达抗干扰能力作为测试内容,从数字、中频、视频、内场射频注入、内场射频辐射、外场射频辐射等方面,提出对抗综合仿真与试验验证体系架构以及实验室、内场综合、外场综合验证试验平台要求,举例说明了典型注入式、外场雷达抗干扰、有源诱饵干扰、转移干扰的能力评估试验验证方法。

本书主要读者对象为电子对抗系统尤其是雷达、雷达对抗等领域的科技人员,从事部队电子对抗试验的科技干部和管理人员,也可以作为高等院校雷达以及雷达对抗专业本科生的参考教材。

The aim of this book is to evaluate and test the capability or effectiveness of radar reconnaissance, radar jamming, radar anti-interference. Through the establishment of the electromagnetic environment, noise, target motion, the electromagnetic signal propagation and doppler frequency, and other general technical model, as well as a variety of special technical model such as the target echo, anti-radiation weapons, missiles, radar countermeasure, introduced the combat capability assessment content, method and capability evaluation platform construction, in order to combat capability assessment possessing practical application value. In constructing the electromagnetic environment conditions of space overlap, time overlap, spectrum overlap and diversity signals, radar jamming ability, radar anti-jamming capability as the test content, from digital, video, RF injecting, to FR radiation field simulation, puts forward the countermeasure integrated simulation and test system architecture, and laboratory, infield synthesis, outfield synthesis experiment platform. At last, the book Illustrates the typical injection, outfield radar anti-jamming, active decoy jamming, shifting interference capability assessment test methods.

This book is mainly aimed at scientific and technical personnel in the field of electronic countermeasures system, especially radar, radar countermeasures, etc, scientific and technical cadres and management personnel engaged in military electronic countermeasures experiment, and can also be used as reference materials for college students majoring in radar and radar countermeasures.

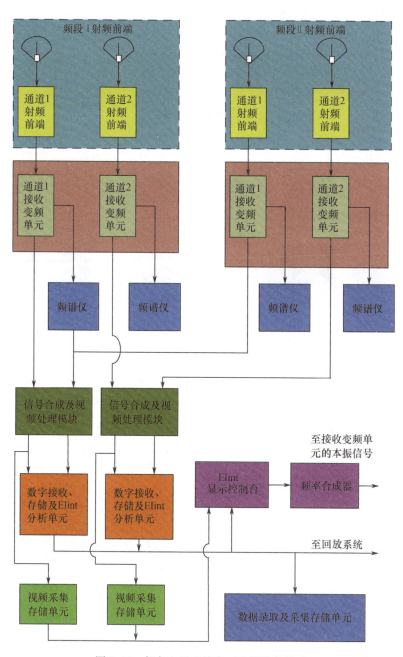

图 2.10 复杂电磁环境实时监测设备构成

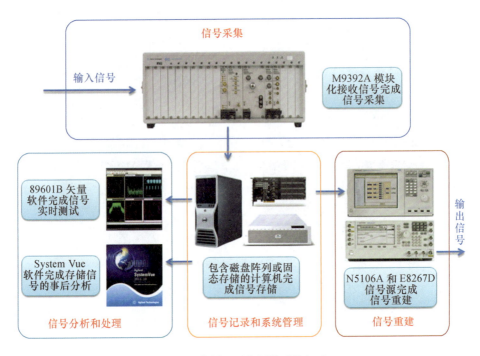

图 2.11　信号记录与评估系统组成

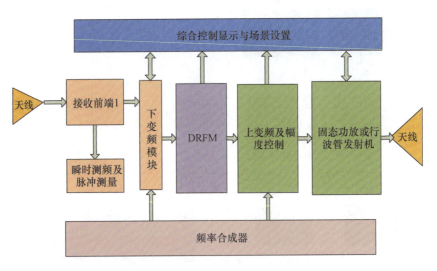

图 2.15　杂波信号模拟器功能框图

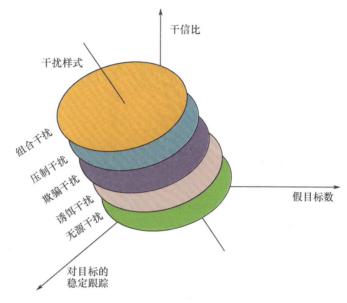

图 2.17 干扰能力或效果定量描述方法

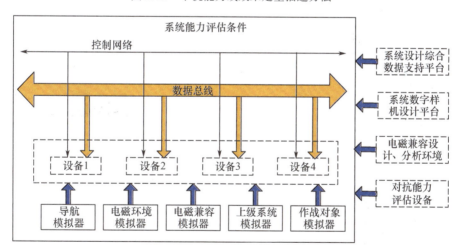

图 3.22 系统能力评估条件建设框图

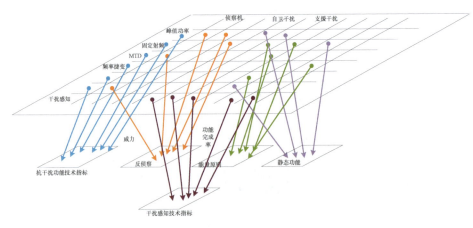

图 4.14　雷达抗干扰指标归纳总结图

图 4.15　飞机突防自卫干扰下的对抗场景

图 4.16　导弹攻击自卫干扰下的对抗场景

图 4.17　舰船自卫干扰下的对抗场景

图 4.18　飞机突防电子对抗飞机支援干扰下的对抗场景

图 4.19　飞机突防舰船支援干扰下的对抗场景

图 4.20　导弹攻击电子对抗飞机支援干扰下的对抗场景

图 4.21 导弹攻击舰船支援干扰下的对抗场景

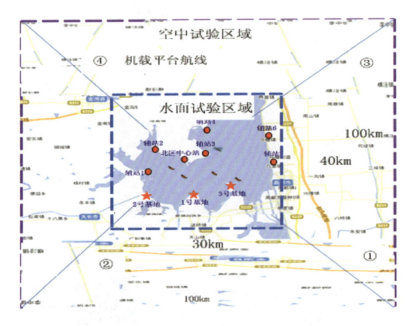

图 4.22 某试验场示意图

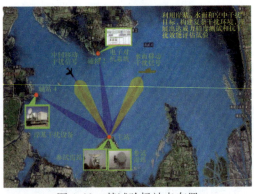

图 4.23 某试验场站点布置

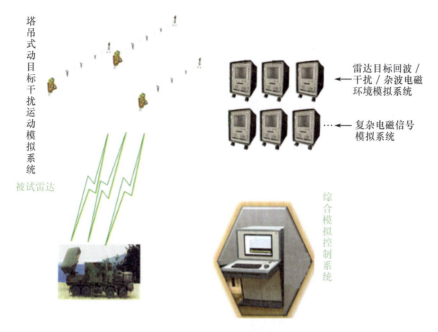

图 4.24 动态试验平台系统组成框图

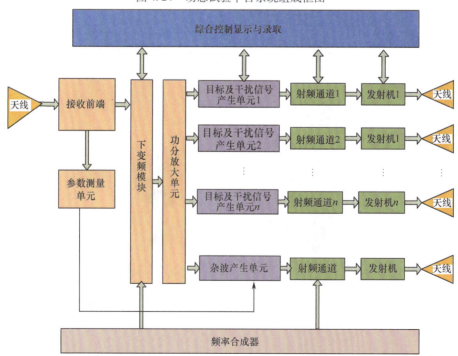

图 4.25 雷达目标回波/干扰/杂波电磁环境模拟系统组成原理框图

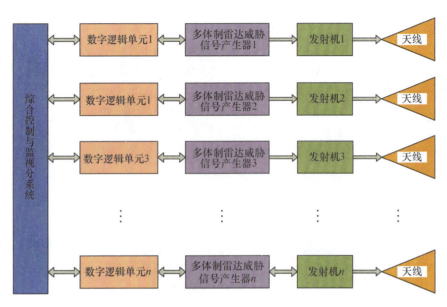

图 4.26　复杂电磁环境信号模拟设备组成框图

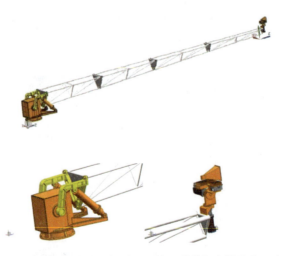

图 4.27　移动布置(摇臂式)动目标/干扰运动模拟支撑设备组成示意图

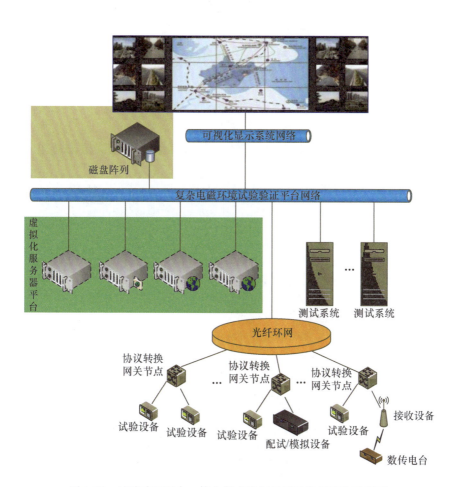

图 4.28 试验验证平台一体化集成控制显示及数据录取示意图

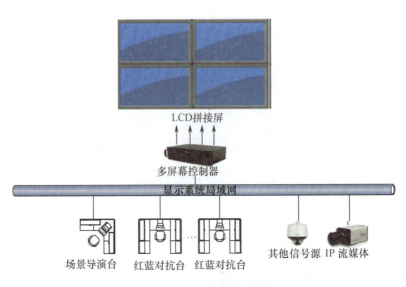

图 4.29　场景模拟系统框图

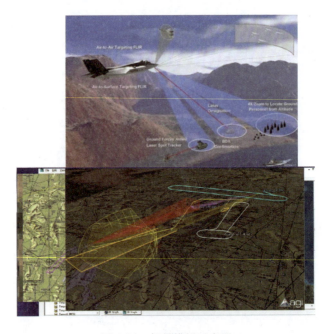

图 4.30　场景模拟示意图

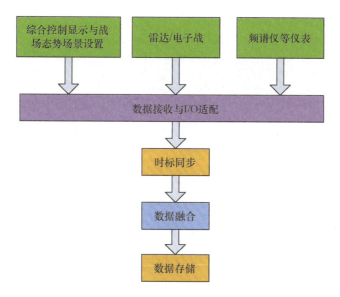

图 4.32 实时录取流程图

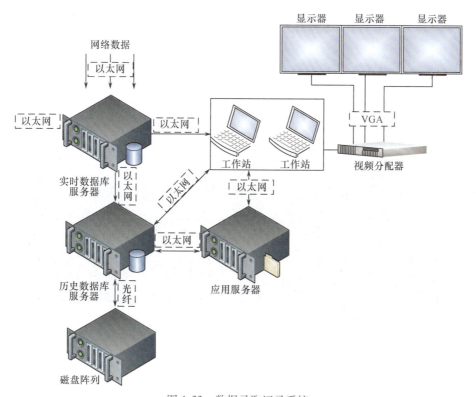

图 4.33 数据录取记录系统

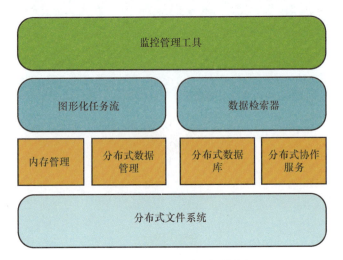

图 4.34 存储系统管理软件构架

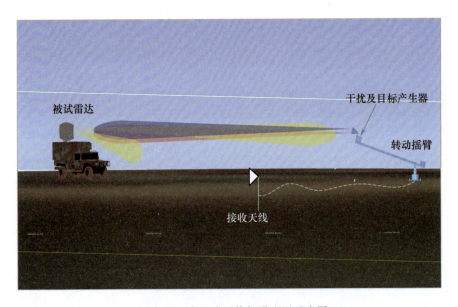

图 4.37 自卫式干扰架设配置示意图

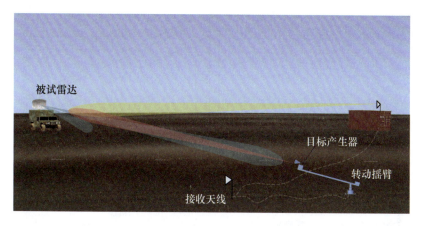

图 4.38　支援式干扰架设配置示意图

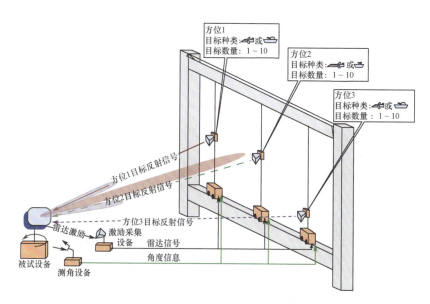

图 4.39　固定布置（塔吊式）支撑设备模拟动态目标、支援干扰示意图

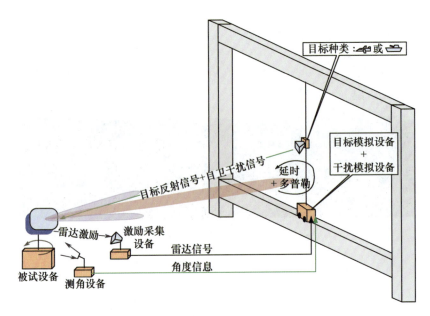

图 4.40 固定布置(塔吊式)支撑设备模拟动态目标、自卫干扰示意图

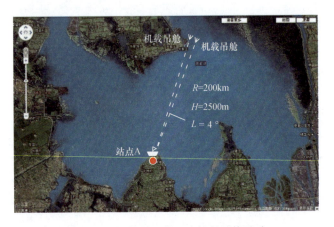

图 4.41 舰载雷达自卫式场景干扰试验

图 4.42　舰载雷达支援式场景干扰试验

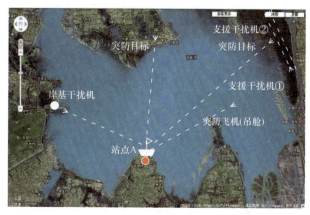

图 4.43　舰载雷达组合场景干扰试验

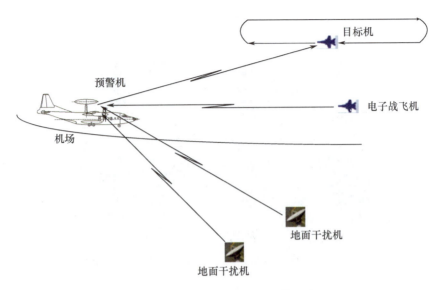

图 4.44 机载雷达典型场景干扰试验

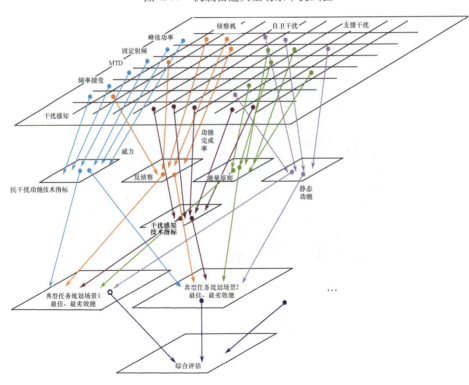

图 4.46 雷达抗干扰评估模型

图 5.5　典型的外场射频辐射式仿真试验系统体系结构

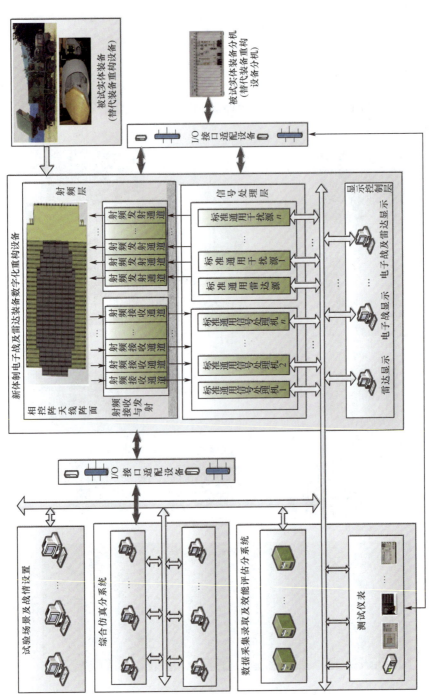

图5.8 实验室综合仿真试验验证平台系统功能框图

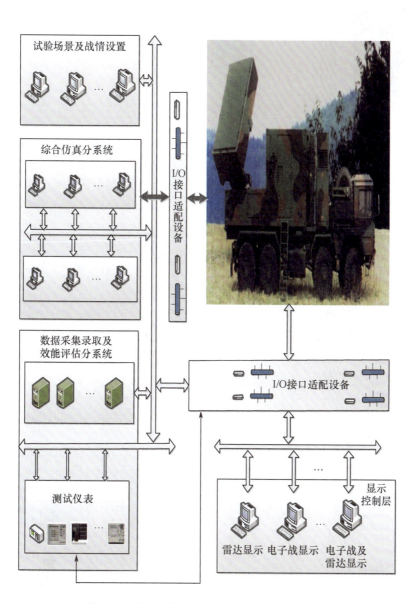

图 5.9 设备的实验室系统级测试试验评估配置

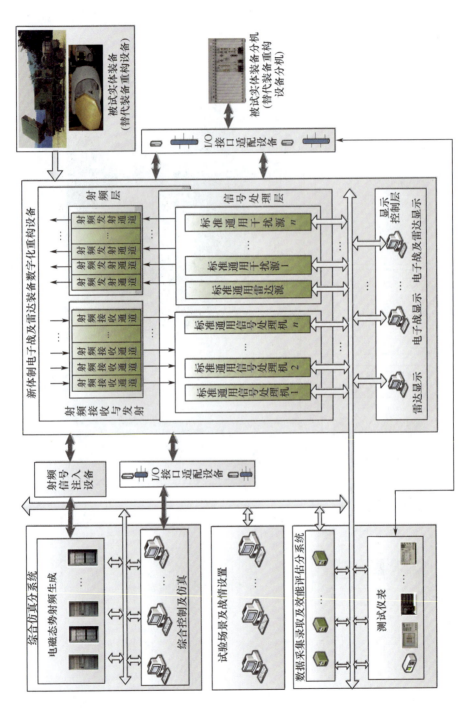

图5.11 内场注入式综合仿真试验验证平台硬件组成框图

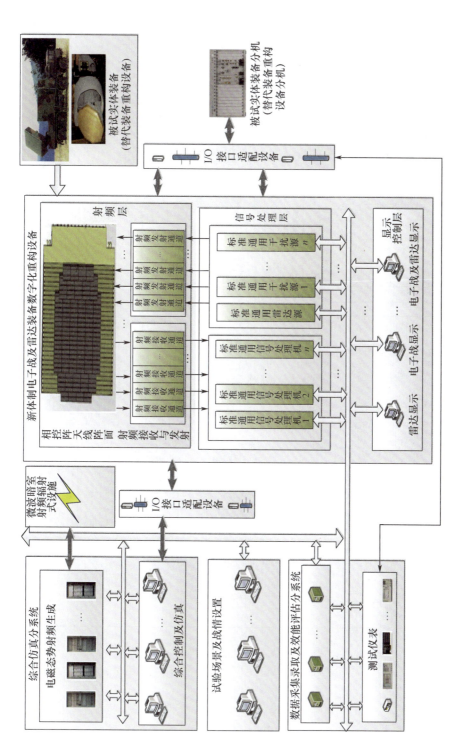

图 5.12 内场辐射式综合仿真试验验证平台硬件组成框图

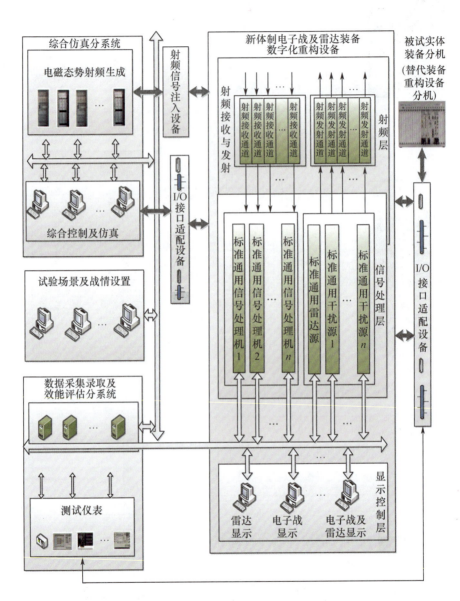

图 5.13 设备的内场注入式分机级测试试验评估配置

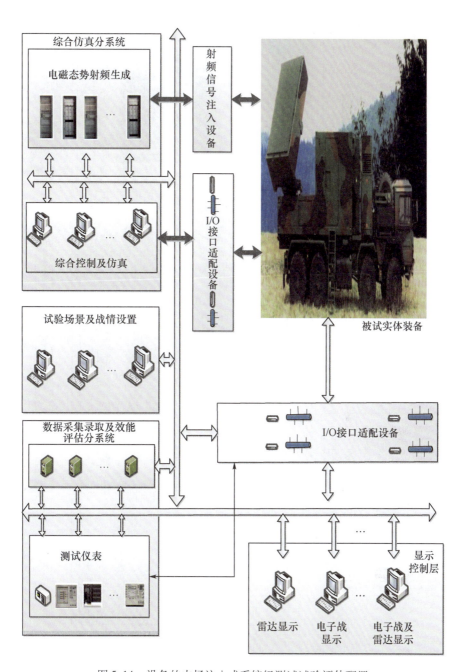

图 5.14 设备的内场注入式系统级测试试验评估配置

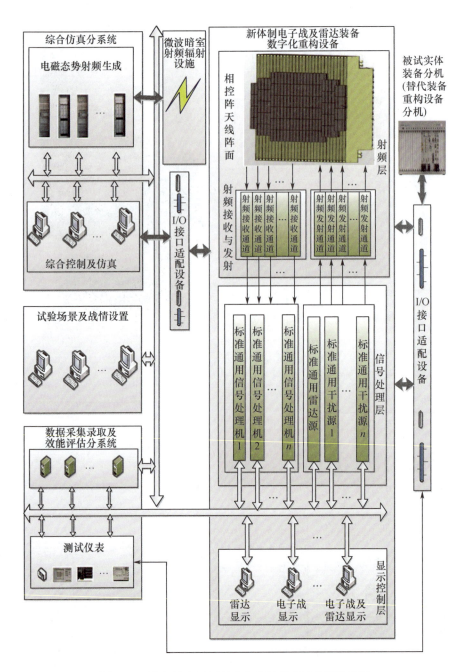

图 5.15 设备的内场辐射式分机级测试试验评估配置

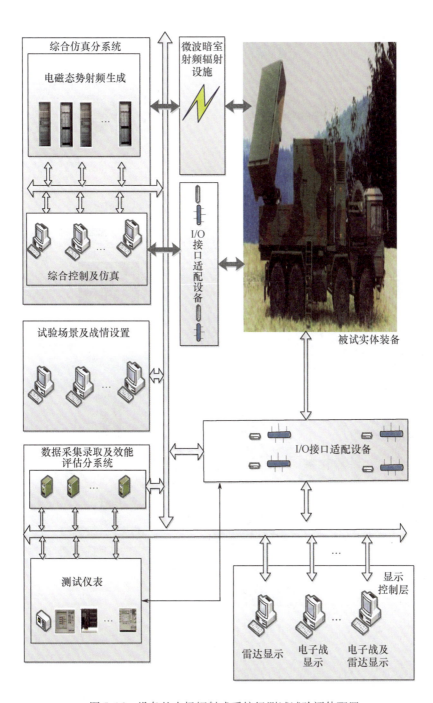

图 5.16 设备的内场辐射式系统级测试试验评估配置

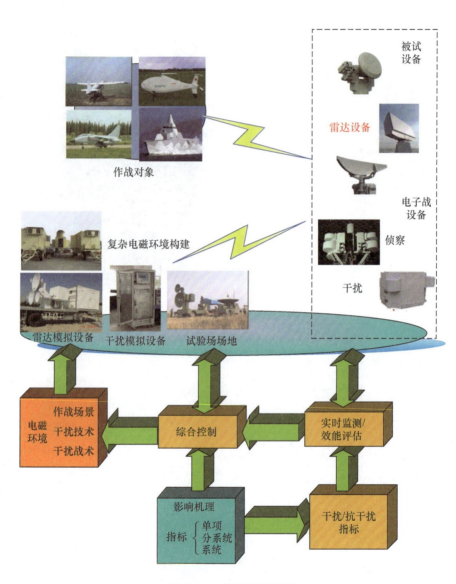

图 5.17　试验场架构框图

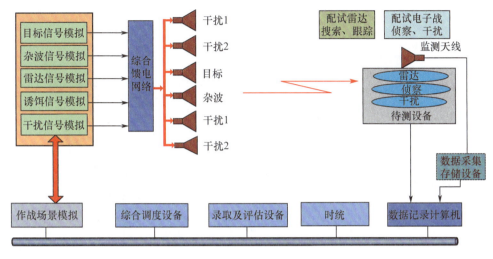

图 5.18 外场试验平台框图

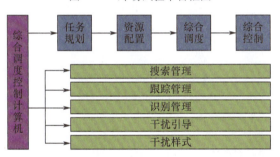

图 5.19 自适应资源管理结构示意图

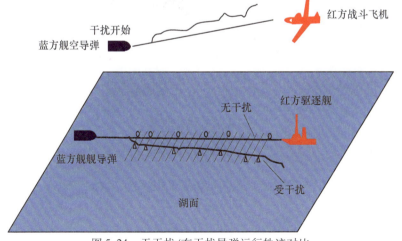

图 5.24 无干扰/有干扰导弹运行轨迹对比

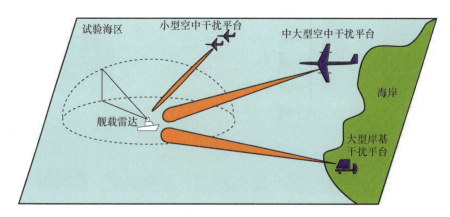

图 5.27 雷达抗干扰试验场景设定

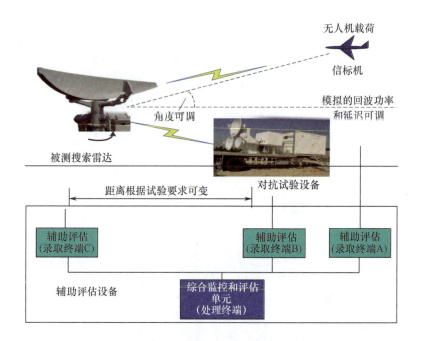

图 5.38 搜索雷达抗干扰性能外场真实环境对抗试验系统框图

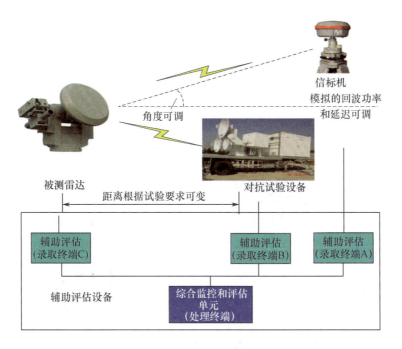

图 5.39　跟踪雷达抗干扰性能外场真实环境对抗试验系统框图

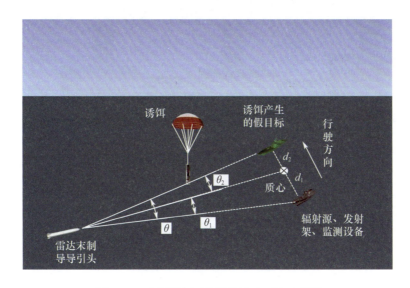

图 5.40　有源诱饵干扰性能试验环境示意图

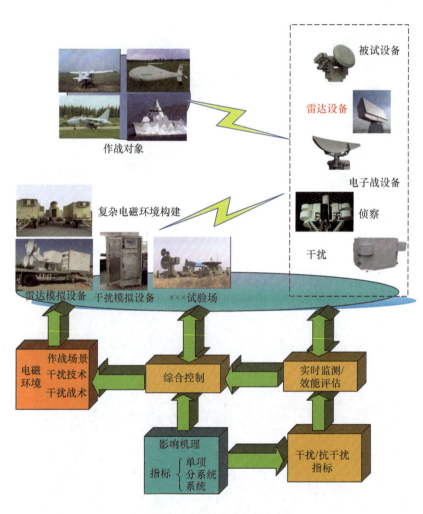

图 5.46 实验总体架构框图

图 5.47　典型战场环境电子战、雷达干扰和抗干扰综合评估试验布置

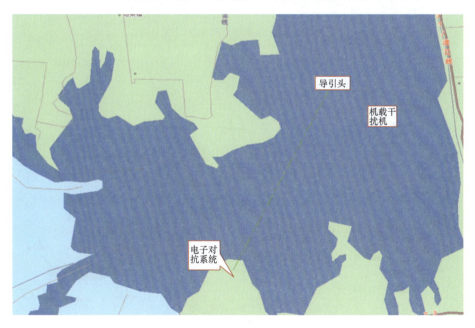

图 5.48　海上小编队作战电子战场景图

图 5.49　海上大编队作战电子战场景图

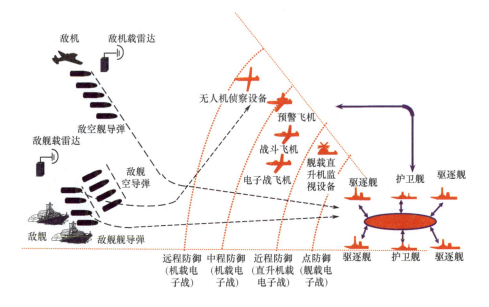

图 5.53　编队电子对抗仿真系统配置示意图